工业和信息化部"十四五"规划教材

新工科信息技术基础系列规划教材

物联网技术基础与实践

U0181278

桂小林 编著

中国教育出版传媒集团

高等教育出版社·北京

内容简介

本书从物联网的技术基础和应用实践视角,深入浅出地阐述物联网的基本概念、体系架构、关键技术及其典型案例。全书主要内容包括物联网概述、物联网感知与反馈控制、条形码技术、物联网射频识别技术、物联网通信与空间定位技术、物联网数据处理技术和物联网信息安全技术。针对物联网关键技术中的核心内容,全书给出了基于 Python 语言的实践案例,方便学生进行实践练习。本书适合作为高等学校物联网通识类课程或技术基础类课程的教材。

图书在版编目（CIP）数据

物联网技术基础与实践 / 桂小林编著. ‒‒ 北京：
高等教育出版社,2023.12
ISBN 978‒7‒04‒061280‒6

I.①物… Ⅱ.①桂… Ⅲ.①物联网 ‒ 高等职业教育
‒ 教材 Ⅳ.① TP393.4 ② TP18

中国国家版本馆 CIP 数据核字（2023）第 191031 号

Wulianwang Jishu Jichu yu Shijian

策划编辑	唐德凯	责任编辑	唐德凯	特约编辑	薛秋丕	封面设计	张申申
版式设计	杨 树	责任绘图	裴一丹	责任校对	胡美萍	责任印制	沈心怡

出版发行	高等教育出版社	网 址	http://www.hep.edu.cn
社 址	北京市西城区德外大街 4 号		http://www.hep.com.cn
邮政编码	100120	网上订购	http://www.hepmall.com.cn
印 刷	运河(唐山)印务有限公司		http://www.hepmall.com
开 本	787mm×1092mm 1/16		http://www.hepmall.cn
印 张	16.5		
字 数	370 千字	版 次	2023 年 12 月第 1 版
购书热线	010‒58581118	印 次	2023 年 12 月第 1 次印刷
咨询电话	400‒810‒0598	定 价	35.00 元

物 料 号 61280‒00

前　言

近年来,以物联网、云计算、大数据、人工智能、区块链等为代表的新一代信息技术快速发展,并已经渗透到人们生活的各个领域,能够利用新一代信息技术求解实际问题,学会使用物联网采集和分析各类数据资源,已经成为对新时代大学生能力素质的基本要求。物联网作为较早兴起的新一代信息技术,其内容不仅包含传感检测、标识与定位技术,而且与云计算、大数据、区块链和5G移动通信等新一代信息技术技术交叉融合。依托本书,可在学习物联网的基础知识以外,实现对新一代信息技术关键内容的覆盖学习。

本书以习近平新时代中国特色社会主义思想为指导,遵循党的教育方针,以立德树人为根本,根据"教育部高等学校计算机类专业教学指导委员会物联网工程专业教学研究专家组"发布的《高等学校物联网工程专业规范(2020版)》组织内容并撰写。全书考虑到"物联网作为战略性新兴产业"的特点以及重点面向"非物联网工程专业"学生普及物联网等新一代信息技术的需求,科学合理地安排教材内容,目标是提升学生对物联网技术的"基本认知"能力和"初步应用"能力。

全书共分7章,采用自底向上的分层架构构建内容。第1章为物联网概述,第2章为物联网感知与反馈控制,第3章为条形码技术,第4章为物联网射频识别技术,第5章为物联网通信与空间定位技术,第6章为物联网数据处理技术,第7章为物联网信息安全技术。

本书内容丰富,章节安排合理,叙述清楚,案例翔实,难易适度,被评为工业和信息化部"十四五"规划教材,不仅可以作为普通高等学校物联网工程及相关专业的"物联网技术导论""物联网专业导论""物联网工程导论"课程的教材,也可作为普通高等学校非物联网工程专业的"物联网技术概论"或"物联网技术基础"等全校性通识基础课程的教材使用,还可作为物联网工程师、物联网用户及物联网爱好者的学习参考书或培训教材。本书建议学时为32学时,不应少于16学时。

为了配合教学,本书为授课教师免费提供电子教案和习题解答,如有需要可联系高等教育出版社获取,邮箱:jsj@pub.hep.cn。由于作者水平有限,书中难免有不足之处,敬请读者批评指正。

作　者
2023年6月

目　　录

第 1 章

物联网概述

电子教案

近年来,伴随着网络技术、通信技术、智能嵌入技术的迅速发展,"物联网"一词频繁出现在世人眼前。作为下一代网络的重要组成部分,物联网受到了学术界、工业界的广泛关注,也引起了世界各国的高度重视,从"智慧地球"到"感知中国",各国纷纷制定了物联网发展规划并付诸实施。业界专家普遍认为,物联网技术将会带来一场新的技术革命,它是继个人计算机、互联网及移动通信网络之后全球信息产业的第三次浪潮。本章介绍物联网的起源与发展、概念与特征、体系结构及典型应用。

1.1 物联网的起源与发展

本节从比尔·盖茨的梦想、自动识别技术和无线传感器网络(wireless sensor network,WSN)三个维度,介绍物联网的起源;并从《ITU 互联网研究报告 2005:物联网》开始,探讨物联网的发展。

1.1.1 比尔·盖茨的设想

物联网的起源可以追溯到 1995 年。比尔·盖茨在《未来之路》一书中对信息技术未来的发展进行了预测。其中,描述了物品接入网络后的一些应用场景,这可以说是物联网概念最早的雏形。但是,由于受到当时无线网络、硬件及传感器设备发展水平的限制,并未能引起足够的重视。

《未来之路》通俗易懂,充满睿智和远见,成为了 1996 年度全球畅销书。书中提出了一些大胆的设想,这些设想大部分已经实现,但还有部分设想面临挑战。

这些设想主要包括以下方面。

1. 音乐销售新模式

《未来之路》中写道:以光盘和磁带等耗材为存储介质的音乐,因为容易磨损,一直困扰用户,未来的音乐将存储在一台服务器上,供用户通过互联网下载和播放。

第一代 iPod 于 2001 年 10 月 23 日发布,容量为 5 GB。iPod 为 MP3 音乐播放器带来了全新的设计思路,此后市场上类似的产品层出不穷,但 iPod 依然因其独特风格而一直受到关注。

2. 电视点播新模式

《未来之路》写道:用户可以根据自身喜好选择收看电视节目,而不是被动地等着观看电视台播放的视频节目。

视频点播也称为按需视频(video on demand,VOD)。顾名思义,就是根据观众的要求播放节目的视频点播系统,该系统把用户点击或选择的视频内容传输给所请求的用户并播放。视频点播业务是近年来新兴的传媒方式,是计算机技术、网络通信技术、多媒体技术、电视技术和数字压缩技术等多领域技术融合的产物。

视频点播系统,包括爱奇艺、优酷、百度视频、腾讯视频、暴风影音、360 影视、乐视等,已经融入人们的生活,成为人们日常生活和娱乐的一部分。

3. 广告投放新模式

《未来之路》中写道:一对邻居在各自家中收看同一部电视剧,然而在中间插播电视广告的时段,两家电视中却出现完全不同的广告内容。中年夫妻家中的电视广告节目是退休理财服务广告,而年轻夫妇的电视中播放的是假期旅行广告等。

目前,家用电视已经具备电视回放、插播广告等功能。在视频点播系统中,通过对不同公众的观影数据的深度分析,可以插播不同的广告。然而,在电视播放过程中根据观众不同插播不同广告还没有完全实现。

4. 商品销售新模式

《未来之路》中写道:如果用户计划购买一台冰箱,那将不用再听那些推销员喋喋不休的唠叨,因为电子公告板上有各种正式和非正式的评价信息。用户可以参考这些评价信息,购买自己喜欢的产品。

传统的现场推销模式日益被网络购物所取代。淘宝网是使用广泛的网络购物零售平台,由阿里巴巴集团于 2003 年 5 月创立。目前,决定用户网购的核心因素是商品的信誉。

淘宝信用等级是淘宝网对会员购物实行评分累积等级模式的设计。用户每在淘宝网上购物一次,至少可以获得一次评分的机会,分别为"好评""中评""差评"等。

当然,网购平台也存在冒用他人身份先后注册多个账号,用这些账号到自己的网店中购物刷信誉的问题。但是,这些问题都可以通过管理制度与技术方法来得以解决。

5. 相机具备自助找回功能

《未来之路》中写道:用户如果遗失(或被窃)照相机,照相机将能够自动发回位置信息,告诉用户目前所处的具体位置。

如今,"什么东西丢了最闹心?"如果是几年前,这个答案肯定是"丢钱包"。但放到现在,答案肯定是"丢手机"。

出门可以不带钱,但是一定要带手机!手机对用户如此重要,厂商们也一直在努力减少用户在手机丢失后造成的各种直接、间接损失。比如,苹果公司给 iPhone 增加了手机找回功能,甚至可以锁定手机,那些捡到手机的人几乎是没有二次利用价值的,这也大大提高了手机被找回的可能性。其他手机现在也有类似的功能。

6. 电子支付

《未来之路》中写道:如果孩子需要零花钱,家长可以从电脑钱包给孩子转账。此外,当人们通过机场安检时,电脑钱包将会与机场购票系统进行连接,以检验用户是否购买了机票。

通过二维条形码进行电子支付目前变得非常普遍。支付宝是国内的第三方支付平台,致力于提供"简单、安全、快速"的支付解决方案。支付宝公司从 2004 年建立开始,以"信任"作为产品和服务的核心。微信支付是集成在腾讯的微信客户端的支付功能,用户可以通过手机快速完成支付流程。微信、支付宝都以绑定银行卡的方式实施快捷支付,并提供电子钱包功能。因此,通过支付宝、微信支付等乘坐公交、高铁甚至飞机,已经成为现实。

7. 置身电影之中

《未来之路》中写道:人们在观看电影《飘》时,可以用自己的面孔替换片中知名演员(如嘉宝)的面孔,实实在在体会一下当明星的感觉。

利用虚拟现实(virtual reality,VR)和增强现实(augmented reality,AR)技术,将人置身虚拟的或真实的场景之中,已经基本实现。虚拟现实技术是一种可以创建和体验虚拟世界的计算机仿真系统,它利用计算机生成一种模拟环境,使用户沉浸到该环境之中。增强现实技术是一种实时地计算摄影机影像位置及角度,并加上相应图像、视频、3D 模型的技术,这种技术的目标是在屏幕上把虚拟世界套在现实世界并进行互动。最新出现的元宇宙实际上就是 AR 和 VR 技术的延伸应用。

随着电子产品 CPU 运算能力的提升,预期 VR 和 AR 的用途将会越来越广。例如,3D 虚拟试衣、3D 妆容、3D 人脸重建、3D 人体分析等。尽管 VR、AR 技术及其应用已经取得长足进展,但是,将人置身于电影之中,还没有完全实现。

8. 置身立体街景

《未来之路》中写道:人们可以"进入"地图之中,方便地找到每一条街道或每一座建筑。

目前,通过地图观看 3D 立体街景已经成为现实,但将个人融入街景还有一定距离。

谷歌公司在全球大约有几百辆街景车,在世界各地走街串巷,持续建构街景地图。百度目前也在国内上线了很多城市的街景地图。

由此可见,理想是创新的源泉、发展的动力,有理想才能有创新。

1.1.2 自动识别技术

自动识别技术就是应用一定的识别装置,通过被识别物品和识别装置之间的接近活动,自动地获取被识别物品的相关信息,并提供给后台的计算机处理系统来完成相关后续处理的一种技术。

自动识别技术将计算机、光、电、通信和网络技术融为一体,与互联网、移动通信等技术相结合,实现了全球范围内物品的跟踪与信息的共享,从而给物体赋予智能,实现人与物体以及物体与物体之间的沟通和对话。

自动识别技术是物联网技术的主要起源之一,按照应用领域和具体特征的分类标准,自动识别技术可以分很多种。其中,基于条形码、射频标签(radio frequency identification,RFID)和生物特征的自动识别技术,是物联网得以出现和广泛应用的关键。

1. 条形码

条形码技术出现于20世纪40年代,20世纪七八十年代开始应用于工业领域。由于其成本低廉、采集信息准确率高等特点,得到了广泛应用。条形码被引入到制造业之后,企业可以通过条形码采集装置扫描贴附于在制品、零部件和产品上的条形码,得到较为详细的现场生产状态,如在制品生产状态、零部件的需求和消耗情况以及产品的库存量等。

然而,条形码自身及其信息采集方式的缺陷,导致条形码技术难以实现自动识别和准确采集生产现场信息。在恶劣的工业环境中,条形码容易受到油渍的污染或在碰撞中受损,而条形码一旦受到污损,读取的成功率和准确率就会大打折扣;某些在高温下作业的制造车间会使得贴附于物品上的条形码纸变黄、变形甚至脱落,导致条形码信息无法采集;条形码的信息存储量小,且在制作完成后不能添加任何信息,因此无法记录生产过程中的实时数据;条形码的读取需要在可视范围内进行短距离读取,增加了制造工人的工作量,而且由于依靠人的因素,影响信息采集的可靠性,难以确保信息实时、准确地采集。RFID因应而生。

2. RFID

1999年,美国麻省理工学院(MIT)的Auto-ID实验室提出电子化产品代码(electronic product code,EPC),研究利用RFID等信息传感设备将物体与互联网连接起来,实现从网络上获取物品信息的自动识别技术,并率先提出了"物联网"(Internet of things,IoT)的概念,构建了物-物互联的物联网解决方案和原型系统。

RFID技术是一种非接触式全自动识别技术,早在20世纪30年代,美军就将该技术应用于飞机的敌我识别。到20世纪90年代,RFID技术才开始渐渐应用于社会的各个领域。其基本原理是利用电磁信号和空间耦合(电感或电磁耦合)的传输特性实现对象信息的无接触传递,从而实现对静止或移动的物体或人员的非接触自动识别。

近年来,RFID因其所具备的远距离读取、高存储量等特性而备受瞩目。它不仅可以帮助企业大幅提高货物、信息管理的效率,还可以让销售企业和制造企业互联,从而更加准确地接收反馈信息,控制需求信息,优化整个供应链。

3. 生物特征

生物特征分为物理特征和行为特点两类。物理特征包括指纹、掌形、眼睛(视网膜和虹膜)、人体气味、脸型、皮肤毛孔、手腕、手的血管纹理和DNA等;行为特点包括签名、语音、行走的步态、击打键盘的力度等。随着手机终端、视频监控设备技术的快速发展,利用生物特征识别身份已经成为物联网的一项重要技术。

生物识别指通过获取和分析人体的身体和行为特征来实现人的身份的自动鉴别。其中,声音识别是一种非接触的识别技术。这种技术可以用声音指令实现"不用手"的数据采集,其最大特点就是不用手和眼睛,这对那些采集数据同时还要完成手脚并用的工作场合尤为适用;人脸识别特指利用人脸视觉特征信息进行身份鉴别的计算机技术;指纹识别是指通过比较不同指纹的细节特征点来进行自动识别。由于指纹具有终身不变性、特定性和方便性,已经几乎成为生物特征识别的代名词。

1.1.3 无线传感器网络

物联网的早期形态是无线传感器网络(wireless sensor networks,WSN)。WSN 是由部署在特定区域内的大量廉价微型的传感器节点组成,通过无线通信方式形成的一个多跳自组织网络。它将大量具有传感器、数据处理单元及通信模块的智能节点散布在感知区域,通过节点间的自组织方式协同地实时监测、感知和采集网络分布区域内的各种数据,并对这些数据进行处理,同时将这些数据传回基站(base station,BS)。

一个无线传感器网络通常是由大量的功能相同或不同的无线传感器节点、汇聚节点、网络接入系统、任务管理节点等部分组成,如图 1-1 所示。传感器节点散布在指定的感知区域内,每个节点都可以收集数据,并通过多跳路由方式把数据传送到汇聚节点。汇聚节点也可以用同样的方式将信息发送给各节点。汇聚节点还直接或间接地与网络接入系统中的互联网(Internet)、移动通信或卫星相连,通过它们实现任务管理节点(即观察者)与传感器之间的数据传输。

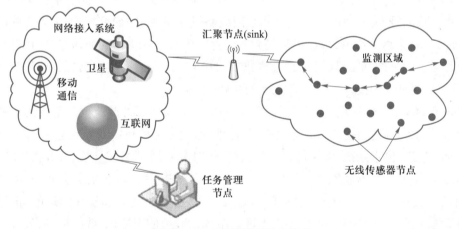

图 1-1　无线传感器网络的结构

无线传感器节点一般由传感器、数模转换器、通信模块、处理模块和电源模块等部分构成。传感器感知物理世界的信息;数模转换器把感知到的物理信息的模拟信号转换为数字信号;处理模块主要处理数字信号和管理传感节点相互合作的过程;通信模块连接各个节点形成网络;电源模块为传感器节点提供能量,电源模块可以是单个电池,也可以是能够充电的电源装置。根据应用的需要,无线传感器节点可能还包括其他基于应用的模块,如移动模块和定位模块等。

在 WSN 中,传感器节点使用的协议栈包括物理层、数据链路层、网络层、传输层和应用层。物理层负责频率选择、载波频率的产生、信号探测、调制和数据加密;数据链路层负责数据流的多路复用、数据帧探测、媒体访问、差错控制等,同时确保点到点和点到多点的连接;网络层负责分配地址和数据包的转发;传输层则确保数据报的可靠传输;应用层负责和终端用户的交互。

在 WSN 中,由于传感器节点数量众多,部署时只能采用随机投放的方式,传感器节点的位置不能预先确定;在任意时刻,节点间通过无线信道连接,采用多跳(multi-hop)、对等(peer to peer)通信方式等自组织网络拓扑结构;传感器节点间具有很强的协同能力,通过局部的数据采集、预处理以及节点间的数据交换来完成全局任务。

WSN 具有快速部署、自行组织网络、隐蔽性强、高容错性等特点:可应用于战场上对敌军兵力、武器和目标实现实时监视;在边远或偏僻野外地区监控植被,对泥石流、火灾进行预警;还能实现农田灌溉情况监控、土壤成分监测、环境污染情况监测、水情监测、气温监测等。

1.1.4　物联网的发展

2005 年,国际电信联盟 ITU 发布《ITU 互联网研究报告 2005:物联网》,描述了网络技术正沿着"互联网—移动互联网—物联网"的轨迹发展,指出无所不在的"物联网"通信时代即将来临,信息与通信技术的目标已经从任何时间、任何地点连接任何人,发展到连接任何物品的阶段,而万物的连接就形成了物联网。

2007 年 1 月,欧盟委员会启动了第七个科技框架计划(2007—2013 年),该框架下的"RFID 和物联网研究项目簇"发布了《物联网战略研究路线图》研究报告,提出物联网是未来 Internet 的一个组成部分,可以被定义为基于标准的和可互操作的通信协议,且具有自配置能力的动态的全球网络基础架构。物联网中的"物"一般具有包含物理属性和个性特征的电子标识,通过智能接口实现与信息网络的无缝连接。

2009 年,IBM 公司提出了"智慧地球"的研究设想,认为 IT 产业下一阶段的任务是把新一代 IT 技术充分运用在各行各业之中,具体地说,就是把传感器嵌入到电网、铁路、桥梁、隧道、公路、建筑、供水系统、大坝、油气管道等各种物体中,实现普遍连接,形成物联网。

2012 年,ITU 对"物联网""设备""物"分别做了进一步标准化定义和描述。"物联网":信息社会全球基础设施(通过物理和虚拟手段)将基于现有和正在出现的、信息互操作和通信技术的物质相互连接,以提供先进的服务。通过使用标识、数据捕获、处理和通信能力,物联网充分利用物体向各项应用提供服务,同时确保满足安全和隐私要求。从广义而言,物联网可被视为技术和社会影响方面的愿景。在这里,"设备"是指物联网中具有强制性通信能力和选择性传感、激励、数据捕获、数据存储与数据处理能力的设备;"物"是指物理世界(物理装置)或信息世界(虚拟事物)中的对象,这些对象是可以标识并整合入通信网的。

在中国,1999 年中国科学院启动了传感网的研究。

2009 年 8 月 7 日,时任国务院总理温家宝在无锡视察中国科学院微纳传感网工程技术研发中心时,提出"在传感网发展中,要早一点谋划未来,早一点攻破核心技术,抢占传感网技术和产业制高点",并且明确要求尽快建立中国的传感信息中心,或者叫"感知中国"中心。"感知中国"表达了我国在未来物联网领域发展的国家愿景,同时也描绘了未来感知世界影响中国的蓝图。

2010年3月,国务院首次将物联网写入两会政府工作报告,提出要"大力发展新能源、新材料、节能环保、生物医药、信息网络和高端制造产业;积极推进新能源汽车、'三网'融合取得实质性进展,加快物联网的研发应用。"

2010年6月,教育部开始开设"物联网工程"本科新专业。

2010年10月,在国务院发布的《关于加快培育和发展战略性新兴产业的决定》中,明确将物联网列为我国重点发展的战略性新兴产业之一,大力发展物联网产业成为国家具有战略意义的重要决策。

2011年3月,在国务院发布的《"十二五"规划纲要》的第十章"培育发展战略性新兴产业"与第十三章"全面提高信息化水平"中,多次强调了"推动物联网关键技术研发和在重点领域的应用示范。"

2011年4月,工业和信息化部发布《物联网"十二五"发展规划》,明确在智能工业、智能农业、智能物流、智能交通、智能电网、智能环保、智能安防、智能家居等重点领域开展物联网应用示范。

2012年5月,工业和信息化部、财政部发布《物联网发展专项资金管理暂行办法》,通过政府专项资金支持物联网技术研究与产业化、标准研究与制定、应用示范与推广、公共服务平台建设等物联网项目。

2013年2月,国务院发布了《关于推进物联网有序健康发展的指导意见》,明确指出:实现物联网在经济社会各领域的广泛应用,掌握物联网关键核心技术,基本形成安全可控、具有国际竞争力的物联网产业体系,成为推动经济社会智能化和可持续发展的重要力量。

2013年2月,国务院印发《国家重大科技基础设施建设中长期规划(2012—2030年)》,提出建设涵盖云计算服务、物联网应用、空间信息网络仿真、网络信息安全、高性能集成电路验证以及量子通信网络等开放式网络试验系统。

2013年9月,国家发改委会同多部委发布《物联网发展专项行动计划(2013—2015年)》,包括10个物联网发展专项计划,涵盖顶层设计、标准制定、技术研发、应用推广、产业支撑、商业模式、安全保障、政府扶持措施、法律法规保障与人才培养等内容。

2013年10月国家发展改革委印发《关于组织开展2014—2016年国家物联网重大应用示范工程区域试点工作的通知》,支持各地结合经济社会发展实际需求,在工业、农业、节能环保、商贸流通、交通能源、公共安全、社会事业、城市管理、安全生产等领域,组织实施一批示范效果突出、产业带动性强、区域特色明显、推广潜力大的物联网重大应用示范工程区域试点项目,推动物联网产业有序健康发展。

2015年10月,在国务院发布的《"十三五"规划纲要》中,将"实施'互联网+'行动计划,发展物联网技术和应用,发展分享经济,促进互联网和经济社会融合"作为"十三五"期间我国"经济社会发展的主要目标"之一。

2016年2月,在国务院发布的《国家中长期科学和技术发展规划纲要(2006—2020年)》中,分别在"重点领域及其优先主题"中将物联网发展的核心技术——"传感器网络及智能信息处理"以及在"前沿技术"中将"智能感知技术"与"自组织网络技术"等研究列在优先主题之中。

2016年5月,在中共中央与国务院发布的《国家创新驱动发展战略纲要》中,将"推动宽带移动互联网、云计算、物联网、大数据、高性能计算、移动智能终端等技术研发和综合应用,加大集成电路、工业控制等自主软硬件产品和网络安全技术攻关和推广力度,为我国经济转型升级和维护国家网络安全提供保障"作为"战略任务"之一。

2016年8月,在国务院发布的《"十三五"国家科技创新规划》"新一代信息技术"的"物联网"专题中提出:"开展物联网系统架构、信息物理系统感知和控制等基础理论研究,攻克智能硬件(硬件嵌入式智能)、物联网低功耗可信泛在接入等关键技术,构建物联网共性技术创新基础支撑平台,实现智能感知芯片、软件以及终端的产品化"的任务。在"重点研究"中提出了"基于物联网的智能工厂""健康物联网"等研究内容,并将"显著提升智能终端和物联网系统芯片产品市场占有率"作为发展目标之一。

2016年12月,国务院印发《"十三五"国家战略性新兴产业发展规划》,提出实施网络强国战略,加快建设"数字中国",推动物联网、云计算和人工智能等技术向各行业全面融合渗透,构建万物互联、融合创新、智能协同、安全可控的新一代信息技术产业体系。

2017年1月,工业和信息化部发布了《物联网发展规划(2016—2020年)》,提出到2020年,具有国际竞争力的物联网产业体系基本形成,包含感知制造、网络传输、智能信息服务在内的总体产业规模突破1.5万亿元,智能信息服务的比重大幅提升。推进物联网感知设施规划布局,公众网络M2M连接数突破17亿。物联网技术研发水平和创新能力显著提高,适应产业发展的标准体系初步形成,物联网规模应用不断拓展,泛在安全的物联网体系基本成型。

2017年6月,工业和信息化部发布《全面推进移动物联网(NB-IoT)建设发展的通知》,明确建设广覆盖、大连接、低功耗移动物联网,以14条举措全面推进NB-IoT建设发展,到2020年建设150万NB-IoT基站、发展超过6亿的NB-IoT连接总数,进一步夯实物联网应用基础设施。

2018年6月,工业和信息化部发布了关于开展2018年物联网集成创新与融合应用项目征集工作的通知,围绕物联网重点领域应用、物联网关键技术和服务保障体系建设,征集一批具有技术先进性、示范效果突出、产业带动性强、可规模化应用的物联网创新项目。

2020年5月,工业和信息化部发布了《关于深入推进移动物联网全面发展的通知》,提出建立NB-IoT(窄带物联网)、4G和5G协同发展的移动物联网综合生态体系。

1.1.5 从物联网到大数据和人工智能

物联网正是得益于云计算、大数据和人工智能的支持,才能蓬勃发展,为用户提供更好的服务体验。

首先,物联网通过各种感知设备(如 RFID、传感器、条形码、视频传感器等)感知物理世界的信息,这些信息通过互联网传输到云端存储设备中,为后续分析和利用提供支持。

其次,物联网感知的数据具有异构、多源和时间序列等特征,海量的感知数据具有典型的大数据特点,需要采用大数据分析技术进行深度分析和挖掘,为用户提供高效的数据应用服务。

然后,物联网感知海量数据,包含人、机、物共融信息,对这些信息的深度挖掘、分析、利用、控制和可视化,离不开人工智能技术。

由此可见,物联网、云计算、大数据和人工智能是一脉相承的。其中物联网是数据获取的基础,云计算是数据存储的核心,大数据是数据分析的利器,人工智能是反馈控制的关键。物联网、云计算、大数据和人工智能构成了一个完整的闭环控制系统,将物理世界和信息世界有机融合在一起。

此外,各地方政府也积极营造物联网产业发展环境,以土地优惠、税收优惠、人才优待、专项资金扶持等多种政策措施推动产业发展,并建立了一系列产业联盟和研究中心,形成了环渤海、长三角、珠三角、中西部、"一带一路"五大区域产业集聚区。与此同时,芯片巨头、设备制造商、IT 厂商、电信运营商、互联网企业等纷纷依托核心能力,积极进行物联网生态布局,建立技术优势,积极申请专利,抢占行业发展先机,在竞争与合作中共同推动物联网向前进步。

总之,物联网是继计算机、互联网与移动通信网之后的第三次信息产业浪潮,被列入世界上各个国家的重点发展产业。我国的物联网研究与国际发展基本同步,部分领域甚至处于领先,相关的产业链和应用研究均呈现出良好的发展态势。在我国,物联网应用已经推广到电力、交通、环境监测、安防、物流、医疗和智能家居等多个领域,应用模式研究呈现多元化、智能化发展的态势。应用功能也从早期的物品识别、电子票证逐渐向智能处理过渡,如向智能家居、智能楼宇以及环境监测等方面拓展。

1.2　物联网的概念与特征

本节从"物"的含义分析入手,探讨物联网的基本概念和主要特征,为物联网的体系结构和应用提供支撑。

1.2.1　"物"的含义

从计算机时代到互联网时代,信息技术的发展给人们的生活和工作带来了巨大的变化。如今,以互联网为依托的物联网,伴随着全球一体化、工业自动化和信息化进程的不断深入,已经融入人们的工作和日常生活中,成为办公和娱乐不可或缺的一部分。

在物联网中,"物"的含义除了包括各种家用电器、电子设备、车辆等电子装置以及高科技产品外,还包括食物、服装、零部件和文化用品等非电子类物品,甚至包括一瓶饮料、一条轮胎、一个牙刷和一片树叶等。

今天,"物联网"(Internet of things,IoT)时代正在走入"万物互联"(Internet of everything,IoE)的时代,所有的东西将会获得语境感知、增强的处理能力和更好的感应能力。

如果再将人和信息加入到物联网中,将会得到一个集合十亿甚至万亿连接的网络。这些连接创造了前所未有的机会并且赋予沉默的东西以声音。

万物互联(IoE)将人、机、物有机融合在一起,给企业、个人和国家带来新的机遇和挑战,并带来更加丰富的个体生活体验和前所未有的经济发展机遇。随着越来越多的人、机、物与数据及互联网连接起来,互联网的功能爆发式增长,并由此深入到社会生活的各个方面,改变着人们的社会生活方式。

但是,从信息论的角度理解,物联网中的"物"必须是通过 RFID、无线网络、广域网或者其他通信方式互联的可读、可识别、可定位、可寻址、可控制的物品(或物体),其中,可识别是最基本的要求。不能识别的物品(或物体)都不能视作物联网或万物互联的要素。

为了实现"物"的自动识别,需要对物品进行编码,该编码必须具有唯一性。同时,为了便于数据的读取和传输,需要有可靠的数据传输的通路以及遵循统一的通信协议。另外,在一些智能嵌入系统中,还要求"物"具有一定的存储功能和计算能力,这就需要"物"包含中央处理器(central processing unit,CPU)和必要的系统软件(操作系统)。

1.2.2 物联网的概念

目前,虽然物联网的研究处于快速发展阶段,但物联网的确切定义尚未完全统一。顾名思义,物联网就是一个将所有物体连接起来所组成的物–物相连的互联网络。物联网作为新技术,定义千差万别。那么,什么是物联网呢?

物联网是通过使用射频识别(RFID)、传感器、红外感应器、全球定位系统、激光扫描器等信息采集设备,按约定的协议,把任何物品与互联网连接起来,进行信息交换和通信,以实现智能化识别、定位、跟踪、监控和管理的一种网络(或系统)。

从定义可以看出,物联网是对互联网的延伸和扩展,其用户端延伸到世界上任何的物品。在物联网中,一个牙刷、一条轮胎、一座房屋,甚至是一张纸巾都可以作为网络的终端,即世界上的任何物品都能连入网络;物与物之间的信息交互不再需要人工干预,物与物之间可实现无缝、自主、智能的交互。换句话说,物联网以互联网为基础,主要解决人与人、人与物和物与物之间的互联和通信。

除了上面的定义外,物联网在国际上还有如下几个代表性描述。

(1) 国际电信联盟:从时–空–物三维视角看,物联网是一个能够在任何时间(anytime)、任何地点(anyplace),实现任何物体(anything)互联的动态网络,它包括了个人计算机(PC)之间、人与人之间、物与人之间、物与物之间的互联。

(2) 欧盟委员会:物联网是计算机网络的扩展,是一个实现物–物互联的网络。这些物体可以有 IP 地址,嵌入到复杂系统中,通过传感器从周围环境获取信息,并对获取的信息进行响应和处理。

(3) 中国物联网发展蓝皮书:物联网是一个通过信息技术将各种物体与网络相连,以帮助人们获取所需物体相关信息的巨大网络;物联网通过使用射频识别 RFID、传感器、红外感应器、视频监控、全球定位系统、激光扫描器等信息采集设备,通过无线传感网、无线通信网络(如 WiFi、WLAN 等)把物体与互联网连接起来,实现物与物、人与物之间实时的信息交换和通信,以达到智能化识别、定位、跟踪、监控和管理的目的。

随着人工智能技术的快速发展,自 2017 年开始,"AIoT"(智能物联网)一词便开始频频出现,成为物联网的行业热点。"AIoT"即"AI(人工智能)+IoT(物联网)",指的是人工智能技术与物联网在实际应用中的落地融合。

AIoT 融合 AI 技术和 IoT 技术,通过物联网产生、收集来自不同维度的、海量的数据存储于云端、边缘端,再通过大数据分析以及更高形式的人工智能,实现万物数据化、万物智联化。物联网技术与人工智能相融合,最终追求的是形成一个智能化生态体系,在该体系内,实现了不同智能终端设备之间、不同系统平台之间、不同应用场景之间的互融互通,万物互融。

近年来,物联网应用中出现了低功耗广域技术,主要解决了远距离和低功耗传输问题,其中窄带物联网(narrow-band Internet of things,NB-IoT)技术以其成本低、连接量大以及覆盖范围广的优势在低速率物联网业务中占据重要地位,成为最适合长距离、低速率、低功耗、多终端应用的物联网通信技术。NB-IoT 技术是一种全球广泛应用的新兴技术,它能够实现终端设备的大量连接,能够节省网络资源,降低开发成本。NB-IoT 技术能够频繁通信,具有较短的延迟,传输更大的数据量。除此之外,NB-IoT 技术最大的特点是能够通过现有的网络设施进行 NB-IoT 网络的部署。

1.2.3 物联网的特征

尽管对物联网概念还有其他一些不同的描述,但内涵基本相同。经过近十年的快速发展,物联网展现出了与互联网、无线传感网不同的特征。

物联网主要特征包括全面感知、可靠传递、智能处理和深度应用 4 个方面,如图 1-2 所示。

1. 全面感知

"感知"是物联网的核心。物联网是由具有全面感知能力的物品和人所组成的,为了使物品具有感知能力,需要在物品上安装不同类型的识别装置,例如,电子标签(tag)、条形码与二维条形码等,或者通过传感器、红外感应器等感知其物理属性和个性化特征。利用这些装置或设备,可随时随地获取物品信息,实现全面感知。

2. 可靠传递

数据传递的稳定性和可靠性是保证物-物相连的关键。由于物联网是一个异构网络,不同的实体间协议规范可能存在差异,需要通过相应的软、硬件进行转换,保证物品之间信

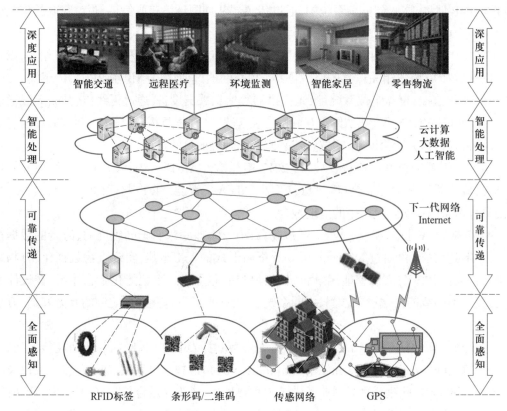

图 1-2　物联网的特征示意图

息的实时、准确传递。为了实现物与物之间信息交互,将不同传感器的数据进行统一处理,必须开发出支持多协议格式转换的通信网关。通过通信网关,将各种传感器的通信协议转换成预先约定的统一的通信协议。

3. 智能处理

物联网的目的是实现对各种物品(包括人)进行智能化识别、定位、跟踪、监控和管理等功能。这就需要智能信息处理平台的支撑,通过云(海)计算、人工智能等智能计算技术,对海量数据进行存储、分析和处理,针对不同的应用需求,对物品实施智能化的控制。由此可见,物联网融合了各种信息技术,突破了互联网的限制,将物体接入信息网络,实现了"物-物相连的互联网"。物联网支撑信息网络向全面感知和智能应用两个方向拓展、延伸和突破,从而影响国民经济和社会生活的方方面面。

4. 深度应用

应用需求促进了物联网的发展。早期的物联网只是在零售、物流、交通和工业等应用领域使用。近年来,物联网已经渗透到智能农业、远程医疗、环境监控、智能家居、自动驾驶等与老百姓生活密切相关的应用领域之中。物联网的应用正向广度和深度两个维度发展。特别是大数据和人工智能技术的发展,使得物联网的应用向纵深方向发展,产生了大量的基于大数据深度分析的物联网应用系统。

1.3 物联网与国家战略

物联网产业的发展离不开国家战略的推动。美国的"智慧地球"、德国的"工业4.0"、中国的"感知中国"和"中国制造2025",无不跟物联网技术密切相关。

1.3.1 物联网推动工业4.0

工业领域正在全球范围内发挥越来越重要的作用,是推动科技创新、经济增长和社会稳定的重要力量。

2011年4月的汉诺威工业博览会上,德国政府正式提出了工业4.0(Industry 4.0)战略,目标是建立一个高度灵活的个性化和数字化的产品与服务的生产模式,旨在支持工业领域新一代革命性技术的研发与创新,以提高德国工业的竞争力,并在新一轮工业革命中占领先机。

工业4.0的核心就是物联网,又称为第4次工业革命,其目标就是实现虚拟生产和与现实生产环境的有效融合,提高企业生产率。作为世界工业发展的风向标,德国工业界的举动深深影响着全球工业市场的变革。

从18世纪中叶以来,人类历史上先后发生了三次工业革命,主要发源于西方国家,并由他们所创新、所主导。中国第一次在第四次工业革命中与世界同步,并立于浪潮。

1. 第一次工业革命

第一次工业革命是指18世纪60年代从英国发起的技术革命,人类社会开始从农耕文明向工业文明过渡。

1733年,机械师凯伊发明了飞梭,大大提高了织布的速度。1765年,织工哈格里夫斯发明了珍妮纺织机,揭开了工业革命的序幕。从此,在棉纺织业中出现了螺机、水力织布机等先进机器。不久,在采煤、冶金等许多工业部门,也都陆续有了机器生产。

随着机器生产越来越多,原有的动力如畜力、水力和风力等已经无法满足需要。

蒸汽机的发明和使用是第一次工业革命的主要标志。蒸汽机是一种将蒸汽能量转换为机械功的往复式动力机械。世界上第一台蒸汽机是由古希腊数学家希罗于公元1世纪发明的汽转球,这是蒸汽机的雏形。1679年,法国物理学家丹尼斯·帕潘在观察蒸汽逃离他的高压锅后制造了第一台蒸汽机的工作模型。

1698年,托马斯·塞维利制成了世界上第一台实用的蒸汽提水机,并取得了"矿工之友"的英国专利。1705年,纽科门及其助手卡利发明了大气式蒸汽机,用以驱动独立的提水泵,被称为纽科门大气式蒸汽机。这种蒸汽机先在英国,后来在欧洲大陆得到迅速推广。

1765年,瓦特运用科学理论,克服了上述蒸汽机的缺陷,发明了设有与汽缸壁分开的凝汽器的蒸汽机,并于1769年取得了英国的专利。从1765年到1790年,瓦特对蒸汽机进行了一系列发明改进,包括分离式冷凝器、汽缸外设置绝热层、用油润滑活塞、行星式齿轮、平行运动连杆机构、离心式调速器、节气阀、压力计等,使蒸汽机的效率提高到纽科门蒸汽机的3 倍多。

1785 年,瓦特制成的改良型蒸汽机投入使用,提供了更加便利的动力,迅速得到推广,大大推动了机器的普及,是人类发展史上的一个伟大奇迹。人类社会由此进入了"蒸汽时代"。

1807 年,美国人富尔顿制成的以蒸汽为动力的汽船试航成功。1814 年,英国人斯蒂芬森发明了"蒸汽机车"。1825 年,斯蒂芬森亲自驾驶着一列拖有 34 节小车厢的火车试车成功。从此人类的交通运输进入一个以蒸汽为动力的时代。

1840 年前后,英国的大机器生产基本上取代了传统的工厂手工业,工业革命基本完成。英国成为世界上第一个工业化国家。

此后,工业革命逐渐从英国向西欧大陆和北美传播。后来,扩展到世界其他地区。

第一次工业革命是技术发展史上的一次巨大革命,它开创了以机器代替手工劳动的时代。

2. 第二次工业革命

第二次工业革命的标志是电的发明和使用,人类社会开始从工业文明向社会文明过渡。

1866 年,德国工程师西门子发明了世界上第一台大功率发电机,这标志着第二次工业革命的开始。电器开始代替机器,电成为补充和取代蒸汽的新能源。随后,电灯、电车、电影放映机相继问世,人类进入了"电气时代"。

以煤气和汽油为燃料的内燃机的发明和使用,是第二次工业革命的另一个标志。

1862 年,法国科学家罗沙对内燃机热力过程进行理论分析之后,提出提高内燃机效率的要求,这就是最早的四冲程工作循环。1876 年,德国发明家奥托运用罗沙的原理,创制成功第一台以煤气为燃料的往复活塞式四冲程内燃机。

"电气时代"的到来,使得电力、钢铁、铁路、化工、汽车等重工业兴起,石油成为新能源,并促使交通迅速发展,世界各国的交流更为频繁,并逐渐形成一个全球化的国际政治、经济体系,人类生活更加便捷,生活水平快速提高。

3. 第三次工业革命

第三次工业革命以原子能、电子计算机、空间技术和生物工程的发明和应用为主要标志,是涉及信息技术、新能源技术、新材料技术、生物技术、空间技术和海洋技术等诸多领域的一场信息技术革命。

第三次工业革命不仅极大地推动了人类社会经济、政治、文化领域的变革,而且也影响了人类生活方式和思维方式。随着科技的不断进步,人类的衣、食、住、行、用等日常生活的各个方面也发生了重大的变化。

电子计算机的发明和使用是第三次工业革命的主要标志。 1946 年,世界上第一台电子计算机"电子数字积分计算机"(electronic numerical and calculator,ENIAC)在美国宾夕法尼亚大学问世。ENIAC 是美国奥伯丁武器试验场为了满足计算弹道需要而研制成的,这台计算器使用了 17 840 支电子管,重达 28 t,功耗为 170 kW,其运算速度为每秒 5 000 次加法运算。ENIAC 的问世具有划时代的意义,表明电子计算机时代的到来。在此后 70 多年里,计算机技术以惊人的速度发展,并在各行各业得到广泛应用。特别地,1971 年世界上第一台微处理器的诞生和 1981 年 IBM 个人计算机的出现,开创了微型计算机时代,计算机开始进入千家万户。

空间技术的利用和发展也是第三次工业革命的一大成果。1957 年,苏联发射了世界上第一颗人造地球卫星,开创了空间技术发展的新纪元。1961 年,苏联宇航员加加林乘坐飞船率先进入太空。1969 年,美国实现了人类登月的梦想。1981 年,第一个可以连续使用的航天飞机试飞成功,它身兼火箭、飞船、飞机 3 种特性,是航天事业的重大突破。1970 年以来,中国航天空间技术迅速发展,现已成为世界航天大国。

原子能技术的利用和发展也是第三次工业革命的重要成果。1945 年和 1952 年,美国成功试制原子弹和氢弹。1949 年至 1964 年间,苏联、英国、法国、中国相继成功试制核武器。1954 年 6 月,苏联建成第一个原子能核电站。

目前,第三次工业革命方兴未艾,还在全球扩散和传播。

4. 第四次工业革命

前三次工业革命使得人类发展进入了空前繁荣的时代,与此同时,也造成了巨大的能源、资源消耗,付出了巨大的环境代价、生态成本,急剧地扩大了人与自然之间的矛盾。进入 21 世纪,人类面临空前的全球能源与资源危机、全球生态与环境危机、全球气候变化危机等多重挑战,由此引发了第四次工业革命——绿色工业革命。

物联网技术的出现开创了第四次工业革命。第四次工业革命的核心是"人 - 机 - 物"深度融合。21 世纪发动和创新的第四次绿色工业革命,中国第一次与美国、欧盟、日本等发达国家站在同一起跑线上,并在某些领域引领世界。图 1-3 给出了四次工业革命的发展示意图。

第一次工业革命	第二次工业革命	第三次工业革命	第四次工业革命
蒸汽动力带动机械化生产	电气与石化动力带动自动化生产	计算机及信息技术带动数字化生产	信息物理融合技术带动智能化生产

图 1-3　四次工业革命发展示意图

1.3.2　物联网支撑中国制造 2025

中国制造 2025,是中国政府实施制造强国战略的第一个十年行动纲领。

2015 年 3 月 5 日,时任总理李克强在全国两会上做《政府工作报告》时首次提出"中国制造 2025"的宏大计划,加快推进制造产业升级。2015 年 3 月 25 日,国务院常务会议部署加快推进实施"中国制造 2025",实现制造业升级。2015 年 5 月 19 日,国务院正式印发《中国制造 2025 》。

　　"中国制造 2025"的基本思路是,借助两个 IT 的结合(industry technology & information technology,工业技术和信息技术),改变中国制造业现状,令中国到 2025 年跻身现代工业强国之列,并成为第四次工业革命的引领者。

　　如今,从"中国制造 2025"再到"互联网+",都离不开物联网的技术支撑。物联网已被国务院列为我国重点规划的战略性新兴产业之一。

　　围绕实现制造强国的战略目标,《中国制造 2025 》明确了 9 项战略任务和重点,提出了 8 个方面的战略支撑和保障。

　　《中国制造 2025 》提出,坚持"创新驱动、质量为先、绿色发展、结构优化、人才为本"的基本方针,坚持"市场主导、政府引导,立足当前、着眼长远,整体推进、重点突破,自主发展、开放合作"的基本原则,通过"三步走"实现制造强国的战略目标。

　　最近 10 年,中国在制造业领域取得巨大成就。下面介绍其中使用较为广泛的空中造楼机、穿隧道架桥机和隧道掘进机。

　　1. 空中造楼机

　　中国研发了空中造楼机,挑战超高层建筑,世界第一。武汉某中心项目建筑高度约 635 米,而建设这样一栋楼的物料和装备,总共有五六十万吨,是普通 300 米建筑的两倍,建设风险更是比 300 米高楼大了 4 倍,这对于高空作业平台有了更高的要求。面对这样的高难度挑战,建造者们使用了一台神奇的机器,它就是中国最新一代的空中造楼机,也就是武汉某项目的智能顶升平台,如图 1-4 所示。

图 1-4　空中造楼机

　　智能顶升平台使用诸多传感与控制器,拥有 4 000 多吨的顶升力,使用它能够在千米高空进行施工作业。而且它还能在八级大风中平稳进行施工,4 天一层的施工速度更是让国内外惊叹,这台空中造楼机完美地展现了中国超高层建筑施工技术,在全世界处于领先的地位。

　　2. 穿隧道架桥机

　　中国研发了先进的穿隧道架桥机,有力地支持了我国的基础设施建设。近几年,中国高铁的发展速度令世人瞩目,逢山开路、遇水架桥,中国速度的背后,离不开一种独一无二的机械装备,它就是穿隧道架桥机。架桥机上,前后左右共有上百个传感器,负责转向、防撞、测速等功能。根据这些传感器数据,可以判断架桥机的运行情况,进行精准控制。穿隧道架桥机让中国高铁的建设不断提速。2018 年通车的渝贵铁路,全长 345 千米,桥梁 209 座,历时 5 年修建完成,如果没有穿隧道架桥机,工期将成倍增加。

3. 隧道掘进机

中国研发了自己的"挖隧道神器",即隧道掘进机。2015 年 12 月 24 日,我国首台双护盾硬岩隧道掘进机研制成功,该机器具有掘进速度快、适合较长隧道施工的特点。每台隧道掘进机上设置使用物联网技术的探测系统和控制系统,如激震系统、接收传感器、破岩震源传感器、噪声传感器等。现代隧道掘进机采用了类似机器人的技术,如控制、遥控、传感器、导向、测量、探测、通信技术等,集机、电、液、传感、信息技术于一体,具有开挖切削土体、输送土渣、拼装管片、隧道衬砌、测量导向纠偏等功能,是目前最先进的隧道掘进设备之一。

显然,随着物联网的发展,我国智能制造技术不断被激发,呈现出蓬勃生机。

1.4 物联网体系结构

体系结构(architecture)是描述计算机系统的组成部件以及部件之间的联系。自 1964 年 G. 阿姆达尔(G.Amdahl)首次提出体系结构这个概念,人们对计算机系统开始有了统一而清晰的认识。体系结构思想为计算机系统的设计与开发奠定良好的基础。近 60 年来,体系结构研究得到了长足的发展,其内涵和外延得到了极大的丰富。特别是网络计算技术的发展,使得网络计算体系结构成为当今一种主要的计算模式结构。体系结构与系统软件、应用软件、程序设计语言的紧密结合与相互作用也使今天的计算机与以往有很大的不同,并触发了大量的前沿技术,如物联网、云计算和大数据等。

1.4.1 物联网体系结构的定义

认识任何事物都有一个从整体到局部的过程,尤其对于结构复杂、功能多样的系统更是如此。首先需要对它的整体结构有所了解,然后才能进一步去讨论其中的细节。正如在不同的地质结构和不同地理环境区域建造房子需要规划不同的房屋结构一样,物联网系统搭建的首要任务是建立科学、合理的体系架构。当前,国内外关于物联网的体系结构研究还在起步阶段,对于体系结构各层的描述、相关协议和关键技术还没有形成统一的、各行业都认可的标准。

物联网体系结构是指描述物联网部件组成和部件之间的相互关系的框架和方法。正如体系结构的英文表示是 architecture,其含义是"结构""建筑"的意思,表示要建造一栋房子首先要对其结构、布局等进行规划,最后才能动工实施,否则只是纸上谈兵。漫无目的地开工,没有统一的规划指导,最后可能前功尽弃。由于物联网的建设尚处于迅速发展之中,涉及不同领域、不同行业、不同应用,因此需要细心规划,建立起全面、准确、灵活、满足不同应用需求的体系结构。

物联网体系架构是指导物联网应用系统设计的前提。物联网应用广泛,系统规划和设计极易因角度的不同而产生不同的结果,因此急需建立一个具有框架支撑作用的体系架构。另外,随着应用需求的不断发展,各种新技术将逐渐纳入物联网体系中,体系架构的设计也将决定物联网的技术细节、应用模式和发展趋势。

1.4.2 物联网体系结构的实例

物联网是一个开放型体系架构,由于处于发展阶段,不同的组织和研究群体,对物联网提出了不同的体系结构。但不管是三层体系结构还是四层体系结构,其关键技术是相通和类同的。下面介绍一种物联网四层体系结构,物联网三层体系结构在此基础上进行组合即可实现。

1. 物联网四层体系结构

目前,国内外的研究人员在描述物联网的体系结构时,多采用 ITU-T 在 Y.2002 建议中描述的 USN(ubiquitous sensor network,泛在传感器网络)高层架构作为基础,它自下而上分为感知网络层、泛在接入层、中间件层、泛在应用层 4 个层次,如图 1-5 所示。

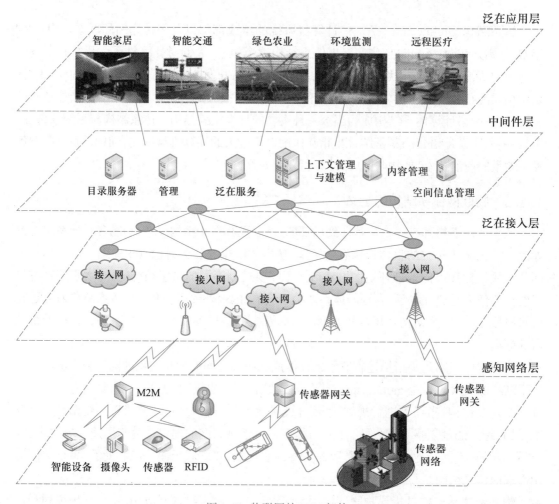

图 1-5 物联网的 USN 架构

　　USN 分层框架的一个最大特点是依托下一代网络 NGN（next generation network）架构，各种传感器在最靠近用户的地方组成无所不在的网络环境，用户在此环境中使用各种服务，NGN 则作为核心的基础设施为 USN 提供支持。

　　显然，基于 USN 的物联网体系架构主要描述了各种通信技术在物联网中的作用，不能完整反映出物联网系统实现中的功能集划分、组网方式、互操作接口、管理模型等，不利于物联网的标准化和产业化。因此需要进一步提取物联网系统实现的关键技术和方法，设计一个通用的物联网系统架构模型。

　　图 1-6 给出了一种通用的物联网四层体系结构。该结构侧重物联网的定性描述而不是协议的具体定义。因此，物联网可以定义为一个包含感知控制层、数据传输层、数据处理层、应用决策层的四层体系结构。

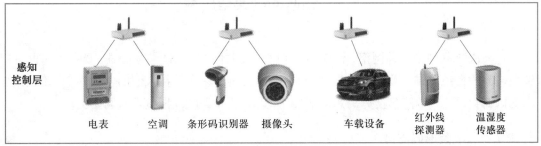

图 1-6　物联网的四层体系结构

　　该体系结构借鉴了 ITU 的物联网 USN 架构思想，采用自下而上的分层架构。各层功能描述如下。

(1) 感知控制层：简称感知层，它是物联网发展和应用的基础，包括条形码识别器、各种类型传感器（如温湿度传感器、视频传感器、红外探测器等）、智能硬件（如电表、空调等）和接入网关等。各种传感器通过感知目标环境的相关信息，并自行组网传递到网关接入点，网关将收集到的数据通过数据传输层提交到数据处理层进行处理。数据处理的结果可以反馈到本层，作为实施动态控制的依据。

(2) 数据传输层：负责接收感知层数据，传输到数据处理层，并将数据处理结果返回感知层。该层包括各种接入网络与设备，如短距离无线网络、移动通信网、互联网等，并实现不同类型网络间的融合，实现物联网感知与控制数据的高效、安全和可靠传输。此外，还提供路由、格式转换、地址转换等功能。

(3) 数据处理层：数据处理层提供物联网资源的初始化，监测资源的在线运行状况，协调多个物联网资源（计算资源、通信设备和感知设备等）之间的工作，实现跨域资源间的交互、共享与调度，实现感知数据的语义理解、推理、决策以及提供数据的查询、存储、分析、挖掘等。该层利用云计算（cloud computing）、大数据（big data）和人工智能（AI）等技术，实现感知数据的高效存储与深度分析。

(4) 应用决策层：物联网应用决策层利用经过分析处理的感知数据，为用户提供多种不同类型的服务，如检索、计算和推理等。物联网的应用可分为监控型（物流监控、污染监控）、控制型（智能交通、智能家居）、扫描型（手机钱包、高速公路不停车收费）等。应用层针对不同应用类别，定制相适应的服务。

此外，物联网在每一层中还应包括安全、容错等技术，用来贯穿物联网系统的各个层次，为用户提供安全、可靠和可用的应用支持。

2. 物联网三层体系结构

显然，在物联网的四层体系结构中，数据处理层和应用决策层可以合二为一，称之为应用决策层，这样物联网四层体系结构就变成了三层体系结构，即感知控制层、数据传输层、应用决策层。

1.5   物联网的典型应用

与其说物联网是一种网络，不如说物联网是互联网的应用。"物联网"概念的问世，打破了之前的传统思维。物联网发展到今天，已经时时刻刻充斥在人们的生活中。二维条形码支付、刷卡乘车、不停车收费、手机导航和计步等，无不跟物联网技术密切相关。

1.5.1   二维条形码支付

如今，当人们在购物付款时，使用手机中的微信、支付宝扫一扫即可完成支付（如图 1-7 所示），无须像以前那样支付现金并等着商户找零钱。扫码支付大大提高了人们付款的效率。那么，扫描支付是如何完成的呢？这就离不开二维条形码。

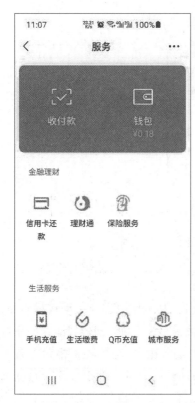

图 1-7 微信和支付宝上的扫码支付

1. 二维条形码：信息的载体

扫码支付都是从二维条形码开始的。通过扫描二维条形码，人们可以看到付款页面商家的名称，所以二维条形码在这里承担的角色是信息的载体。选择二维条形码作为付款信息的载体，一方面是受收银台扫描一维条形码来识别商品的启发，另一方面是二维条形码本身可存储足够大的数据信息，而且支持不同的数据格式，同时二维条形码有一定的容错性，部分损坏后仍可正常读取。这一切，使得二维条形码成为被大众广泛使用的信息载体。

2. 二维条形码识别：扫码支付

二维条形码携带的信息，人们无法通过肉眼识别，不同的支付机构在二维条形码中注入的信息规则不一致，需要对应的服务器根据其编码规则进行解析。人们每次扫描二维条形码后，手机应用程序或后台服务器需要解析这个二维条形码的内容，通常包括校验二维条形码携带的链接地址是否合法，是属于支付链接还是属于外链网址等。

校验的规则很多，就支付链接来说，不同的公司各有差异。微信 App 和支付宝 App 的校验规则不同，因此，微信 App 生成的二维条形码是不能被支付宝 App 识别的。校验通过后，后台服务器会把商户名称返回到发起用户的手机 App 上，同时告诉 App，服务器校验通过了，App 可以调用收银、酒店、停车场、医院自助挂号等没有专人值守的应用场景，如图 1-8 所示。

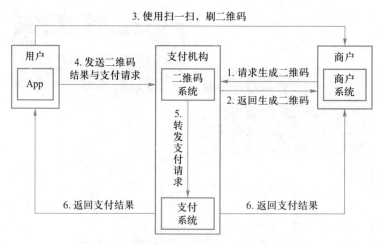

图 1-8　主动式扫码支付的工作流程

3. 二维条形码识别：出示二维条形码支付

对于用户出示二维条形码的被动式扫码支付，其工作原理与主动式扫码支付基本相同。在这种模式中，用户通过支付宝或微信钱包向商家展示二维条形码，商家使用红外线扫描枪扫描二维条形码完成支付。这种模式适用于商场收银台、医院收费柜台等有人值守的应用场合。在这种模式中，用户的付款码中包含的是该用户的专属 ID，商家通过收银系统向微信或支付宝提交订单时，把扫码枪识别出来的信息传递给微信或支付宝，它们根据这个专属 ID 找到对应的用户，通过代扣直接就扣款了。微信支付的具体步骤如下。

步骤 1：用户打开微信，选择付款码支付。

步骤 2：收银员在商户系统操作生成支付订单，输入支付金额（或根据商品扫描信息自动统计支付金额）。

步骤 3：商户收银员用扫码设备扫描用户的条形码 / 二维条形码，商户收银系统提交支付。

步骤 4：微信支付后台系统收到支付请求，根据验证密码规则判断是否验证用户的支付密码，不需要验证密码的交易直接发起扣款，需要验证密码的交易会弹出密码输入框。支付成功后微信端会弹出成功页面，支付失败会弹出错误提示。

1.5.2　刷卡乘车

随着我国经济的快速发展，高铁遍布全国，居于世界首位。以前，人们进出火车站必须凭借火车票才可以进入，但是现在只要刷一下身份证就可以快速进站，如图 1-9 所示。

这种便捷的刷卡进站乘车的方式不仅极大减少人员排队时间和拥堵风险，而且在验票环节可以节省大量的人力和物力。

使用身份证能够刷卡进站乘车，主要得益于二代

图 1-9　刷身份证进站

身份证也使用了 RFID 卡技术,防伪程度高,破解困难。

第一代身份证采用聚酯膜塑封,后期使用激光图案防伪,但总体防伪效果不佳,容易被犯罪分子恶意复制。所以很难实现个人身份的唯一性验证。

为了提高防伪效果,中国政府启用了第二代身份证。第二代身份证内藏的非接触式 IC 芯片是具有科技含量的 RFID 芯片。该芯片可以存储个人的基本信息,可近距离读取卡内资料。需要时,在专用读写器上扫一扫,即可显示出个人身份的基本信息。而且芯片的信息编写格式和内容等只由特定厂提供,只有通过认证的读卡器才能读取其中的内容,因此防伪效果显著,不易伪造。

1.5.3 电子不停车收费

现在人们去到一些高速公路收费站,发现都有一个电子不停车收费系统(ETC),且无专人值守。车辆只要减速行驶,不用停车即可完成车辆信息的身份认证和自动计费,减少了大量的人工成本。

在国内,最早在首都机场高速公路开始试点不停车收费系统,目前在全国各地高速公路已经普遍使用。不仅高速公路上已经广泛使用 ETC 系统,城市内部的各种停车场也在广泛使用 ETC 进行收费和管理。

图 1-10 给出了 ETC 的工作原理:当携带有 RFID 标签的车辆经过检测区域时,读写协同的天线所发出的信号会激活车载的 RFID 标签;然后 RFID 标签会发送带有车辆身份信息的信号,天线将接收到的信号传送给 RFID 读写系统,经读写系统解码后通过网络传输到数据中心,数据中心分析处理后就可以获得通过检测区域的车辆的身份信息。

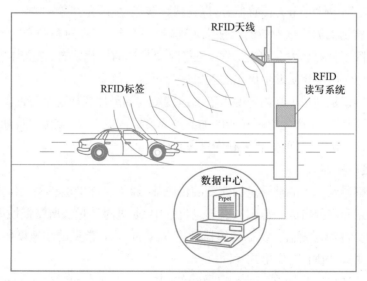

图 1-10 ETC 的工作原理

车辆每通过一个 ETC 卡口时,都会进行车辆的身份验证,由此可以判定车辆的行驶轨迹。根据车辆轨迹,不仅可以确定车辆收费,还能分析车辆行驶密度,计算路网的交通流量,为新修道路或拓宽道路提供依据。

1.5.4   手机导航与计步

目前,手机已经成为人们身边最重要的随身携带工具。手机的功能日益强大,除了传统的打电话和发短信功能外,还附加了照相、摄影、导航、计步、游戏甚至测量血压等功能。手机功能为什么如此强大呢? 最主要的原因是,手机安装了一系列的传感器。

每种传感器都有其特色的功能,有时多个传感器组合起来使用,带来的功能就更加强大。

1. 计步器

健康是每个人都非常关注的事情。保障健康离不开运动。而运动量的把握就离不开手机的计步器软件了。手机计步主要依托如下传感器。

(1) 振动传感器

振动传感器的作用主要是将机械量接收下来,并转换为与之成比例的电量。振动传感器是一种机电转换装置,所以也称它为换能器、拾振器等。振动传感器并不是直接将原始要测的机械量转变为电量,而是将原始要测的机械量作为振动传感器的输入量,然后由机械接收部分加以接收,形成另一个适合于变换的机械量,最后由机电变换部分再将其变换为电量。因此一个传感器的工作性能是由机械接收部分和机电变换部分的工作性能来决定的。

(2) 重力感应器

重力感应器又称重力传感器,它采用弹性敏感元件制成的悬臂式位移器与采用弹性敏感元件制成的储能弹簧来驱动电触点,完成从重力变化到电信号的转换。目前绝大多数智能手机和平板电脑内置了重力传感器,可以完成计步、玩模拟游戏等功能。

重力传感器是根据压电效应的原理来工作的。对于不存在对称中心的异极晶体,加在晶体上的外力除了使晶体发生形变以外,还将改变晶体的极化状态,在晶体内部建立电场,这种由于机械力作用使介质发生极化的现象称为正压电效应。

重力传感器就是利用了其内部的由于加速度造成的晶体变形这个特性。由于这个变形会产生电压,只要计算出产生电压和所施加的加速度之间的关系,就可以将加速度转化成电压输出。当然,还有很多其他方法来制作重力感应器。

(3) 加速度传感器

加速度传感器是一种能够测量加速度的传感器,通常由质量块、阻尼器、弹性元件、敏感元件和适调电路等部分组成。传感器在加速过程中,通过对质量块所受惯性力的测量,利用牛顿第二定律获得加速度值。根据传感器敏感元件的不同,常见的加速度传感器包括电容式、电感式、应变式、压阻式、压电式等。

加速度传感器可以检测交流信号以及物体的振动,人在走动时会产生一定规律性的振动,而加速度传感器可以检测振动的过零点,从而计算出人所走的步数或跑步所走的步数,并计算出人所移动的位移,完成计步器的工作。虽然加速度计可以很容易地完成行走的步数计算,然而由于步长因人而异(大约相差 ±30%)并且检测结果也取决于人的行走速度

(通常误差为 ±25%),所以不能精确检测出在经过的距离内的行走步数,还需要利用其他技术进行辅助判定。

2. 导航

当人们要去一个陌生的地方,为了防止走错道路,往往需要借助手机进行导航。导航已经成为人们出行途中使用频率较高的应用。那么,手机是如何帮助人们导航的呢?那是因为手机都内置了位置传感器。

目前,位置传感器是一个嵌入在用户终端中的简单小模块,但其功能比较复杂,需要负责与用户终端软硬件、导航卫星和地面基站等进行联络,完成定位导航功能。

为了完成定位导航功能,首先,需要部署导航卫星,目前能够部署导航卫星的国家只有少数几个;其次,用户终端(如智能手机)需要安装有导航软件(如百度地图、高德地图等),并集成位置导航模块,如北斗导航系统(BDS)、全球定位系统(GPS)、伽利略定位系统等的导航模块,这些模块通过接收导航卫星通信信号,确定手机位置。

为了进一步提高导航精度,在目前的中高端手机中,位置传感器已经升级为 A-BDS 或 A-GPS。在 A-BDS 或 A-GPS 中,除了利用北斗或 GPS 信号定位外,还可以利用移动网络来辅助定位和确定用户终端的位置,从而提高了定位速度和效率,保证在很短的时间内手机等用户终端就能够快速定位自己的位置。

1.6 本章小结

本章主要讲述了物联网的基本概念、物联网的起源与国内外发展状况以及物联网的主要应用领域。首先给出了物联网的定义、特征,解析了物联网中"物"的含义;然后,介绍了物联网的起源和发展过程,详细描述了物联网在我国的发展现状,分析了存在的问题;最后,介绍了物联网的主要应用领域。物联网对于世界经济、政治、文化、军事等各个方面都将会产生深远的影响。因此,物联网被称为继计算机、互联网之后,世界信息产业的第三次浪潮,也是信息产业新一轮竞争中的制高点。

习题

一、选择题(单选或多选)

1. 下面不属于电子钱包的是( )。
A. 微信零钱　　　B. 支付宝　　　C. 银行卡　　　D. 以上都不是

2. 能够实现身临其境的技术是( )。
A. VR　　　B. AR　　　C. VR 和 AR　　　D. 以上都不是

3. 产品电子编码(electronic product code,EPC)是由( )最早提出的。
A. 麻省理工学院　　B. 斯坦福大学　　C. 香港大学　　D. 中国商品编码协会

4. 2009 年 8 月,时任国务院总理温家宝在中国科学院无锡高新微纳传感网工程技术研发中心提出了(　　　)。

    A. 感知中国   B. 物联中国   C. 中国制造 2025   D. 工业 4.0

5. 2015 年 3 月,时任国务院总理李克强在全国两会上做《政府工作报告》时首次提出
(　　　)。

    A. 感知中国   B. 物联中国   C. 中国制造 2025   D. 工业 4.0

6. RFID 系统中,无源标签的能耗从(　　　)而来。

    A. 光照   B. 磁场   C. 电池   D. 振动

7. 下面不属于物联网感知技术的是(　　　)。

    A. 二维条形码   B. 摄像机   C. 北斗定位   D. 蓝牙

8. 目前流行的智能手机的计步功能主要通过(　　　)传感器实现。

    A. 加速度   B. 温度   C. 光   D. 声音

9. 物联网的英文缩写为(　　　)。

    A. WLW   B. IoT   C. RFID   D. EPC

10. 中国智能制造的典型创新性成果包括(　　　)。

    A. 空中造楼机   B. 穿隧道架桥机   C. 隧道掘进机   D. 以上都不是

二、简答题

1. 什么是物联网? 物联网中的"物"主要指什么?

2. 简述物联网的主要特征和每个特征的具体含义。

3. 什么是 RFID? 什么是 EPC? 简述 EPC 和 RFID 的关系。

4. 什么是 WSN? 简述 WSN 的基本构成。

5. 简述四次工业革命的标志性技术及其对社会的影响。

6. 分析几种物联网的概念所表述含义的异同。

7. 基于比尔·盖茨的设想,提出 3 种未来可能出现的新技术。

8. 分析不同层次的物联网的体系结构的异同。

9. 探讨中国制造 2025 取得的主要成就及其对社会的影响。

10. 讨论物联网、云计算、大数据和人工智能的相互关系。

第 2 章

物联网感知与反馈控制

电子教案

随着物联网技术的发展和普及,信息感知已经成为人们日常生活不可或缺的部分。感知是物联网实现"物－物相联,人－物互动"的基础,各种类型的传感器在构建物理和虚拟世界关系方面发挥了关键作用,没有它,物联网也就成了无水之源、无本之木。控制是物联网反馈和控制物理世界的关键。本章重点介绍物联网系统中常用传感器的功能、特性与分类,感感信息进行数字化转换的原理以及典型传感器的应用,讲解物联网系统中实现反馈和智能控制的方法。

2.1 传感检测与反馈控制模型

在人们的生产和生活中,经常要和各种物理量和化学量打交道,例如,检测长度、重量、压力、流量、温度、化学成分等。在生产过程中,生产人员往往依靠仪器、仪表来完成检测任务。这些检测仪表都包含有或者本身就是敏感元件,能很敏锐地反映待测参数的大小。在为数众多的敏感元件中,人们把那些能将非电量形式的参量转换成电参量的元件叫做传感器。从狭义角度来看,传感器是一种将测量信号转换成电信号的变换器。从广义角度看,传感器是指在电子检测控制设备输入部分中起检测信号作用的器件。

通常,传感器输出的电信号(如电压和电流)不能在计算机中直接使用和显示,还要借助模数转换器(A/D 变换器)将这些信号转换为计算机能够识别和处理的信号。只有经过变换的电信号,才容易显示、存储、传输和处理。为此,把能够感受规定的被测量并按照一定的规律将其转换成可用输出信号的元器件或装置称为传感检测装置。

传感与检测技术是实现物联网系统的基础。传感是把各种物理量转变成可识别的信号量的过程,而检测是指对物理量进行识别和处理的过程。例如,用湿敏电容把湿度信号转变成电信号就是传感,对传感器得来的信号进行数字化处理的过程就是检测。

图 2-1 给出的是将"物理信号"转换为"数字信号"的传感检测与反馈控制模型。该模

型由传感器部件、信号处理部件和反馈控制部件(可选)三大部分组成。

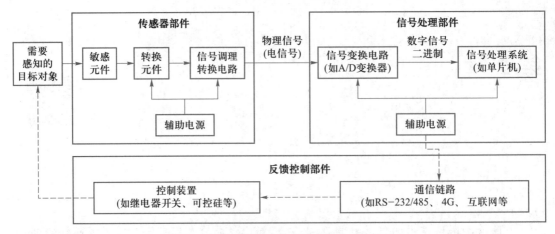

图 2-1 传感检测与反馈控制模型的功能结构

1. 传感器部件

传感器部件由敏感元件、转换元件和信号调理转换电路组成。敏感元件是指传感器中能直接感受或响应被测对象的部分;转换元件是指传感器中能将敏感元件感受或响应的被测量转换成适于传输或测量的电信号的部分。

由于传感器输出信号一般都很微弱(毫伏级),所以,还需要一个信号调理转换电路对微弱信号进行放大或调制等,使得其达到信号变换电路(如 A/D 变换器)能够识别的范围(伏特级)。此外传感器的工作必须有辅助电源,因此,电源也作为传感器组成的一部分。

随着半导体器件与集成技术在传感器中的应用,传感器的信号调理转换电路与敏感元件和转换元件通常会集成在同一芯片上,安装在传感器的壳体里。传感器部件的输出电量有很多种形式,如电压、电流、电容、电阻等,输出信号的形式由传感器的原理确定。

2. 信号处理部件

信号处理部件通常由信号变换电路和信号处理系统及辅助电源构成。

信号变换电路负责对传感器输出的电信号进行数字化处理(即转换为二进制数据),一般由模数转换电路(即 A/D 变换器)构成。A/D 转换器,简称 ADC,通常是指一个将模拟信号转变为数字信号的电子元件。其功能是将一个输入的电压信号转换为一个输出的数字信号。由于数字信号本身不具有实际意义,仅仅表示一个相对大小,故任何一个模数转换器都需要一个参考模拟量作为转换的标准。比较常见的参考标准为最大的可转换信号大小。而输出的数字量则表示输入信号相对于参考信号的大小。

模数转换一般要经过采样、量化和编码等几个步骤。采样是指用每隔一定时间的信号样值序列来代替原来在时间上连续的信号,也就是在时间上将模拟信号离散化;量化是用有限个幅度值近似原来连续变化的幅度值,把模拟信号的连续幅度变为有限数量的有一定间隔的离散值;编码则是按照一定的规律,把量化后的值用二进制数字表示,然后转换成二值或多值的数字信号流。这样得到的数字信号方便计算机进行处理或进行远程传输。

信号处理系统一般由单片机或微处理器组成,按照某种规则或算法将二进制数据转换为用户容易识别的信息(如温度、湿度、压力等)。单片机又称单片微控制器,已广泛应用到智能仪表、实时工控、通信设备、导航系统、家用电器等设备之中。在单片机中,主要包含微处理器(CPU)、只读存储器(ROM)和随机存储器(RAM)等。在新一代单片机中,也开始集成 A/D 变换器、D/A 变换器等功能,这样,单片机的功能更加强大,所构造的系统更加小型化。

3. 反馈控制部件

反馈控制部件包括通信链路和控制装置两部分。检测的信号如果需要反馈到目标对象进行控制,则由信号处理部件的信号处理系统形成决策,决策结果通过通信链路(如有线链路 RS-232/485、无线链路 4G 等)发送到控制装置,由控制装置对目标对象进行实时反馈控制。需要说明的是,反馈控制不是每个物联网系统都需要的,因此在图中使用虚线表示。

2.2 传感器的特性与分类

传感器在检测物理世界的信息量时,会存在误差。这些误差是由传感器的特性决定的。不同类型的传感器有不同的特性。本节介绍传感器的特性、分类及手机中的几种传感器的名称与功能。

2.2.1 传感器的特性 ···□

由于传感器所测量的物理量、化学量等(通常统称为非电量)总是处在不断变动之中,传感器能否将这些非电量的变化不失真地变换成相应的电量,取决于传感器的输出 / 输入特性。传感器的特性包括静态特性和动态特性,下面重点介绍静态特性。

传感器的静态特性是指被测量的值处于稳定状态时的输出 / 输入关系。衡量传感器的静态特性的重要指标是线性度、灵敏度、迟滞性和重复性等。

1. 线性度

传感器的线性度是指传感器的输出与输入之间数量关系的线性程度。输出与输入关系可分为线性特性和非线性特性。从传感器的性能看,希望具有线性关系,即具有理想的输出 / 输入关系。但实际遇到的传感器大多为非线性的,如果不考虑迟滞和蠕变等因素,传感器的输出与输入关系可用一个多项式表示:

$$y = a_0 + a_1 x + a_2 x^2 + \cdots + a_n x^n \tag{2-1}$$

式中,a_0 表示输入量 x 为 0 时的输出量,$a_1, a_2, \cdots, a_n$ 为非线性项系数。

传感器的静态特性曲线可通过实际测试获得。在实际使用中,为了标定和数据处理的方便,希望得到传感器的输出与输入间的线性关系,这样在设计软件时就变得更加方便。

为了保持这种线性关系,需要引入"非线性补偿电路"。如果不能在硬件电路进行非线性补偿,也可以考虑在计算机系统中通过软件进行线性化处理,从而使传感器的输出与输入关系为线性或接近线性。

如果传感器的非线性项的幂次不高,输入量变化范围较小,可用一条直线(切线或割线)近似地代表实际曲线的一段,如图 2-2 所示,从而使传感器输出 / 输入特性线性化。这里所采用的直线称为拟合直线。实际特性曲线与拟合直线之间的偏差称为传感器的非线性误差(或线性度),通常用相对误差 γ_L 表示,即

$$\gamma_L = \pm \frac{\Delta L_{max}}{Y_{FS}} \times 100\% \tag{2-2}$$

式中,ΔL_{max} 是最大非线性绝对误差,Y_{FS} 是满量程输出。

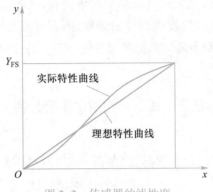

图 2-2　传感器的线性度

2. 灵敏度

灵敏度是传感器特性的一个重要指标,其定义是输出量增量 Δy 与引起输出量增量 Δy 的相应输入量的增量 Δx 之比。用 S 表示灵敏度,即

$$S = \frac{\Delta y}{\Delta x} \tag{2-3}$$

它表示单位输入量的变化所引起传感器输出量的变化,如图 2-3 所示。很显然,灵敏度 S 值越大,表示传感器越灵敏。

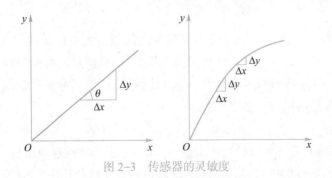

图 2-3　传感器的灵敏度

3. 迟滞性

传感器在正(输入量增大)、反(输入量减小)行程期间其输出 / 输入特性曲线不重合的现象称为迟滞,如图 2-4 所示。也就是说,对于同一大小的输入信号,传感器的正反行程

输出信号大小不相等。这种现象主要是传感器敏感元件材料的物理性质和机械零部件的缺陷所造成的,例如,弹性敏感元件的弹性滞后、运动部件摩擦、传动机构的间隙、紧固件松动等。

迟滞的大小通常由实验确定。迟滞误差可由下式计算:

$$\gamma_{\mathrm{H}} = \frac{\Delta H_{\max}}{Y_{\mathrm{FS}}} \times 100\% \tag{2-4}$$

式中,$\Delta H_{\max}$ 为正反行程输出值间的最大差值,Y_{FS} 是满量程输出。

4. 重复性

重复性是指传感器在输入量按同一方向做全量程连续多次变化时,所得特性曲线不一致的程度,如图 2-5 所示。重复性误差属于随机误差,常用标准差 σ 计算,也可用正反行程中最大重复差值 $\Delta R_{\max}$ 计算,即

$$\gamma_{\mathrm{R}} = \pm \frac{(2 \sim 3)\sigma}{Y_{\mathrm{FS}}} \times 100\% \tag{2-5}$$

或

$$\gamma_{\mathrm{R}} = \pm \frac{\Delta R_{\max}}{Y_{\mathrm{FS}}} \times 100\% \tag{2-6}$$

式中,Y_{FS} 是满量程输出,$\Delta R_{\max 1}$ 和 $\Delta R_{\max 2}$ 分别是正、反行程中的最大差值,而 $\Delta R_{\max}$ 是两者的最大值。

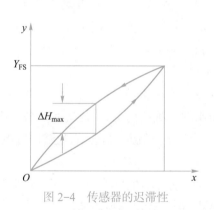

图 2-4　传感器的迟滞性

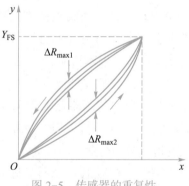

图 2-5　传感器的重复性

传感器的动态特性是指其输出对随时间变化的输入量的响应特性。当被测量随时间变化,是时间的函数时,传感器的输出量也是时间的函数,其间的关系要用动态特性来表示。一个动态特性好的传感器,其输出将再现输入量的变化规律,即具有相同的时间函数。实际上除了具有理想的比例特性外,输出信号将不会与输入信号具有相同的时间函数,这种输出与输入间的差异就是所谓的动态误差。

传感器的动态特性往往可以从时域和频域两个方面采用瞬态响应法和频率响应法来分析。由于输入信号的时间函数形式是多样的,在时域内研究传感器的动态响应特性,通常只能研究几种特定的输入时间函数,如跃阶函数、脉冲函数和斜坡函数等响应特性。在频域内研究动态特性则一般采用正弦函数。动态特性良好的传感器暂态响应时间很短且频率响应

范围很宽。这两种分析方法内部存在必然的联系,在不同的场合、根据不同的应用需求,通常采用正弦变化和跃阶变化的输入信号来分析和评价。

2.2.2 传感器的分类

传感器是实现自动检测和自动控制的首要环节,如果没有传感器对原始参数进行精确可靠的测量,那么无论是信号转换或信息处理,还是数据显示或精确控制都是不可能实现的。

传感器一般是根据物理学、化学、生物学等特性、规律和效应设计而成的,其种类繁多,往往同一种被测量可以用不同类型的传感器来测量,而同一原理的传感器又可测量多种物理量,因此传感器有许多种分类方法。

1. 按照测试对象分类

根据被测对象划分,常见的有温度传感器、湿度传感器、压力传感器、位移传感器、加速度传感器。

(1) 温度传感器:它是利用物质各种物理性质随温度变化的规律将温度转换为电量的传感器。温度传感器是温度测量仪表的核心部分,品种繁多。按测量方式可分为接触式和非接触式两大类,按照传感器材料及电子元件特性可分为热电阻和热电偶两类。

(2) 湿度传感器:它是能感受气体中水蒸气含量,并将其转换成电信号的传感器。湿度传感器的核心器件是湿敏元件,它主要有电阻式、电容式两大类。湿敏电阻的特点是在基片上覆盖一层用感湿材料制成的膜,当空气中的水蒸气吸附在感湿膜上时,元件的电阻率和电阻值都发生变化,利用这一特性即可测量湿度。湿敏电容则是用高分子薄膜电容制成的。常用的高分子材料有聚苯乙烯、聚酰亚胺、酪酸醋酸纤维等。

(3) 压力传感器:它是能感受压力并将其转换成可用输出信号的传感器,主要是利用压电效应制成的。压力传感器是工业实践中最为常用的一种传感器,广泛应用于各种工业自控环境,涉及水利水电、铁路交通、智能建筑、生产自控、航空航天、军工、石化、油井、电力、船舶、机床、管道等众多行业。

(4) 位移传感器:位移传感器又称为线性传感器,它分为电感式位移传感器、电容式位移传感器、光电式位移传感器、超声波式位移传感器、霍尔式位移传感器。电感式位移传感器是属于金属感应的线性器件,接通电源后,在开关的感应面将产生一个交变磁场,当金属物体接近此感应面时,金属中产生涡流而吸附了振荡器的能量,使振荡器输出幅度线性衰减,然后根据衰减量的变化来实现无接触检测物体。

(5) 加速度传感器:加速度传感器是一种能够测量加速度的电子设备。加速度计有两种:一种是角加速度计,是由陀螺仪(角速度传感器)改进的;另一种就是线加速度计。

除上述介绍的传感器外,还有流量传感器、液位传感器、力传感器、转矩传感器等。按测试对象命名的优点是比较明确地表述了传感器的用途,便于使用者根据用途选用。但是这种分类方法将原理互不相同的传感器归为一类,很难找出每种传感器在转换机理上有何共性和差异。

2. 按照工作原理分类

传感器按照工作原理可以分为电学式、磁学式、谐振式、化学式等传感器。

(1) 电学式传感器

电学式传感器是应用范围最广的一种传感器,常用的有电阻式、电容式、电感式、磁电式、电涡流式、电势式、光电式、电荷式传感器等。

电阻式传感器是利用变阻器将被测非电量转换为电阻信号的原理制成的。电阻式传感器一般有电位器式、触点变阻式、电阻应变片式及压阻式传感器等。电阻式传感器主要用于位移、压力、力、应变、力矩、气流流速、液位和液体流量等参数的测量。

电容式传感器是利用改变电容的几何尺寸或改变介质的性质和含量,从而使电容量发生变化的原理制成的,主要用于压力、位移、液位、厚度、水分含量等参数的测量。

电感式传感器是利用电磁感应把被测的物理量,如位移、压力、流量、振动等转换成线圈的自感系数和互感系数的变化,再由电路转换为电压或电流的变化量输出,实现非电量到电量的转换。

磁电式传感器是利用电磁感应原理,把被测非电量转换成电量,主要用于流量、转速和位移等参数的测量。

电涡流式传感器是利用金属在磁场中运动切割磁力线,在金属内形成涡流的原理制成的,主要用于位移及厚度等参数的测量。

电势式传感器是利用热电效应、光电效应、霍尔效应等原理制成的,主要用于温度、磁通、电流、速度、光强、热辐射等参数的测量。

光电式传感器是利用光电器件的光电效应和光学原理制成的,主要用于光强、光通量、位移、浓度等参数的测量。光电式传感器在非电量电测及自动控制技术中占有重要的地位。

电荷式传感器是利用压电效应原理制成的,主要用于力及加速度的测量。

(2) 磁学式传感器

磁学式传感器是利用铁磁物质的一些物理效应制成的,主要用于位移、转矩等参数的测量。

(3) 谐振式传感器

谐振式传感器是利用改变电或机械的固有参数来改变谐振频率的原理制成的,主要用来测量压力。

(4) 化学式传感器

化学式传感器是以离子导电为基础制成的。根据其电特性的形成不同,化学传感器可分为电位式传感器、电导式传感器、电量式传感器、极谱式传感器和电解式传感器等。化学式传感器主要用于分析气体、液体或溶于液体的固体成分,液体的酸碱度、电导率及氧化还原电位等参数的测量。

上述分类方法是以传感器的工作原理为基础的,将物理和化学等学科的原理、规律和效应作为分类依据。这种分类方法的优点是对于传感器的工作原理比较清楚,类别少,利于对传感器进行深入的分析和研究。

3. 按照能量分类

根据传感器工作时能量转换原理,可将传感器分为有源传感器和无源传感器。有源传感器将非电量转换为电能量,如电动势、电荷式传感器等;无源传感器不起能量转换作用,只是将被测非电量转换为电参数的量,如电阻式、电感式及电容式传感器等,如表 2-1 所示。

表 2-1 · 传感器分类

传感器分类	转换形式	中间参量	转换原理	传感器名称	典型应用
无源传感器	电参数	电阻	移动电位器角点改变电阻	电位器传感器	位移
			改变电阻丝或片尺寸	电阻丝应变传感器、半导体应变传感器	微应变、力、负荷
			利用电阻的温度效应	热丝传感器	气流速度、液体流量
				电阻温度传感器	温度、辐射热
				热敏电阻传感器	温度
		电容	改变电容的几何尺寸	电容传感器	力、压力、负荷、位移
			改变电容的介电常数		液位、厚度、含水量
		电感	改变磁路几何尺寸、导磁体位置	电感传感器	位移
			涡流去磁效应	涡流传感器	位移、厚度、含水量
			利用压磁效应	压磁传感器	力、压力
			改变互感	差动变压器	位移
				自整角机	
				旋转变压器	
		频率	改变谐振回路中的固有参数	振弦式传感器	压力、力
				振筒式传感器	气压
				石英谐振传感器	力、温度等
		计数	利用莫尔条纹	光栅	大角位移、大直线位移
			改变互感	感应同步器	
			利用拾磁信号	磁栅	
		数字	利用数字编号	角度编码器	大角位移
有源传感器	电能量	电动势	温差电动势	热电偶	温度、电流
			霍尔效应	霍尔传感器	磁通、电流
			电磁感应	磁电传感器	速度、加速度
			光电效应	光电池	光照度
		电荷	辐射电离	电离室	离子计数、放射性强度
			压电效应	压电传感器	动态力、加速度

4. 按照输出信号分类

根据输出信号的性质可将传感器分为模拟式传感器和数字式传感器。模拟式传感器输出模拟信号(电压、电流等),数字式传感器输出数字信号(二进制数值)。

模拟式传感器发出的是连续信号,用电压、电流、电阻等表示被测参数的大小。比如,温度传感器、压力传感器等都是常见的模拟式传感器。

数字式传感器是指将传统的模拟式传感器经过加装 A/D 转换模块,使其输出信号为数字量(或数字编码)的传感器。

同早期传统的模拟式传感器比较,数字式传感器具有以下优点。

(1) 数字传感器由于采用 A/D 转换电路、数字化信号传输和数字滤波技术,增加了传感器的抗干扰能力和信号的传输距离,提高了传感器的稳定性。

(2) 数字传感器采用高度集成的电子元件和数字误差补偿技术,用软件实现传感器的线性、零点、额定输出温漂、蠕变等性能参数的综合补偿,消除了人为因素对补偿的影响,在满量程的情况下仍可保证输出稳定,大大提高了传感器综合精度和可靠性。

(3) 数字传感器的输出一致性误差可以达到 0.02%,甚至更高,特性参数可基本相同,因而具有良好的互换性。

(4) 数字传感器能自动采集数据并可预处理、存储和记忆,具有唯一的标记,便于故障诊断。

(5) 数字传感器采用标准的数字通信接口,可直接连入计算机,也可与标准工业控制总线连接,方便灵活。

2.2.3 手机中的传感器

随着智能手机硬件配置不断提高,内置的传感器种类越来越多,如图 2-6 所示。这些传感器不仅提高了手机的智能,还让手机的功能越来越强大。那么,手机机中有哪些传感器呢? 它们有什么作用呢? 正是这些传感器,让手机具备良好的人机交互性。下面介绍手机中常见的几种传感器的功能及其应用场景。

1. 重力传感器

重力传感器是一种运用压电效应实现的可测量加速度的电子设备,所以又称为加速度传感器。重力传感器内部的重力感应模块由一片“重力块”和压电晶体组成,当手机发生动作时,重力块会和手机受到同一个加速度作用,这样重力块作用于不同方向的压电晶体上的力也会改变,这样输出的电

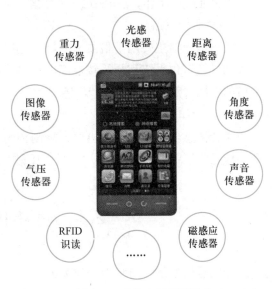

图 2-6 手机中的传感器

压信号也就发生改变,根据输出电压信号就可以判断手机的方向了。这种重力传感器常用于自动旋转屏幕以及一些游戏。例如,人们晃动手机就可以完成赛车类游戏的转弯动作,主要就是靠重力传感器装置。

2. 光线传感器

光线传感器可能是人们最为熟悉的,它是控制屏幕亮度的传感器。在阳光或灯光下,光线传感器就会让手机变亮,否则就会变暗,从而让人们能在任何环境下都可以清晰地看见手机屏幕上面的字。光线感应器由投光器和受光器组成,投光器将光线聚焦,再传输至受光器,最后通过感应器接收变成电器信号。

3. 距离传感器

距离传感器就是用来测量距离的,距离传感器会向外发射红外光,物体能反射红外线,所以当物体靠近时,物体反射的红外光就会被元件监测到,这时就可以判断物体靠近的距离。当拿起手机接电话时,手机会黑屏,从而防止人们误操作,这种功能的实现就是依靠距离传感器。

4. 磁感应传感器

磁感应传感器就是可以测量地磁场的传感器,由各向异性磁致电阻材料构成,这些材料感受到微弱的磁场变化时会导致自身电阻产生变化,输出的电压就会改变,就可以以此判断出地磁场的朝向。磁感应传感器主要用于手机指南针、辅助导航系统,而且使用前需要手机旋转或者摇晃几下才能准确指示磁场方向。

5. 角度传感器

角度传感器主要通过陀螺仪实现。陀螺仪是一种用于测量角度以及维持方向的设备,基于角动量守恒原理。陀螺仪主要应用于手机摇一摇,或者在某些游戏中可以通过移动手机改变视角,如 VR。另外,当人们进入隧道之后,卫星定位系统很可能没有信号,而这时候的导航仍能继续工作,其功能也是靠陀螺仪实现的。

6. 气压传感器

气压传感器主要用于检测大气压。通过对大气压的检测,判断海拔和高程。其主要用于辅助导航定位系统和显示楼层高度。尽管之前的手机上面并没有这个传感器,但是现在上市的手机大部分配备了这个传感器。

7. 声音和图像传感器

声音传感器用来支持手机语音录制和语音通话,图像传感器用来拍照和录制视频。这两种传感器是手机中使用最早、也是应用最广泛的传感器。

2.3 典型传感器的工作原理

传感器技术是一门知识密集型的技术,涉及物理、化学、材料等多种学科。不同类型传感器,其技术原理各有不同,同一类型的传感器,其测试原理也多种多样。本节重点介绍温度、电阻应变式和光电传感器的工作原理。

2.3.1 温度传感器的工作原理

温度传感器是一种能够将温度变化转换为电信号的装置。它利用某些材料或元件的性能随温度变化的特性进行测温。如将温度变化转换为电阻、电势、磁导率及热膨胀的变化等,然后再通过测量电路来达到检测温度的目的。温度传感器广泛应用于工农业生产、家用电器、医疗仪器、火灾报警以及海洋气象等诸多领域。

1. 温度传感器的分类

温度传感器按测量方式可分为接触式和非接触式两大类;按照传感器材料及电子元件特性可分为热电阻和热电偶两类。

接触式温度传感器的检测部分必须与被测对象有良好的接触,如温度计。温度计通过传导或对流达到热平衡,从而使温度计的指示值能直接表示被测对象的温度,一般测量精度较高。在一定的测温范围内,温度计也可测量物体内部的温度分布。但对于运动体、小目标或热容量很小的对象则会产生较大的测量误差。常用的温度计有双金属温度计、玻璃液体温度计、压力式温度计、电阻温度计、热敏电阻和温差电偶等。

非接触式温度传感器的敏感元件与被测对象互不接触,又称非接触式测温仪表。这种仪表可用来测量运动物体、小目标和热容量小或温度变化迅速(瞬变)对象的表面温度,也可用于测量温度场的温度分布。非接触式温度传感器的测量上限不受感温元件耐温程度的限制,因而对最高可测温度原则上没有限制。对于 1 800 ℃以上的高温,主要采用非接触测温方法。随着红外技术的发展,辐射测温逐渐由可见光向红外线扩展,700 ℃以下直至常温都已采用,且分辨率很高。

热电阻温度传感器是利用导体或半导体的电阻值随温度变化而变化的原理进行测温的。热电阻温度传感器具有测量精度高,测量范围大,易于使用等优点,广泛应用在自动测量和远距离测量中。

热电偶温度传感器(简称热电偶)是工程上应用最广泛的温度传感器,它构造简单,使用方便,具有较高的准确度、稳定性及复现性,温度测量范围宽,在温度测量中占有重要的地位。下面重点介绍热电偶的测温原理。

2. 热电偶的测温原理

热电偶是根据热电效应原理进行工作的:将两种不同材料的导体或半导体连成闭合回路,两个接点分别置于温度为 T 和 T_0 的热源中,该回路内会产生热电动势,热电势的大小反映两个接点的温度差。保持 T_0 不变,热电势随着温度 T 变化而变化。所以测得热电势的值,即可知道温度 T 的大小,如图 2-7 所示。

热电偶产生的热电势是由温差电势和接触电势构成的。接触电势产生的原因是两种不同导体的自由电子密度不同而在接触处形成电动势。当两种导体接触时,自由电子由密度大的导体向密度小的导体扩散,在接触处失去电子的一侧带正电,得到电子的一侧带负电,形成稳定的接触电势。接触电势的数值取决于两种不同导体的性质和接触点的温度。而温

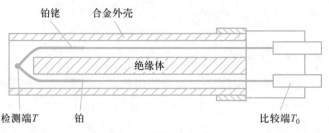

图 2-7 热电偶结构

差电势的产生是当同一导体的两端温度不同时,高温端的电子能量要比低温端的电子能量大,因而从高温端跑到低温端的电子数比从低温端跑到高温端的要多,结果高温端因失去电子而带正电,低温端因获得多余的电子而带负电,形成一个静电场,该静电场阻止电子继续向低温端迁移,最后达到动态平衡。

　　理论上讲,任何两种不同材料的导体都可以组成热电偶,但为了准确、可靠地测量温度,对组成热电偶的材料必须经过严格的选择。工程上用于热电偶的材料应满足以下条件:热电势变化尽量大,热电势与温度关系尽量接近线性关系,物理、化学性能稳定,易加工,复现性好,便于成批生产,有良好的互换性。

　　实际上,并非所有材料都能满足上述要求。目前在国际上被公认比较好的热电材料只有几种。国际电工委员会(IEC)向世界各国推荐了 6 种标准化热电偶。所谓标准化热电偶(如表 2-2 所示),是指它已列入工业标准化文件中,具有统一的分度表。我国从 1988 年开始采用 IEC 标准生产热电偶。

表 2-2　几种典型的热电偶的特性一览表

名称	电极	电极	分度	测温范围	特点
30% 铂铑 –6% 铂铑	30%铂铑	6% 的铂铑	B	0 ~1 700 ℃	适用于氧化性环境,测温上限高、稳定性好,在冶金等高温领域得到广泛应用
10% 铂铑 – 铂	10%铂铑	纯铂	S	0 ~1 600 ℃	适用于氧化和惰性环境,热性能稳定,抗氧化性能强、精度高,但价格贵,热电动势较小。常用于高温测量
镍铬 – 镍硅	镍铬	镍硅	K	–200 ℃~900 ℃	适用于氧化和中性环境,测温范围宽,热电动势与温度关系近似线性,热电动势较大、价格低,稳定性不如 B、S 型电偶,但是是非金属热电偶中性能最稳定的一种
镍铬 – 康铜	镍铬合金	铜镍合金	E	–200 ℃~350 ℃	适用于还原性或惰性环境,热电动势较大、稳定性好、灵敏度高、价格低
铁 – 康铜	铁	铜镍合金	J	–200 ℃~750 ℃	适用于还原性环境,价格低、热电动势大,仅次于 E 型热电偶。缺点是铁极容易氧化
铜 – 康铜	铜	铜镍合金	T	–200 ℃~350 ℃	适用于还原性环境,精度高、价格低。在 –200 ℃至 0 ℃可以制成标准热电偶。缺点是铜极容易氧化

3. 热电偶的测温实例

使用热电偶进行测温,其原理非常简单。只需要将热电偶测得的热电势转换为温度即可。但是,由于每种热电偶的温度与热电势的关系并不是线性的,也不能用一个简单的公式来表示。因此,每种热电偶都会提供一个标准的"温度与热电势的关系表",通过对这个关系表的查找,并采用插值技术,就很容易计算出热电偶检测值所对应的温度值。

例如,已知 10% 铂铑－铂热电偶的"温度(摄氏度)与热电势的对应关系表"如表 2-3 所示。当测得热电势为 7.708 mV 时,通过对表 2-3 的查找,可以发现,其值介于 7.672 mV 至 7.782 mV 之间,对应的温度介于 830 ℃ 至 840 ℃ 之间(因为表中粗体字的 7.782 和 7.672 分别是 830 ℃ 和 840 ℃ 时的热电动势(单位为 mV)。因此,通过简单的插值计算,即可得到测得的实际温度为

$$830 ℃ + 10 ℃ \times \frac{7.708 - 7.672}{7.782 - 7.672} = 830 ℃ + 10 ℃ \times \frac{0.036}{0.11} = 830 ℃ + 3.27 ℃ = 833.27 ℃$$

事实上,铂铑－铂热电偶已经成为一种使用广泛的热电偶,适用于各种生产过程中高温场合,特别是粉末冶金、烧结光亮炉、真空炉、冶炼炉、玻璃、炼钢炉、陶瓷及工业盐浴炉等方面的测温。

表 2-3 10% 铂铑－铂热电偶的温度－热电势对应关系

温度(℃)	热电动势(mV)									
0	0.0	0.055	0.113	0.173	0.235	0.299	0.365	0.432	0.502	0.573
100	0.645	0.719	0.795	0.872	0.951	1.029	1.109	1.19	1.273	1.356
200	1.44	1.525	1.611	1.698	1.785	1.873	1.962	2.051	2.141	2.232
300	2.323	2.414	2.506	2.599	2.692	2.786	2.88	2.974	3.069	3.146
400	3.26	3.356	3.452	3.549	3.645	3.743	3.84	3.938	4.036	4.135
500	4.234	4.333	4.432	4.532	4.632	4.732	4.832	4.933	5.034	5.136
600	5.237	5.339	5.442	5.544	5.648	5.751	5.855	5.96	6.064	6.169
700	6.274	6.38	6.486	6.592	6.699	6.805	6.913	7.021	7.128	7.236
800	7.345	7.545	7.563	**7.672**	**7.782**	7.892	8.003	8.114	8.225	8.336
900	8.448	8.56	8.673	8.786	8.899	9.012	9.126	9.24	9.355	9.47
1 000	9.585	9.70	9.816	9.932	10.048	10.165	10.282	10.4	10.517	10.635
1 100	10.754	10.872	10.991	11.11	11.229	11.348	11.467	11.587	11.707	11.827
1 200	11.947	12.067	12.188	12.308	12.429	12.55	12.671	12.792	12.913	13.034
1 300	13.155	13.276	13.397	13.519	13.64	13.761	13.883	14.004	14.125	14.247
1 400	14.368	14.489	14.61	14.731	14.852	14.973	15.094	15.215	15.336	15.456
1 500	15.576	15.697	15.817	15.937	16.057	16.176	16.296	16.415	16.534	16.653
1 600	16.771	16.89	17.008	17.125	17.243	17.36	17.477	17.594	17.771	17.826

应该注意的是,在实际应用系统中,由于增加了信号放大电路和 A/D 变换器,实际计算温度的方法比上面复杂一些。需要考虑信号放大倍数、A/D 变换器位数及其满量程对应的参考电压等。

4. 实践项目

已知某 10% 铂铑 – 铂热电偶的热电势,编写实现将该热电偶热电势转换为温度的 Python 程序。

根据前面介绍的热电偶的测温原理,可以使用 Python 语言构建一个示例程序(见程序 2-1)。具体程序包括一个温度 – 热电势对应关系表 temp,输入一个检测到的热电势值 testvalue,通过在 temp 表中进行查找,即可获得该检测值在表中的位置,然后根据所在位置进行线性插值计算,即可得到该检测值对应的温度值。

程序 2-1　求热电偶检测值对应的温度的程序

```
# 热电势 – 温度关系表
temp =[0.0,0.055,0.113,0.173,0.235,0.299,0.365,0.432,0.502,0.573,     # 每间隔 10 ℃
       0.645,0.719,0.795,0.872,0.951,1.029,1.109,1.19,1.273,1.356,
       1.44,1.525,1.611,1.698,1.785,1.873,1.962,2.051,2.141,2.232,
       2.323,2.414,2.506,2.599,2.692,2.786,2.88,2.974,3.069,3.146,
       3.26,3.356,3.452,3.549,3.645,3.743,3.84,3.938,4.036,4.135]
# 主函数
testvalue = float(input(" 请输入一个测试值:"))
for i in range(len(temp)):
    if  (testvalue >= temp[i]  and  testvalue < temp[i+1]):
        result = i *10  + ((testvalue – temp[i]) / (temp[i+1] – temp[i]))*10
        break
print(" 温度介于 ",i*10," 和 ", (i+1)*10," 度之间;经过插值后的结果为:", result," 度 ")
```

该程序的运行结果如下:

请输入一个测试值:1.5

温度介于 200 和 210 度之间;经过插值后的结果为:207.05882352941177 度

2.3.2　电阻应变式传感器的工作原理 ·· □

电阻应变式传感器是利用金属的电阻应变效应将被测量转换为电量输出的一种传感器。电阻应变式传感器由弹性敏感元件、电阻应变片、补偿电阻和外壳组成,可根据具体测量要求设计成多种结构形式。弹性敏感元件受到所测量的力而产生变形,并使附着其上的电阻应变片一起变形,从而导致输出的电阻值发生变化。

1. 工作原理

电阻应变式传感器的工作原理如图 2-8 所示。当金属丝未受力时,其原始电阻为

$$R = \rho \frac{L}{S} \qquad (2\text{-}7)$$

式中, ρ 为金属丝的电阻率, L 为金属丝的长度, S 为金属丝的截面积。

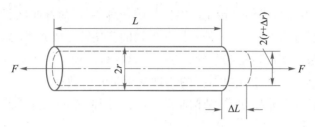

图 2-8 金属丝的电阻应变效应

当金属丝受到外力 F 的作用时, 将伸长 ΔL , 横截面积减小 ΔS , 电阻率将改变 $\Delta \rho$, 因此, 电阻值 R 的变化率为

$$\frac{\Delta R}{R} = \frac{\Delta L}{L} - \frac{\Delta S}{S} + \frac{\Delta \rho}{\rho} \qquad (2\text{-}8)$$

令 $\varepsilon = \frac{\Delta L}{L}$, $\varepsilon_s = \frac{\Delta S}{S}$, 其中 ε 为金属丝的轴向应变, ε_s 为金属丝的径向应变, 由材料力学可知, 当金属丝受力时, 沿轴向 L 将伸长, 沿径向 r 将缩短, 那么轴向和径向的关系可表示为

$$\varepsilon_s = -\mu \varepsilon \qquad (2\text{-}9)$$

其中 μ 为泊松分布。将公式 (2-9) 代入公式 (2-8) 中可得出

$$\frac{\Delta R}{R} = (1 + \mu)\varepsilon + \frac{\Delta \rho}{\rho}$$

令 $K_S = \left(\frac{\Delta R}{R} \right) \Big/ \varepsilon$, 得 $K_S = (1 + \mu) + \left(\frac{\Delta \rho}{\rho} \right) \Big/ \varepsilon$

这里, K_S 为金属丝的灵敏系数。灵敏系数受两个方面影响: 一是受力后材料几何尺寸的变化, 即 $(1 + \mu)$; 二是受力后材料电阻率发生的改变, 即 $\left(\frac{\Delta \rho}{\rho} \right) \Big/ \varepsilon$ 。大量实验证明, 在金属拉伸极限内, 电阻的相对变化与应变成正比。

2. 主要应用

电阻应变式传感器结构简单, 尺寸小, 重量轻, 使用方便, 性能稳定可靠, 分辨率高, 灵敏度高, 价格便宜, 工艺较成熟。因此在航空航天、机械、化工、建筑、医学、汽车工业等领域有很广泛的应用。

由于电阻应变式传感器能够将变形转换为电阻值的变化, 从而可以测量力、压力、扭矩、位移、加速度和温度等多种物理量。

在汽车工业中, 经常使用电阻应变式传感器原理构造压力传感器、扭矩传感器、位移传感器等应用级传感器, 通过它们来精确接收来自汽车的载荷、位移、压力所产生的物理变化, 起到对汽车状态的信息监测作用。由此可见, 电阻应变式传感器对于每辆汽车而言, 都是必不可少的主要电子元件之一。

2.3.3　光电传感器的工作原理

光电式传感器就是将光信号转化成电信号的一种器件,简称光电器件。要将光信号转化成电信号,必须经过两个步骤:一是先将非电量的变化转化成光量的变化;二是通过光电器件的作用,将光量的变化转化成电量的变化。这样就实现了将非电量的变化转化成电量的变化,如图 2-9 所示。由于光电器件的物理基础是光电效应,且光电器件具有响应速度快、可靠性较高、精度高、非接触式、结构简单等特点,因此光电式传感器在现代测量与控制系统中应用非常广泛。

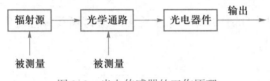

图 2-9　光电传感器的工作原理

1. 光电效应

光电效应是指一束光线照射到物质上时,物质中的电子吸收了光子的能量而产生了相应的电效应的现象。根据光电效应现象的不同特征,可将光电效应分为三类。

(1) 外光电效应:在光线照射下,使电子从物体表面逸出的现象。如光电管、光电倍增管等。

(2) 内光电效应:在光线照射下,使物体的电阻率发生改变的现象。如光敏电阻等。

(3) 光生伏特效应:在光线照射下,使物体产生一定方向的电动势的现象。如光敏二极管、光敏三极管、光电池等。

2. 光电器件

根据光电效应制作的器件称为光电器件,也称光敏器件。光电器件的种类很多,但其工作原理都是建立在光电效应这一物理基础上的。光电器件的种类主要有光敏电阻、光敏二极管、光敏三极管、光电池、光电耦合器件等。

(1) 光敏电阻:在光敏电阻的两端加上直流或交流工作电压,当无光照射时,光敏电阻的电阻率呈高阻值状态,光敏电阻值很大;当有光照射时,由于光敏材料吸收了光能,光敏电阻率变小,光敏电阻呈低阻状态。光照越强,阻值越小。当光照停止时,光敏电阻又逐渐恢复高电阻值状态。

(2) 光敏二极管和光敏三极管:光敏二极管的结构与一般的二极管相似,其 PN 结对光敏感。将其 PN 结装在管的顶部,上面有一个透镜制成的窗口,以便使光线集中在 PN 结上。光敏二极管是基于半导体光生伏特效应的原理制成的光电器件。光敏三极管有 NPN 和 PNP 型两种,是一种相当于在基极和集电极之间接有光电二极管的普通晶体三极管,外形与光电二极管相似。

(3) 光电池:光电池是一种直接将光能转换为电能的光电器件,光电池在有光线的情况下其实质就是电源,电路中有了这种器件就不再需要外加电源。

(4)光电耦合器件:光电耦合器件是将发光元件(如发光二极管)和光电接收元件合并使用,以光作为媒介传递信号的光电器件。光电耦合器件中的发光元件通常是半导体的发光二极管,光电接收元件有光敏电阻、光敏二极管、光敏三极管或光耦合器等。根据其结构和用途不同,又可分为用于实现电隔离的光电耦合器和用于检测有无物体的光电开关。

(5)光纤传感器:光导纤维作为信息传输媒介,已得到了广泛的应用。利用光纤维制作的传感器发展非常迅速,目前已有光纤压力传感器、光纤磁场传感器、光纤温度传感器、光纤应变传感器、光纤电场传感器等用于非电量的电测上。

(6)CCD传感器:CCD传感器是1969年由美国贝尔实验室的维拉·波义耳和乔治·史密斯所发明。CCD传感器是一种把光信号转为电荷,对电荷处理的光电传感器,它的主要功能是对电荷的存储和对电荷的转移。CCD传感器不同于其他大多数类型光电传感器,它们通常是把光信号转换成电流或电压值。所以,CCD传感器的功能是产生信号,并对这些信号进行读取、传输等。

(7)CMOS传感器:CMOS传感器的工作单位结构与CCD一样都是MOS晶体管。根据半导体知识知道MOS管有两种,分别是NMOS管和PMOS管,NMOS管以p型硅作为衬底,PMOS管以n型硅作为衬底。NMOS结构单元与PMOS结构单元共同构成CMOS,CMOS根据衬底材料的不同分为以p型硅衬底的n阱CMOS和以n型硅衬底构成的p阱CMOS。

3. CCD传感器工作过程

构成CCD的基本单元是MOS管,即"金属—氧化物—半导体"结构。它是在p型硅衬底的表面上利用氧化的方法镀上一层厚度约为几百纳米量级的二氧化硅氧化层,然后再在二氧化硅表面镀上一层金属薄层。在衬底和金属电极间加上一个偏置电压就能够工作,这样就构成一个MOS晶体管。MOS管作为传感器工作时,光线投射到MOS管上,穿过透明电极及氧化层,进入p型硅衬底,在衬底中处于价带的电子由于吸收光子的能量进而跃迁进入导带,这样电子跃迁便形成电子空穴对。在外加电场的作用下电子空穴对分别向电极的两端移动,这就是信号电荷。当金属电极加上超过阈值的电压后,在硅和二氧化硅界面层就会形成电子势阱。这些信号电荷就会存储在由电极组成的"势阱"中。

CCD传感器进行工作大致分为三个过程,首先由像素采集到光度信号,并转换成电信号,然后用一块临时的存储空间把采集到的电信号存储起来,最后利用外围的驱动电路将临时存储的信号读出来进行处理,输出到其他设备中。下面介绍其中的电荷注入和读出过程。

(1)电荷的注入

图像传感器通常采用光注入电荷的方法采集信号,其他的传感器也有用电注入的方法进行信号采集,如移位寄存器。当一束光照射到CCD传感器时,就会激发电子空穴对,其中少数载流子就会束缚进硅和二氧化硅表面形成的势阱中,光强越大在势阱中累积的电荷就越多,相反则越少,直到势阱内的电荷饱和为止,这就是CCD将光学信号转为电信号的过程。

（2）电荷的读出

CCD 传感器读出电荷的过程如图 2-10 所示，它的每个光敏单元都是由一个 MOS 管构成，由 CCD 的基本单元可知每个 MOS 管工作时形成一个势阱用于累积电荷信号，势阱的深度受加在栅极的电压影响，CCD 传感器一般是一系列紧密挨着的像素排列在一起，这样工作时相邻像素之间的势阱就会连通，通过外围的驱动电路来改变栅极的电压，就会使势阱中的电荷转移到下一个相邻的势阱中。通过控制栅极上电压的变化，就可以控制电荷转移的方向，电荷转移到输出二极管时，就会形成反向电流，电流的大小正比于转移的电荷数量，然后再经过负载电阻 R_L 以电压的形式输出，输出电压为 u_o。

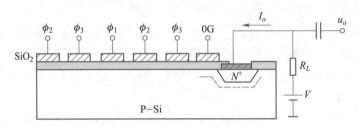

图 2-10　CCD 传感器读出电荷的过程

实际应用中，CCD 图像传感器由许多个 CCD 传感器（即光敏单元）构成，每一个光敏单元被称为一个像素，像素越多，CCD 图像传感器的分辨率就越高。

4. CMOS 传感器工作过程

CMOS 传感器工作过程没有 CCD 工作原理那么复杂，重点是控制电路中的电流大小。基本结构的源极接电源负极，漏极接电源正极。当有光照射时，在源极和漏极之间的光敏元件就会产生电子空穴对，在硅表面也会形成势阱，势阱中也累积电荷，光强越大累积电荷就越多，两极之间形成的电流就越大。由电荷守恒定律可知，输出电路上的电流与两极间的电流相等，这样通过电阻就把电流信号转成电压信号，也就把光强信号输出来。没有光照射时，两极间的累积电荷几乎没有，也就无法输出电压信号。输出后的电压信号是模拟信号，计算机还不能处理，需要做模数转化后，才能供计算机处理。

CMOS 图像传感器大致可分为有源像素传感器、无源像素传感器和数字像素传感器三类。无源像素传感器由于噪声大、速度慢等缺点没有得到广泛的应用，数字像素传感器处在发展阶段，现在市场上主要流行的 CMOS 是有源像素传感器。CMOS 的每个像素输出是电压，而不是电荷，并且像素输出的电压放大是在感光单元，而 CCD 像素电压的形成是在移除像素的外围电路。其余工作原理与 CCD 大致相同。

5. CCD 与 CMOS 传感器的比较

（1）像素

CCD 的像素由一个 MOS 晶体管与一个感光二极管构成，每个像元内部电路面积小，而 CMOS 传感器的每个像素由 4 个 MOS 晶体管与一个感光二极管构成，内部含放大器与 A/D 转换电路，这样使得每个像素的感光区域远小于像素本身的表面积，感光区域比例小，受到光强较弱，而 CCD 每个像素的感光面积大，灵敏度高。因此同尺寸下，CCD 灵敏度将高于 CMOS 传感器。

(2) 读取数据速度

通过 CCD 与 CMOS 图像传感器结构和原理可以看出,CCD 以串行的方式将电荷信号一位接着一位地转移,再进行统一的放大电路处理转换成电压输出,CMOS 传感器内部包含放大器件,它直接输出电压信号,它可以在行、列两个维度上并行地将电压信号输出,然后再经外面的电路进一步处理,这种并行读取信号的高速体系结构在工作速度方面明显优于CCD。

(3) 噪声

由于 CMOS 传感器的每个像素内都有一个模拟放大器,不同的放大器对同一个电信号放大后得到的结果很难有一样的,而 CCD 只有一个放在芯片边缘的放大器,因此 CMOS 传感器的噪声就会明显高于 CCD 的噪声,影响 CMOS 传感器的图像品质。但是现在制造 CMOS 传感器的工艺水平已有巨大的提高,CMOS 传感器的噪点已经低于 CCD。

(4) 响应均匀性

受传统的 CMOS 制造工艺水平的影响,CMOS 传感器每个像素的放大器不可能完全一样,对于均匀光读到每帧数据内的每个像素数据也就不一样,另外制造每个像素的硅片也不完全一样,其细微的差异都会造成 CMOS 传感器响应不一致。但是近些年来随着半导体工艺和集成电路技术的飞速发展,CMOS 传感器的响应均匀性与 CCD 的已相差无几,甚至现在的 CMOS 传感器响应均匀性要好于 CCD。

(5) 电路集成化

CCD 的电路结构受像素内部读取方式决定,电路结构复杂,功耗大,难于把外部电路与芯片做到一起实现集成化,而 CMOS 传感器可以把驱动电路、放大电路、信号处理电路放在一起实现集成化,可以把 CMOS 传感器做到微型化。

总之,光电式传感器在自动化技术中应用十分广泛。例如,利用光电导元件制成光电探测器,可在道路监控、工业自动化中起着"眼睛"作用,它能"看"到目标的热或温度等特征,进行无接触远程测量,可以广泛应用于自动监视、警戒和遥感等场合。

2.4 传感信号的数字化

众所周知,自然界中存在的大都是连续变化的模拟量,如温度、湿度、速度、流量、压力等,要用智能手机甚至计算机来处理这些模拟量,必须先把这些模拟量转换成计算机能够识别的数字量,经过计算机分析和处理后的数字量又需要转换成相应的模拟量,才能实现对受控对象的有效控制,这就需要一种能在模拟量与数字量之间起桥梁作用的电路,即模数和数模转换电路。

能将模拟量转换成数字量的电路称为模数转换器(简称 A/D 转换器或 ADC),与此相反,能将数字量转换为模拟量的电路称为数模转换器(简称 D/A 转换器或 DAC)。随着单片机技术的发展, A/D 转换器和 D/A 转换器已经集成到高性能的单片机的芯片内部, 如 AVR 系列单片机和 PIC 系列单片机。下面主要介绍模数转换器的工作原理。

2.4.1 模数转换器的基本原理

模数转换器的作用就是将输入的模拟量转换成与其成比例的数字量, 实质上, 模数转换器是模拟系统到数字系统的接口电路。一个完整的模数转换过程必须包括"采样→保持→量化→编码"4 个阶段, 如图 2-11 所示。

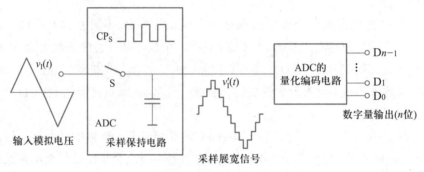

图 2-11 模拟信号到数字信号的转换过程

1. 模拟信号的采样和保持

采样是指从一个模拟信号中按照均等(或非均等)的时间间隔抽取若干模拟信号的过程。在这里, 时间间隔被称为采样间隔, 抽取的某个模拟信号值称为采样点。在本次采样点到下一次采样点之间的采样值应该保持不变, 通常称之为采样保持。图 2-12 给出了某一输入模拟信号(即连续曲线)经采样后得出的采样波形(即阶梯形曲线)。

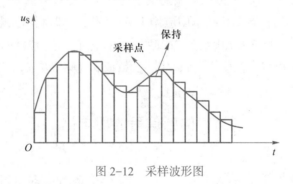

图 2-12 采样波形图

(1) 采样定理

为了保证能从采样信号中将原信号恢复, 必须满足采样定理, 即采样频率至少是目标信号的最高频率的 2 倍。采样频率越高, 进行转换的时间就越短, 对模数转换器的工作速度要求就越高。一般应用中, 采样频率是目标信号的最高频率的 3 ~ 5 倍。

(2) 采样保持电路

模数转换器在进行模数转换期间, 要求输入的模拟信号有一段稳定的保持时间, 以便对

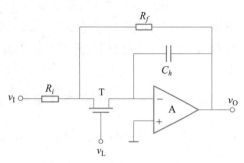

模拟信号进行采样和离散处理。图 2-13 是一种简单的采样保持电路。

其中,N 沟道 MOS 管 T 作为取样开关。当
控制信号 v_L 为高电平时,T 导通,输入信号 v_I 经
电阻 R_i 和 T 向电容 C_h 充电。若取 $R_i = R_f$,则充
电结束后 $v_O = -v_I = v_C$。当控制信号返回低电
平,T 截止。由于 C_h 无放电回路,所以 v_O 的数
值被保存下来。这种电路的缺点是取样过程中
需要通过 R_i 和 T 向 C_h 充电,所以使取样速度受
到了限制。同时,R_i 的数值又不允许取得很小,
否则会进一步降低取样电路的输入电阻。

图 2-13 采样保持电路的基本形式

2. 采样波形的量化与编码

模拟信号在采样保持的过程中,每一个采样点的模拟信号都可以用一个数字量的值将
其进行量化,量化通常是采用二进制编码的方法进行。最简单的量化和编码思想是,将全部
采样点中最大模拟量 V_m 对应一个数字量 D_m(例如 256),其他采样点的模拟量按照这个数值
比进行比例换算,可计算出任何一个模拟量对应的数字量。

在模数转换器中,一个数字量对应的模拟量(一般是电压值)称为量化单位,用 Δ 表示,
$\Delta = V_m/D_m$。由于采样得到的脉冲的幅度是模拟信号在某些时刻的瞬时值,它们不可能都正
好是量化单位 Δ 的整数倍,在量化时,由于舍去了小数部分,因此会产生一定的误差,这个误
差称为量化误差。

为了保证转换的精度,显然最大模拟量对应的数字量越大,模拟量转换为数字量的误
差会越小。在同样的数量范围内转换,如果采样保持时间越长,则转换过程中的量化误差也
越大。

例如,将 0~5 V 电压值量化为十进制 0~1 000 之间的整型数字值,试计算十进制数字
量 0、1、2、500 对应的电压值。

解:先计算十进制数字量 0 对应的电压值,显然为 0 V。

然后,十进制数字量 1 对应的电压值:$\Delta = 5\ \text{V}/1\ 000 = 0.005\ \text{V}$。

十进制数字量 2 对应的电压值:$2 \times \Delta = 0.01\ \text{V}$

十进制数字量 500 对应的电压值:$500 \times \Delta = 2.5\ \text{V}$

从上面的例子可以看出,区间 $[0, 0.005)$ 之间的电压值会对应同一个整型数字量。因
而,模拟量转换为数字量的过程中,将有很多不同的电压值会对应同样的数字量。这就是量
化误差产生的原因。

在 A/D 转换器中,对模拟量进行量化的方法一般分为两种:只舍不入法和有舍有入法
(或称四舍五入法)。

在量化的过程中,核心是对量化的结果进行编码。所谓编码是指,用二进制数码来表示
各个量化电平的过程。此时,通过把每个采样值的脉冲都转换成与它的幅度成正比的数字
量,才算全部完成了模拟量到数字量的转换。

（1）只舍不入量化与编码方法

如果已知模数转换后的数字量为 n 位二进制，则最大数字量取值为 2^n，此时的最小量化单位 $\Delta = V_m/2^n$，其中 V_m 为模拟电压最大值，n 为数字代码位数，将 $0 \sim \Delta$ 之间的模拟电压归并到 0Δ，把 $\Delta \sim 2\Delta$ 之间的模拟电压归并到 1Δ，依此类推。这种方法产生的最大量化误差为 Δ。

例如：将 $0 \sim V_m$ 的模拟电压信号转换成三位二进制代码时，有 $\Delta = \dfrac{1}{2^3}V_m = \dfrac{1}{8}V_m$，那么 $0 \sim \dfrac{1}{8}V_m$ 之间的模拟电压归并到 0Δ，用 000 表示；$\dfrac{1}{8}V_m \sim \dfrac{2}{8}V_m$ 之间的模拟电压归并到 1Δ，用 001 表示；依此类推，直到将 $\dfrac{7}{8}V_m \sim 1V_m$ 之间的模拟电压归并到 7Δ，用 111 表示；此时最大量化误差为 $\dfrac{1}{8}V_m$。该方法简单易行，但量化误差比较大，为了减小量化误差，通常采用另一种量化编码方法，即有舍有入法。

（2）有舍有入的量化和编码方法

如果已知模数转换后的数字量为 n 位二进制，则取最小量化单位 $\Delta = \dfrac{2V_m}{2^{n+1}-1}$，其中 V_m 仍为模拟电压最大值，n 为数字代码位数，将 $0 \sim \dfrac{1}{2}\Delta$ 之间的模拟电压归并到 0Δ，把 $\dfrac{1}{2}\Delta \sim \dfrac{3}{2}\Delta$ 之间的模拟电压归并到 1Δ，依此类推。这种方法产生的最大量化误差为 $\dfrac{1}{2}\Delta$。

例如：将 $0 \sim V_m$ 的模拟电压信号转换成三位二进制代码，有 $\Delta = \dfrac{2}{15}V_m$，那么将 $0 \sim \dfrac{1}{15}V_m$ 之间的模拟电压归并到 0Δ，用 000 表示；把 $\dfrac{1}{15}V_m \sim \dfrac{3}{15}V_m$ 以内的模拟电压归并到 1Δ，用 001 表示；以此类推，直到将 $\dfrac{13}{15}V_m \sim 1V_m$ 之间的模拟电压归并到 7Δ，用 111 表示。很明显此时最大量化误差为 $\dfrac{1}{15}V_m$。比只舍不入方法的最大量化误差 $\dfrac{1}{8}V_m$ 减少了近一半。

因而，实际应用中广泛采用有舍有入的方法。当然，无论采用何种划分量化电平的方法都不可避免地存在量化误差，量化级别越多（即模数转换器的位数越多），量化误差就越小，但同时输出二进制数的位数就越多，要实现这种量化的电路将更加复杂。因而在实际工作中，并不是量化级别越多越好，而是根据实际要求，合理地选择模数转换器的位数。

2.4.2　逐次逼近型模数转换器的工作原理 ·· □

常用的模数转换器有并联比较型、逐次逼近型和双分积型等。下面以逐次逼近型模数转换器为例介绍模数转换器的工作原理。

在介绍它的工作原理之前，先用一个用天平秤量物体的例子来说明逐次逼近的概念。假设用 4 个分别为 8 g、4 g、2 g 和 1 g 的砝码去秤量重量为 13 g 的物体，秤量的过程如表 2-4 所示。

表 2-4　逐次逼近秤量物体的过程

秤量顺序	砝码重量	比较判别	加减砝码	秤量结果
第 1 步	8 g	砝码重量 < 被秤量物体的重量	保留	8 g
第 2 步	4 g	砝码总重量 < 被秤量物体的重量	保留	12 g
第 3 步	2 g	砝码总重量 > 被秤量物体的重量	除去	12 g
第 4 步	1 g	砝码总重量 = 被秤量物体的重量	保留	13 g

逐次逼近型 A/D 转换器的工作原理与用天平秤量物体的过程十分相似,只不过逐次逼近型 A/D 转换器所加减的是标准电压而不是砝码,通过逐次逼近的方法,使标准电压值与被转换的电压平衡。这些标准电压通常称为电压砝码。

图 2-14 给出了将模拟电压 V_I 转换为 4 位二进制数的逐次逼近过程。图中的 4 个电压砝码依次为 800 mV、400 mV、200 mV 和 100 mV。转换开始时,通过 D/A 转换器送出一个 800 mV 的电压砝码与输入电压 V_I 进行比较,由于 V_I < 800 mV,将 800 mV 的电压砝码去掉,换上 400 mV 的电压砝码,因 V_I > 400 mV,于是保留 400 mV 的电压砝码;再加 200 mV 的砝码,因为 V_I > 400 mV + 200 mV = 600 mV,所以 200 mV 的电压砝码也保留;再加 100 mV 的电压砝码,因 V_I < 400 mV + 200 mV + 100 mV,去掉 100 mV 的电压砝码。用 1 表示需要保留的砝码,用 0 表示需要去掉的砝码。把得到的二进制代码 0110 存入寄存器中,即与输入电压 V_I 所对应的二进制数是 0110。

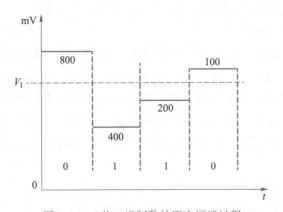

图 2-14　4 位二进制数的逐次逼近过程

图 2-15 给出了逐次逼近型模数转换器原理,即从高位到低位逐位试探比较,好像用天平秤量物体,从重到轻逐级增减砝码进行试探。

逐次逼近法转换过程是,初始化时将逐次逼近寄存器各位清零;转换开始时,先将逐次逼近寄存器最高位置 1,送入 D/A 转换器(即将数字量转换为模拟量的转换器,属于 A/D 转换器的逆变换),经 D/A 转换后生成的模拟量送入比较器,称为 V_o,与送入比较器的待转换的模拟量 V_i 进行比较,若 V_o < V_i,该位的 1 被保留,否则被清除。然后再置逐次逼近寄存器次高位为 1,将寄存器中新的数字量送入 D/A 转换器,输出的 V_o 再与 V_i 比较,若 V_o < V_i,该位

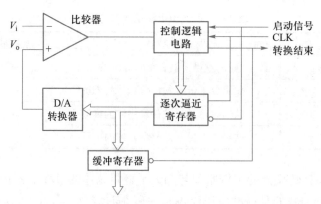

图 2-15 逐次逼近型模数转换器的工作原理

的 1 被保留,否则被清除。重复此过程,直至逼近寄存器最低位。转换结束后,将逐次逼近寄存器中的数字量送入缓冲寄存器,得到数字量的输出。逐次逼近的操作过程是在一个控制电路的统一控制下进行的。

2.4.3 模数转换器的选择

在进行物理量到数字量的转换过程中,合理选择模数转换器是保证转换结果准确性的重要环节。通常,在模数转换器选择时,需要重点考虑模数转换器的性能指标。

1. 模数转换器的主要性能指标

模数转换器的性能指标主要包括分辨率、转换时间、转换误差。

(1) 模数转换器的分辨率

模数转换器的分辨率是指 A/D 转换器能分辨的最小模拟输入量。通常用能转换成的数字量的位数来表示,如 8 位、10 位、12 位、16 位等。理论上讲,n 位输出的 A/D 转换器能区分 2^n 个不同等级的输入模拟电压,能区分输入电压的最小值为满量程输入的 $1/2^n$。在最大输入电压一定时,输出位数越多,量化单位越小,分辨率越高。例如,A/D 转换器输出为 8 位二进制数,输入信号最大值为 5 V,那么这个转换器应能区分输入信号的最小电压为 19.53 mV。

(2) 模数转换器的转换时间

模数转换器的转换时间是指 A/D 转换器从转换控制信号到来开始,到输出端得到稳定的数字信号所经过的时间。转换时间是模数转换器应用编程时必须考虑的参数。

(3) 模数转换器的转换误差

模数转换器的转换误差是指表示 A/D 转换器实际输出的数字量和理论上的输出数字量之间的差别。常用最低有效位 LSB 的倍数表示。例如,给出相对误差小于等于 ±LSB/2,这就表明实际输出的数字量和理论上应得到的输出数字量之间的误差小于最低位的半个字。A/D 转换电路中与每一个数字量对应的模拟输入量并非单一的数值,而是一个范围 Δ。例如,对满刻度输入电压为 5 V 的 12 位 A/D 转换器,$\Delta = 5 \text{ V}/\text{FFFH} = 1.22 \text{ mV}$,定义为数字量的最小有效位 LSB。

2. 模数转换器的选择

根据上述性能指标和不同的应用背景,可以选择不同类型和不同性能的 A/D 转换器。不同类型的模数转换器,其转换速度相差甚远。其中,并行比较 A/D 转换器转换速度最高,8 位二进制输出的单片集成 A/D 转换器转换时间可达 50 ns 以内;逐次比较型 A/D 转换器次之,它们多数转换时间在 10 μs ~ 50 μs 之间,也有达几百纳秒的;间接型双积分 A/D 转换器速度最慢,转换时间大都在几十毫秒至几百毫秒之间。

在实际应用中,应从系统数据总的位数、精度要求、输入模拟信号的范围及输入信号极性等方面综合考虑 A/D 转换器的选用。

【例 2-1】已知某信号采集系统要求用一片 A/D 转换集成芯片在 1 秒内对 16 个热电偶的输出电压分时进行 A/D 转换。已知热电偶输出电压范围为 0 ~ 0.025 V(对应于 0 ~ 450 ℃温度范围),需要分辨的温度为 0.1 ℃,试问应选择多少位的 A/D 转换器,其转换时间为多少?

解:对于 0 ~ 450 ℃温度范围,信号电压范围为 0 ~ 0.025 V,分辨的温度为 0.1 ℃,这相当于 $\dfrac{0.1}{450} = \dfrac{1}{4\,500}$ 的分辨率。12 位 A/D 转换器的分辨率为 $\dfrac{1}{2^{12}} = \dfrac{1}{4\,096}$,所以必须选用 13 位的 A/D 转换器。但一般市面上没有 13 位 A/D 转换器销售,所以可以选择 14 位 A/D 转换器。

系统的取样速率为每秒 16 次,得到取样时间为 62.5 ms。对于这样慢速度的取样,任何一个 A/D 转换器都可以达到。可选用带有取样—保持(S/H)电路的逐次比较型 A/D 转换器,也可选择不带 S/H 电路的双积分式 A/D 转换器。

2.5 智能温湿度传感器

近年来,随着微处理器技术、信息技术、检测技术和控制技术的迅速发展,对传感器提出了更高的要求,不仅要具有传统的检测功能,而且要具有存储、判断和信息处理功能,促使传统传感器产生了一个质的飞跃。智能传感器就是一种带有微处理机,兼有信息检测、信号处理、信息记忆、逻辑思维与判断功能的传感器。即智能传感器就是将传统的传感器和微处理器及相关电路集成一体,具有准确度高、可靠性高、稳定性好等特点。

2.5.1 智能温度传感器 DS18B20

DS18B20 是由美国 DALLAS 公司研制并开发的一款数字温度传感器,仅需一根单总线即可与微处理器构成双向通信,获取当前环境实时温度,同时支持多点组合,最多可并联 8 个,并行工作,实现多点测温。由于其安装方便、封装形式多种多样、可应用于多种场合,通常应用于企业产品中。

1. DS18B20 的引脚

DS18B20 是一款单总线的智能集成型的数字温度传感器,具有体积小、硬件开销低、抗干扰能力强、精度高的特点。DS18B20 数字温度传感器只有三个引脚,包括数据线、电源线和地线,如图 2-16 所示,方便与单片机或微处理器连接。

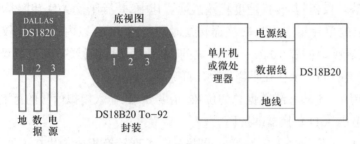

图 2-16　DS18B20 引脚及与单片机的连接

根据 DS18B20 的通信协议,主机(单片机)控制 DS18B20 完成温度转换必须经过三个步骤:每一次读写之前都要对 DS18B20 进行复位操作,复位成功后发送一条 ROM 指令,最后发送 RAM 指令,这样才能对 DS18B20 进行预定的操作。复位要求主 CPU 将数据线下拉 500 μs,然后释放,当 DS18B20 收到信号后等待 16 ~ 60 μs 左右,然后发出 60 ~ 240 μs 的存在低脉冲,主 CPU 收到此信号表示复位成功。

DS18B20 在出厂时已配置为按 12 位测量温度数据。在实际读取温度时,共读取 16 位,其中前 5 个位为符号位。当前 5 位均为 1 时,读取的温度为负数;当前 5 位均为 0 时,读取的温度为正数。温度为正时的读取方法为,将十六进制数转换成十进制数即可;温度为负时的读取方法为,将十六进制数取反后加 1,再转换成十进制数即可。例如,0550H 对应 +85 ℃,FC90H 对应 −55 ℃。

2. DS18B20 内部结构

DS18B20 内部结构如图 2-17 所示,包含温度灵敏单元、64 位 ROM 和单总线接口、高速缓存存储器、高温触发器 TH、低温触发器 TL、配置寄存器等部分。

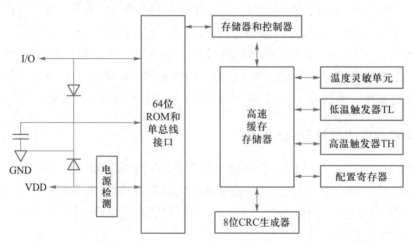

图 2-17　DS18B20 内部结构

(1) 64 位光刻 ROM:存储的是该 DS18B20 的 64 位地址序列码。该序列码是出厂前光刻好的。首 8 位表示 DALLAS 产品类型编码（DS18B20 编码为 28H），紧接着连续的 48 位是每个器件独一无二的自身序号。最后 8 位则是前 56 位生成的 CRC 序列码。

（2）温度灵敏单元：完成对温度的测量。以 12 位转化为例：用 16 位符号扩展的二进制补码读数形式提供，这是 12 位转化后得到的 12 位数据，存储在 DS18B20 的两个 8 位的 RAM 中，二进制中的前面 5 位是符号位，如果测得的温度大于 0，这 5 位为 0，只要将测到的数值乘于 0.062 5 即可得到实际温度；如果温度小于 0，这 5 位为 1，测到的数值需要取反加 1 再乘于 0.062 5 即可得到实际温度。例如，+125 ℃的数字输出为 07D0H，+25.062 5 ℃的数字输出为 0191H，−25.062 5 ℃的数字输出为 FF6FH，−55 ℃的数字输出为 FC90H。

（3）高速缓存存储器：由 9 个字节组成。当温度转换命令发布后，经转换所得的温度值以两字节补码形式存放在高速缓存存储器的第 0 和第 1 个字节。DS18B20 的温度分辨率则存放至高速暂存器中的第 5 个字节。当 DS18B20 上电以后，温度将根据存储的分辨率变换为对应的数值。R1、R0 两位表示温度转换时的分辨率（如表 2-5 所示），余下 5 位则一直为 1。单片机可通过单总线接口读到该数据，读取时低位在前，高位在后。该数据与温度间的关系的计算方法如下：当符号位 S = 0 时，直接将二进制位转换为十进制；当 S = 1 时，先将补码变为原码，再计算十进制值。

表 2-5 温度分辨率

R1	R0	温度分辨率	最大转换时间
0	0	9 位	93.75 ms
0	1	10 位	187.5 ms
1	0	11 位	375 ms
1	1	12 位	750 ms

（4）高温触发器 TH、低温触发器 TL：DS18B20 温度传感器的内部存储器除了高速缓存存储器（RAM）外，还包括非易失性的可电擦除 EEPROM，用来存放高温触发器 TH、低温触发器 TL 等。对于高温触发器 TH 和低温触发器 TL，用户可通过程序对其进行修改。

（5）配置寄存器：配置寄存器各位如图 2-18 所示。其中，TM 表示不同的模式，分为工作和测试两种模式，DS18B20 出厂时该位被设置为 0，用户一般不需要改动。R1 和 R0 用来设置分辨率，具体分辨率大小同表 2-5 所示，余下的 5 位则一直为 1。

图 2-18 配置寄存器结构图

由表 2-5 可以看出，温度的转换时间将随着温度分辨率的增加而大幅度延长。因此，在工程应用等场合下应当权衡考虑分辨率和转换时间两者的选择。除了含有配置寄存器外，高速暂存存储器还含有另外 8 个字节，对应表示如图 2-19 所示。1、2 字节为温度信息，3、4 字节对应 TH、TL 值，6～8 字节为保留字节，表现为全逻辑 1，第 9 个字节是前 8 个字节产生的 CRC 序列码。

温度低位	温度高位	TH	TL	配置	保留	保留	保留	8位CRC

图 2-19　其他字节的结构图

当收到温度开始转换的命令后,DS18B20 便立即进行转换,而后将转换后的数值以 16 位带符号扩展的二进制补码方式存放于高速暂存存储器的前两个字节。微控制器则可以通过 DS18B20 的输入 / 输出引脚读到此数据,读取时前 8 位表示低 8 位,后 8 位表示高 8 位,采用 0.062 5 ℃ /LSB 表示。温度值格式如图 2-20 所示,符号位 S = 0,则温度数值大于 0,此时直接变换为十进制即为测得的温度数值;而当符号位 S = 1,温度数值小于 0,此时需要先将补码转换为相应源码,再进行进制的处理,才能得到实际测得的温度数值。

2^3	2^2	2^1	2^0	2^{-1}	2^{-2}	2^{-3}	2^{-4}
S	S	S	S	S	2^6	2^5	2^4

图 2-20　温度值格式

DS18B20 完成温度数值方面的处理以后,再和 TH、TL 进行大小的比较,当温度数值高于 TH 或低于 TL 时,可将 DS18B20 的内置报警位置为 1,同时对单片机做出报警响应。

3. DS18B20 的测温原理

DS18B20 测温原理如图 2-21 所示。其中,低温度系数晶振的振荡频率受温度影响很小,用于产生固定频率的脉冲信号送给计数器 1。高温度系数晶振的振荡频率随温度变化改变明显,所产生的信号作为计数器 2 的脉冲输入。计数器 1 和温度寄存器被预置在 −55 ℃所对应的一个基数值。计数器 1 对低温度系数晶振产生的脉冲信号进行减法计数,当计数器 1 的预置值减到 0 时,温度寄存器的值将加 1,计数器 1 将重新被装入预置值,并重新开始对低温度系数晶振产生的脉冲信号进行计数。如此循环,直到计数器 2 计数到 0 时停止温度寄存器值的累加。此时,温度寄存器中的数值即为所测温度。图 2-21 中的斜率累加器用于补偿和修正测温过程中的非线性,其输出用于修正计数器 1 的预置值。

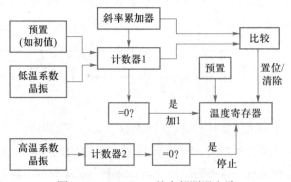

图 2-21　DS18B20 的内部测温电路

2.5.2 智能温湿度传感器 SHT10

SHT10 传感器是 Sensirion 公司推出的新型智能温湿度传感器,具有良好的可靠性和长期稳定性,对相对湿度和温度进行测量,响应速度快。该传感器由 1 个电容式聚合体测湿元件和 1 个能隙式测温元件组成,工作电压为 2.2 V ~ 5.5 V。SHT10 温度测量范围为 −40 ℃到 123.8 ℃,温度测量精度为 ±0.5 ℃;湿度测量范围为 0 到 100%RH,湿度测量精度为 ±4.5%RH。

传感器上电后,SHT10 内部状态寄存器处于初始化状态。电源引脚 VDD 和 GND 之间可增加 1 个 100 nF 的电容器,用于去耦滤波。SHT10 传感器的两线串行接口(bidirectional 2-wire)在传感器信号读取和电源功耗方面都做了优化处理,其总线类似 I²C 总线但并不兼容 I²C 总线。SCK 引脚是 MCU 与 SHT10 之间通信的同步时钟,接口包含全静态逻辑,不用设置最小频率;DATA 引脚是 1 个三态门电路,用于 MCU 与 SHT10 之间的数据传输。DATA 会在 SCK 时钟产生下降沿之后改变状态,且仅在 SCK 时钟产生上升沿时有效。在数据传输期间,SCK 为高电平,以保持稳定状态。

SHT10 传感器在进行读写时序之前,控制器会用一组"传输开始"的时序翻转传感器 SCK 和 DATA 电平达到初始化作用,接下来控制器会发送一组测量命令对温度或湿度进行测量,此时控制器需要等待测量结束,具体时间由晶振频率决定。当 SHT10 下拉 DATA 至低电平并进入闲置模式时,表示测量结束,此时控制器在再次发出 SCK 时钟前,会等待 ACK 信号,保证数据被存储。SHT10 有 8 个引脚(其中 4 个为空),内部的数据处理模块将湿度的模拟信号转换为数字信号,湿度数值可以通过 9 ~ 12 位的数字信号串行传送。如图 2-22 所示为 SHT10 传感器控制电路图。通常 SHT10 的 SCK 引脚和 DATA 引脚与主控芯片(MCU)的通用 I/O 端口相连。

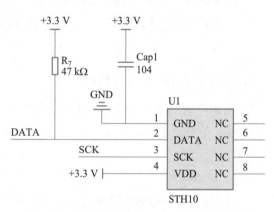

图 2-22 温湿度传感器 STH10 的控制电路图

2.6 物联网的智能反馈控制

"某日,小马正在公司上班,突然手机收到震动及铃声提示……原来是家中无人时门被打开,门磁侦测到有人闯入,则将闯入报警通过无线网关发送给主人小马的手机,手机收到信息发出震动及铃声提示,小马确认后发出控制指令,电磁门锁自动落锁并触发无线声光报警器发出报警。"这一场景并不是科幻虚构,而是建立在物联网技术基础上的一个智能反馈控制案例。

为了更好地理解物联网的智能反馈控制,本节将对自动控制、闭环和开环控制、物联网反馈控制等几个方面进行阐述。

2.6.1 自动控制的概念

自动控制是指在没有人直接参与的情况下,利用外加的设备或装置(称为控制装置或控制器),使机器、设备或生产过程(统称被控对象)的某个工作状态或参数(即被控量)自动地按照预定的程序运行。如雕刻机可按照预定的程序自动雕刻文字;自动洗衣机能自动洗衣服;雷达和计算机组成的导弹发射和制导系统能自动地将导弹引导到敌方目标;无人驾驶飞机按照预定轨迹自动升降和飞行等。

近几十年来,随着电子计算机技术的发展和应用,在宇宙航行、机器人控制、导弹制导以及核动力等高新技术领域中,自动控制技术更具有特别重要的作用。不仅如此,自动控制技术的应用已将应用范围扩展到生物、医学、环境、经济管理和其他许多社会生活领域中,自动控制已成为现代社会生活中不可或缺的重要组成部分。

物联网的出现,为自动控制技术提供了更为广阔的应用空间。对物的"感知"使人们能够将任何物体作为被控对象进行控制;将物"互联"使人们能够传递各种控制信号和数据;"智能"语义中间件可提供对物的语义技术、数据推理和语义执行环境等控制核心;反馈"控制"是以上三种作用的目的与成果。所以说,自动控制技术在物联网系统中依然占据重要位置。

2.6.2 闭环控制和开环控制

闭环控制(又称反馈控制)是自动控制的最基本的控制方式,也是应用最广泛的一种控制方式。除此之外,还有开环控制方式和智能控制方式,它们都有其各自的特点和不同的适用场合。

1. 闭环控制

其实,人的一切活动都体现出闭环控制/反馈控制的原理,人本身就是一个具有高度复杂控制能力的反馈控制系统。例如,人用手拿桌上的书,汽车司机操纵方向盘驾驶汽车沿公路平稳行驶等,这些日常生活中习以为常的动作都渗透着反馈控制的深奥原理。

下面通过分析人类的手去桌上取书的动作过程,透视其所包含的反馈控制机理。

在这里,书的位置是手运动的指令信息(一般称为输入信号)。取书时,首先人要用眼睛连续目测手相对于书的位置,并将这个信息送入大脑(称为位置反馈信息),然后由大脑判断手与书之间的距离,产生偏差信号,并根据其大小发出控制手臂移动的命令(称为控制作用或操纵量),逐渐使手与书之间的距离(即偏差)减小。

显然,只要这个偏差存在,上述过程就要反复进行,直到偏差减小为零,手便取到书了。

通过对这个例子的分析发现,大脑控制手取书的过程是一个利用偏差(手与书之间距离)产生控制作用,并不断使偏差减小直至消除的运动过程;同时,为了取得偏差信号,必须有手位置的反馈信息,两者结合起来,就构成了反馈控制。显然,反馈控制实质上是一个按偏差进行控制的过程,因此,也称为按偏差的控制。反馈控制原理就是按偏差控制的原理。

人取物视为反馈控制系统时,手是被控对象,手位置是被控量(即系统的输出量),产生控制作用的机构是眼睛、大脑和手臂,统称为控制装置,用图 2-23 来显示这个反馈控制系统的基本组成及工作原理。

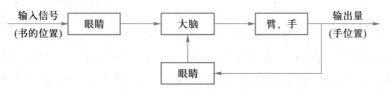

图 2-23　人取书的智能反馈控制系统方块图

通常,把取出输出量送回到输入端,并与输入信号相比较产生偏差信号的过程,称为反馈。若反馈的信号是与输入信号相减,使产生的偏差越来越小,则称为负反馈;反之,则称为正反馈。反馈控制就是采用负反馈并利用偏差进行控制的过程,而且,由于引入了被控量的反馈信息,整个控制过程为闭合过程,因此反馈控制也称闭环控制。

在工程实践中,为了实现对被控对象的反馈控制,系统中必须配置具有人的眼睛、大脑和手臂功能的设备,以便对被控量进行连续的**测量、反馈和比较**,并按**偏差进行控制**。这些设备依其功能分别称为**测量元件、比较元件和执行元件**,并统称为**控制装置**。

在反馈控制系统中,任何一个环节的输入都可以受到输出的反馈作用。按反馈控制方式组成的反馈控制系统具有抑制任何内、外扰动对被控量产生影响的能力,有较高的控制精度。但这种系统使用的元件多、结构复杂,性能分析和设计也比较麻烦。尽管如此,它仍是一种重要的并被广泛应用的控制方式。

2. 开环控制

与反馈控制相对应的是开环控制。闭环控制系统与开环控制系统的本质区别也就在于闭环控制系统的输出对系统有控制作用,而开环控制系统的输出则对系统没有控制作用。

开环控制是指控制装置与被控对象之间只有顺向作用而没有反向联系的控制过程,按这种方式组成的系统统称为开环控制系统,其特点是系统的输出量不会对系统的控制作用发生影响。例如:

(1) 开灯:按下开关后的一瞬间,控制活动已经结束,灯是否亮起已对按开关的这个活动没有影响。

(2) 投篮:篮球出手后就无法再继续对其控制,无论进球与否,球出手的一瞬间控制活动即结束。

开环控制系统可以按给定量控制方式组成,也可以按扰动控制方式组成。按给定量控制的开环控制系统,其控制作用直接由系统的输入量产生,给定一个输入量,就有一个输出量与之相对应,控制精度完全取决于所用的元件及校准的精度。一些自动化装置,如自动售货机、自动洗衣机、指挥交通的红绿灯转换等都是开环控制系统。

在物联网系统中,有时也会使用到开环控制系统,如路灯管理、进场停车等。

2.6.3 基于物联网的智能控制

传统的控制系统往往是针对某种特定系统的,如数控机床、洗衣机等,各控制部件结构紧凑,由内部总线连接在一起。传送的信号为模拟信号或数字信号加模拟信号。比较元件产生的偏差信号较小,无法驱动执行部件,这时需要放大元件将其放大以便驱动执行部件执行控制操作。

而物联网系统是建立在互联网基础上的 M2M(machine to machine)系统,结构松散,物与物之间的耦合度可以很低,甚至可以是远程的。在物联网中,传统控制系统中的有些功能在物联网环境下是可以分离在不同地点或合并在一个设备中的。因此,可以重绘物联网控制系统的抽象模型图,如图 2-24 所示。

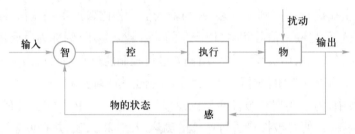

图 2-24　物联网控制系统的抽象模型图

根据物联网控制系统的抽象模型,结合闭环自动控制系统的结构,下面简要描述物联网智能控制系统各个部件的功能,如图 2-25 所示。

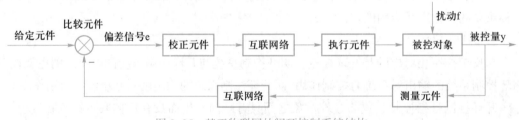

图 2-25　基于物联网的闭环控制系统结构

(1) 被控对象(物):由于是 M2M,所以物联网中的被控对象可以存在于网络的任何位置,同时也可能是任何物体或人,因此,必须有一种方式来表征需要控制的对象。通常采用 RFID 技术来对物体进行标识。

(2) 测量元件(感):反馈控制系统最主要的依据来源于测量元件,即随时掌握被控对象的状态,物联网要实现控制和管理功能也离不开对物的状态的感知。因此,传感器就成为必需的部件,而且,通过传感器网络可以提供多维度的被控量。

(3) 比较元件、给定元件、校正元件(智):这些都可由智能终端如计算机或服务器来承担。

(4) 执行元件(控):物联网对物体进行控制的执行器件,除了传统控制系统中的继电器等外,还包括物体中嵌入式的处理器和软件系统。

(5) 互联网络(联):由于物联网的控制对象、测量元件、执行器件和控制元件可能在地理上分布在不同的地方,这些部件之间需要借助各种通信手段进行远程连接,完成各部件之间的各种控制物信息的传输。

综上,物联网中的"感、智、控"分别构成了物联网控制系统的测量、比较、执行等三大部件,这三大部件又在"联"这种网络平台上得以相互作用,形成了"控制系统",最终实现了"控"的目的。

在前面介绍过的智能家居的例子中,"门磁"为测量元件,完成"感"的功能;"无线网"为网络部件,完成"联"的功能;"手机"为智能终端,是比较元件、给定元件,完成"智"和"控"的功能;"电磁门锁"和"报警器"为执行元件,执行"控"的命令。在这样的系统中,将人、手机、门磁、门锁和报警器通过无线网络连接起来,实现远程控制的目的。

在基于物联网的智能控制系统中,与传统的闭环控制系统主要有两点不同。

(1) 在控制器和控制对象之间引入了远程网络(互联网或物联网),控制量的传递可能需要远距离传输以实现对被控对象的控制。

(2) 在测量和变送元件之后引入了远程网络(互联网或物联网),测量、感知或变送的数据需要远距离传输到比较元件,由比较元件计算或发给控制器。

事实上,有些物联网控制系统中,比较元件和控制器之间可能也会引入远程网络后进行传输。因此,基于物联网的闭环控制系统可以在三个环节引入远程网络,从而实现真正的远程可控的闭环控制。

与传统的控制系统相比,物联网控制系统建立在互联网络之上,同时需要区分不同的被控对象,因此更加复杂,控制系统的表现更加多样,计算机可以实现的各种控制也更加灵活。但是,由于网络是连接各个部件的途径,因此控制的结果具有很强的不确定性。所以,物联网控制系统的控制特性与传统的控制系统特性有较大区别。

2.7 本章小结

本章介绍了物联网的传感检测模型和传感器主要特性,按照不同模式对传感器进行了分类,重点介绍了温度传感器、电阻应变式传感器、光电传感器和智能传感器的工作原理,讲述了基于模数转换器的传感信号的数字化方法,介绍了物联网的反馈控制机制。本章讲解的物联网感知和控制技术,可以认为是物联网系统中最核心的技术,也是物联网系统研究和设计的关键。

习题

一、选择题

1. 下列不属于按传感器的工作原理进行分类的传感器是( )。

A. 应变式传感器　　B. 化学型传感器　　C. 压电式传感器　　D. 热电式传感器

2. 传感器的静态特性指标包括( )。

A. 线性度、灵敏度、重复性　　　　　　　B. 幅频特性、相频特性、稳态误差

C. 迟滞、重复、漂移　　　　　　　　　　D. 精度、时间常数、重复性

3. 用遥控器控制空调温度的变化过程，实际上就是传感器把光信号转化为电信号的过程。下列属于这类传感器的是(　　　)。

A. 红外报警装置　　　　　　　　　　　B. 走廊照明灯的声控开关

C. 自动洗衣机中的压力传感装置　　　　D. 电饭煲中控制加热和保温的温控器

4. 关于 CCD 和 CMOS 的优缺点的描述错误的是(　　　)。

A. 同尺寸下，CCD 传感器的灵敏度高于 CMOS 传感器

B. CMOS 传感器工作速度优于 CCD 传感器

C. CMOS 传感器的噪点高于 CCD 传感器

D. 现在的 CMOS 传感器响应均匀性要好于 CCD 传感器

5. 目前流行的智能手机的计步功能，主要通过(　　　)传感器实现。

A. 加速度　　　　　B. 温度　　　　　　C. 光　　　　　　D. 声音

6. 用二进制码表示一个指定的离散电平的过程称为(　　　)。

A. 采样　　　　　　B. 量化　　　　　　C. 保持　　　　　D. 编码

7. 将幅值上和时间上离散的阶梯电平统一归并到一个最邻近的指定电平的过程称为(　　　)。

A. 采样　　　　　　B. 量化　　　　　　C. 保持　　　　　D. 编码

8. 将一个时间上连续变化的模拟量转换为时间上离散的模拟量的过程称为(　　　)。

A. 采样　　　　　　B. 量化　　　　　　C. 保持　　　　　D. 编码

9. 为使采样输出信号不失真地代表输入模拟信号，采样频率至少必须是输入模拟信号最高频率的(　　　)倍。

A. 0.5　　　　　　　B. 1　　　　　　　C. 2　　　　　　　D. 3

10. 人类从书桌上拿取一本书的过程属于(　　　)。

A. 开环控制　　　　　　　　　　　　　B. 闭环控制

C. 人工智能控制　　　　　　　　　　　D. 物联网智能控制

二、判断题(正确打√，错误的打 ×)

1. 智能温度传感器内部集成了单片机，输出的信号是数字信号。(　　　)

2. 手机主要使用光线传感器来控制屏幕的亮度。(　　　)

3. A/D 转换器的二进制数的位数越多，量化单位△越小。(　　　)

4. A/D 转换过程中，必然会出现量化误差。(　　　)

5. A/D 转换器位数越多，量化分级越多，量化误差就可以减小到 0。(　　　)

6. 一个 N 位逐次逼近型 A/D 转换器完成一次转换要进行 N 次比较，N + 2 个时钟脉冲。(　　　)

7. 人们在篮球场打篮球时的投篮过程是一个闭环控制过程。(　　　)

8. 在夏天，使用空调对室内温度进行调整的过程是一个开环控制过程。(　　　)

三、简答题

1. 什么叫传感器？它由哪几部分组成？它们的相互关系如何？

2. 什么是传感器的静态特性？它有哪些性能指标？如何用公式表征这些性能指标？

3. 传感器根据工作原理可以分为哪几类？

4. 什么是应变效应？利用应变效应解释金属电阻应变片的工作原理。

5. 模数变换包括哪几个过程？简述各部分的作用。

6. 简述逐次逼近型 A/D 转换器的工作原理。

7. 简述智能手机中，各类传感器的作用和功能。

8. 简述闭环控制和开环控制的特点及其应用场景。

9. 简述物联网智能控制系统与传统闭环控制系统的异同。

第 3 章

条形码技术

电子教案

随着商品经济快速发展,物品标识与管理逐渐形成一门科学。在物联网系统中,如何标识物体的"身份"是一项重要工作。本章重点阐述物联网的主要标识技术——一维条形码和二维条形码技术。另外一项物联网标识技术,即 RFID 技术将在第 4 章进行介绍。

3.1 一维条形码组成和编码方式

在信息世界中,对于每一种物品,它的编码是唯一的。条形码(bar code)技术是集条形码理论、光电技术、计算机技术、通信技术、条形码印制技术于一体的物品身份自动识别技术。条形码是由宽度不同、反射率不同的条(黑色)和空(白色),按照一定的编码规则编制而成的,用以表达一组数字或字母符号信息的图形标识符。条形码技术具有速度快、准确率高、可靠、寿命长、成本低廉等特点,因而广泛应用于商品流通、工业生产、图书管理、仓储标证管理、信息服务等领域。

条形码作为自动识别技术中应用较早的一类,诞生于 20 世纪 50 年代的美国,并于 20 世纪 70 年代在国际上得到推广和应用。

1949 年,美国工程师乔·伍德兰德和伯尼·西尔沃在一个食品项目中开始研发并设计了一种同心圆的特殊编码,被称"公牛眼",并设计出能够解码的自动识别设备,并因此获得了美国专利。

1959 年,布宁克发明了一项专利,将条形码标签应用在当时的轨道电车上;几年后,另一位工程师西尔沃尼亚制作了一个条形码识别系统,并成功应用在美国的铁路系统上,从此开启了条形码技术在行业中应用的先河。

1970 年,美国率先对条形码实施标准化,选定了当初 IBM 公司的条形码方案,最终成为美国通用商品代码,即 UPC 码,并在商品零售业中进行推广。

1976 年,欧洲的 12 个工业国创立了欧洲物品编码协会(European article number,EAN),制定了欧洲物品编码标准,即 EAN-8 码和 EAN-13 码,推动了商品编码国际化的发展。

1994 年,日本电装公司发明了世界上首个二维条形码 QR 码,并应用于汽车零部件追溯系统。因为 QR 码拥有信息容量大、标签尺寸小、防错能力强和解码速度快的优点,可以存储更加丰富的信息,包括文字和网址等,如今已被广泛应用于电子票务、网络营销和交通运输等领域。随着移动社交和手机 App 的发展,QR 码的应用达到前所未有的热度。

1980 年左右,我国开始引入条形码的自动识读技术。首先在一些关键部门建立条形码识读和管理系统,包括邮局、图书馆、国家银行以及运输行业等,并于 1988 年成立中国物品编码中心,专门负责国内商品的编码分配和日常管理工作。1991 年 4 月,中国物品编码中心正式成为国际物品编码协会的会员,负责向国内的企业和组织推广通用的国际编码标识系统和供应链管理标准,并提供标准化解决方案和公共服务平台。

目前,中国物品编码中心日渐发展壮大,已成立 47 个分支部门,拥有 20 万家以上的企业注册会员和超过 10 亿条的商品信息,覆盖了日用百货、办公用品、食品饮料、日化用品和服装等数百个行业,这些重要的数据信息为我国商品的流通管理和质量监管提供有效的支持,极大地促进了商品经济的发展。

3.1.1　一维条形码的组成

一维条形码是一种能用于信息编码和信息自动识别采集的标准符号,是由一组反射率不同、宽窄各异的条、空符号按一定规则交替排列编码而成的图形符号,可用以表示一定的信息,例如,表示物体名称、种类或者产地等,能在信息交换过程中实时快速地提供正确的标识。

1. 一维条形码的基本概念

一维条形码的基本概念主要包括码制、条形码字符集、连续性与非连续性码、定长条形码与非定长条形码、双向可读性、自校验特性。这些基本概念的具体含义如下。

(1) 码制:条形码的码制是指条形码符号的类型,每种类型的条形码符号都是由符合特定编码规则的条和空组合而成。每种码制都具有固定的编码容量和所规定的条形码字符集。条形码字符中字符总数不能大于该种码制的编码容量。常用的一维条形码的码制包括 EAN 码、39 码、交叉 25 码、UPC 码、128 码、93 码及 Codabar(库德巴码)。

(2) 条形码字符集:条形码字符集是指某种码制所表示的全部字符的集合。有些码制仅能表示 10 个数字字符 0~9;有些码制除了能表示 10 个数字字符外,还可以表示几个特殊字符,如 39 条形码可表示数字字符 0~9,26 个英文字母 A~Z 以及一些特殊符号。

(3) 连续性与非连续性码:条形码符号的连续性是指每个条形码字符之间不存在间隔,相反,非连续性是指每个条形码字符之间存在间隔。从某种意义上讲,由于连续性条形码不存在条形码字符间隔,密度相对较高,而非连续性条形码的密度相对较低。

(4) 定长条形码与非定长条形码:定长条形码是指仅能表示固定字符个数的条形码。非定长条形码是指能表示可变字符个数的条形码。定长条形码由于限制了表示字符的个数,条形码的误识率相对较低,因为就一个完整的条形码符号而言,任何信息的丢失总会导致密码的失败。非定长条形码具有灵活、方便等优点,但在扫描阅读过程中可能产生因信息丢失而引起错误密码,这些缺点在某些码制中出现的概率相对较大。

(5) 双向可读性:条形码符号的双向可读性,是指从左、右两侧开始扫描都可被识别的特性。绝大多数码制都可双向识读,所以都具有双向可读性。双向可读性不仅仅是条形码符号本身的特性,它是条形码符号和扫描设备的综合特性。对于双向可读的条形码,识读过程中译码器需要判别扫描方向。

(6) 自校验特性:条形码符号的自校验特性是指条形码字符本身具有校验特性。若在一维条形码符号中,一个印刷缺陷(例如,因出现污点把一个窄条错认为宽条,而相邻宽空错认为窄空)不会导致替代错误,那么这种条形码就具有自校验功能。

2. 条形码符号的结构

任何一种条形码都是按照预先规定的条形码编码规则和有关技术标准,由条和空组合而成的。一个完整的一维条形码的符号结构如图 3-1 所示,从左到右依次是左侧空白区、条形码符号和右侧空白区。

图 3-1 条形码符号的结构

其中,条形码符号都是由表示数据信息的图像模块构成的。不同类别的条形码采用的图像模块可能不同,如长方形、正方形、圆形和正多边形等。相同类型的条形码采用的图像看似相同,但图像模块的尺寸却可能不同。条形码符号又包括起始符、终止符、数据字符、校验符(可选)以及供人识读的字符几部分。

条形码符号的结构的相关术语解释如下。

(1) 空白区:位于条形码符号起始符和终止符的外侧,其反射率与空的反射率相同,对其宽度有一个最小值限定,与起始符或者终止符结合才能确定一维条形码检测的开始。

(2) 起始符:位于一维条形码起始位置,由若干条、空按照固定规则排列而成,表示的字符用来指示条形码的起始。

(3) 数据字符:位于起始符与终止符(或校验符)之间,若干条、空按照条形码字符集的编码规则进行排列,表示一定的一维条形码字符。

(4) 校验符:通常位于一维条形码数据字符与结束符之间,其中条、空排列表示的字符可用来对数据字符区的字符进行校验。

（5）终止符：位于一维条形码的终止位置，由若干条、空按照固定规则排列而成，表示的字符用来指示条形码的终止。

（6）供人识别的字符：位于条形码字符的下方，对应于条形码数据字符的区域，是整个条形码含义的字符表示，可供人识别。

3.1.2　一维条形码的编码方式

一维条形码是利用反射率不同的"条"和"空"，以不同的宽度和规则的排列，来构成具有一定排列规则的二进制"0"和"1"，并借以表示某个字符或者数字，最后将"0"和"1"连在一起反映一定的信息。一维条形码不同的码制的编码方式不同，一般来说主要有以下两种编码方式。

1. 宽度调节编码法

顾名思义，宽度调节编码法就是指一维条形码符号中的"条"和"空"均有宽、窄两种类型的条形码编码方法。根据宽度调节编码法制定的码制，通常是用窄单元的"条"或者"空"来表示计算机二进制的"0"，而用宽单元的"条"或者"空"来表示计算机二进制的"1"。

标准通常规定，宽单元应该至少是窄单元的 2 ～ 3 倍，同时，两个相邻的二进制数位，无论是由空到条或者是由条到空，都应该有印刷明显的边界。交叉 25 码、库德巴码和 39 码都属于宽度调节编码法的一维条形码。

下面将以一个完整的交叉 25 码的条形码符号为例，形象地介绍宽度调节编码法的码制。

总体来说，交叉 25 码是一种非定长码制，它的"条"和"空"均表示一定的信息，所以属于连续性码，同时，它还具有双向可读性，并有自校验功能。它的条形码数据字符都由 5 个"条"或者"空"组成，其中有三个是表示二进制"0"的宽单元，另外两个则是表示二进制"1"的窄单元，这 5 个单元通过不同的排列顺序来表达不同的字符信息。图 3-2 是一个完整的交叉 25 码，它表示"3185"这个数据。

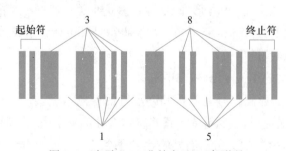

图 3-2　表示"3185"的交叉 25 条形码

2. 模块组配编码法

模块组配编码法是指一维条形码的字符结构由规定数量的数个模块组成的编码方式。根据模块组配编码法的码制，"条"和"空"由不同数量的模块组合而成，二进制的"1"由 1

个单位模块宽度的条来表示,而二进制的"0"由1个单位模块宽度的空来表示。

UPC码和EAN码都是符合模块组配编码法的一维条形码,国家标准规定,商品条形码的单个模块标准宽度是0.33 mm,它的条形码字符模块总数为7(如图3-3所示)。表示字符的条形码间存在间隔的,属于非连续条形码,而字符条形码间不存在间隔的是连续性条形码。图3-3就属于连续性条形码。

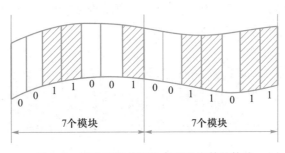

图3-3 模块组配编码法条形码字符的构成

3.2 典型的一维条形码

当前国际上总共有200种以上的条形码标准,每一类都采取独立的编码规则,定义每个编码数据的条空排列组合方式。其中,应用最广泛的一维条形码制有39码、128码、EAN和UPC商品码、ISBN码和ISSN码等。下面介绍几种典型的一维条形码。

3.2.1 一维条形码:EAN

目前,常用到的一维条形码码制主要有EAN、UPC、ISBN、ISSN和39码等,不同的码制有它们各自的应用领域,下面首先介绍国内使用较多的一维商品码EAN的编码技术。

一维商品码是指在国际上专门用于商品流通、销售的一维条形码。目前,最常用的一维商品码有EAN-8、EAN-13、UPC-A和UPC-E。我国在商品流通领域也在积极推行使用这些商品码。ISO组织发布的EAN/UPC商品码的标准为ISO/IEC 15420。其中,EAN码又称为欧洲商品条形码,诞生于1977年,是当时的欧洲各个工业国为了提高商品在国家之间流通的便利性,联合开发并推广使用这种一维商品码,极大地促进了欧洲区域内的经济增长。如今EAN商品码已经在世界各地得到普遍应用,成为国际性的条形码标准。

国际物品编码协会(international article numbering association)负责进行EAN商品码的管理,并为各国成员分配国家代码,再由各自成员国的商品码管理机构对国内的制造商和经销商等授予厂商代码。

1. EAN-13商品码的符号特性

EAN商品码具有以下几个方面的特性。

(1) EAN商品码编码范围仅包含10个阿拉伯数字(0至9),而且编码长度最多为13个。

（2）EAN 商品码支持双向扫描的功能，使识读设备可以从左右两个方向开始进行扫描解码。

（3）EAN 商品码支持一个校验字符，以判断条形码内容是否被正确解出。

（4）EAN 商品码的编码内容又分为左右两个部分，即左侧数据符及右侧数据符，使用不同的编码机制。

（5）根据数据结构和编码长度的不同，EAN 商品码又分为 EAN-13 码（13 个编码字符）和 EAN-8 码（8 个编码字符），如图 3-4 所示。

图 3-4　EAN-13 码与 EAN-8 码

2. EAN-13 商品码的编码规则

EAN-13 商品码的编码内容为一组 13 位的阿拉伯数字，用来标识某种商品。其中，国家代码占 3 位，厂商代码占 4 位，产品代码占 5 位，校验码占 1 位。EAN-13 码的结构与编码方式如图 3-5 所示。

（1）国家代码由国际商品条形码总会授权。我国的国家代码主要为 690～691，凡由我国核发的号码，均须冠以 690～691 等字头，以区别于其他国家。

（2）厂商代码由中国物品编码中心核发给申请厂商，占 4 个码，代表申请厂商。

（3）产品代码占 5 个码，系代表单项产品的号码，由厂商自由编定。

（4）校验码占一个码，用于防止条形码扫描器误读的自我检查。

图 3-5　EAN-13 商品码构成示例

3. EAN-13 商品码的编码方法

EAN-13 商品码的字符编码方法采取模块组配编码法。EAN-13 编码数据范围包括 0 至 9 的 10 个阿拉伯数字，其中每个字符都由两个"条"和两个"空"组成，共包含 7 个模块单元宽度。每个"条"或"空"的最小宽度等于 1 个模块单元宽度，最大宽度等于 4 个模块单元宽度。而且，用二进制数"1"表示 1 个模块单元宽度的"条"（Bar），用二进制数"0"表示 1 个模块单元宽度的"空"（Space）。

EAN-13 商品码包括三套独立的编码字符集，称作字符集 A、字符集 B 和字符集 C，其编码表示如表 3-1 所示。总共包含 30 种编码，其中起始符、中间分隔符和终止符都是固定的，因此不包含在编码表中。

从表 3-1 中可以发现，三套字符集编码规则具有相关性，字符集 A 和字符集 C 中编码的"条"和"空"是刚好反向的,而字符集 B 和字符集 C 中编码的二进制表示是倒序的。

表 3-1　EAN 商品码的字符集编码表示

数字字符	字符集 A				字符集 B				字符集 C			
	S	B	S	B	S	B	S	B	B	S	B	S
0	3	2	1	1	1	1	2	3	3	2	1	1
1	2	2	2	1	1	2	2	2	2	2	2	1
2	2	1	2	2	2	2	1	2	2	1	2	2
3	1	4	1	1	1	1	4	1	1	4	1	1
4	1	1	3	2	2	3	1	1	1	1	3	2
5	1	2	3	1	1	3	2	1	1	2	3	1
6	1	1	1	4	4	1	1	1	1	1	1	4
7	1	3	1	2	2	1	3	1	1	3	1	2
8	1	2	1	3	3	1	2	1	1	2	1	3
9	3	1	1	2	2	1	1	3	3	1	1	2

说明:"S"表示空(0),"B"表示"条"(1)

　　EAN-13 商品码由 8 个部分组成,包括左右两侧的空白区域、起始符及终止符、两侧数据符、分隔符和校验符。EAN-13 商品码构成示例如图 3-6 所示。

图 3-6　EAN-13 商品码构成示例

　　具体编码方法如下。

　　(1)左侧空白区域:位置在条形码图形的最左边,它的最小宽度等于模块单元宽度的 11 倍。

　　(2)起始符:由"条""空""条"三个模块单元组成,表示条形码符号的开始,并且可以用来计算条形码符号的模块单元宽度。

　　(3)左侧数据符:共包含 6 个编码数字字符,其中每一个编码字符包含 7 个模块单元,共有 42 个模块单元。数据字符的编码规则为,当前置码为 0、1、2、3、4 时,每个字符的 7 个模块编码使用的字符集依次为 AAAAAA、AABABB、AABBAB、AABBBA、ABAABB;当前置码为 5、6、7、8、9 时,每个字符的 7 个模块编码使用的字符集依次为 ABBAAB、ABBBAA、

ABABAB、ABABBA、ABBABA。

(4) 中间分隔符：是平分整个条形码的特殊符号，位置在左右两侧数据符的中间，由"空""条""空""条""空"5 个模块单元组成。

(5) 右侧数据符：共包含 5 个编码数字字符，其中每一个编码字符包含 7 个模块单元，共有 35 个模块单元。数据字符的编码规则为，不管前置码为多少，每个字符的 7 个模块编码使用的字符集均为 C。

(6) 校验符：其构成数量为 7 个模块单元，用来校验条形码字符被正确识读。

(7) 终止符：和起始符一样，由"条""空""条"三个模块单元组成，表示条形码符号的结束。

(8) 右侧空白区域：位置在条形码图形的最右边，最小宽度是模块单元宽度的 7 倍。为避免打印条形码符号时本区域被忽略，可以在本区域的右下角增加字符">"（不参与条形码的字符编码）。

另外，在条形码的正下方，提供人识别字符，当条形码扫描器无法对条形码进行正确识读时，可以对条形码内容进行人工输入。

例如，当 EAN-13 码设置为 0903244981003 时，其中第 1 位 0 位前缀码"0"，"903244"为 6 位左侧数据符；"98100"为 5 位右侧数据符；最后一位"3"为校验码。根据上述编码规则，0903244981003 的二进制编码系列如表 3-2 所示。

表 3-2   EAN-13 码 0903244981003 的二进制编码

空白符、起始符编码	000000000	101				
左边字符	9	0	3	2	4	4
左边字符编码	0001011	0001101	0111101	0010011	0100011	0100011
中间分隔符编码	01010					
右边字符	9	8	1	0	0	校验码 3
左边字符编码	1110100	1001000	1100110	1110010	1110010	1000010
终止符、空白符编码	101	000000000				

同理，可以获得 EAN-13 码 1966090118201 的二进制编码为

000000000101000101101011110000101000110100101110100111010101100110110011010010001101100111001011001101010000000000

EAN-13 码 6966090118201 的二进制编码为

000000000101000101100001010000101010011100010110001101010101011001101100110100100011011001110010110011010100000000

4. EAN-13 商品码的校验算法

在实际应用领域，条形码数据的正确性非常重要，误码的产生往往会导致直接的经济损失以及影响条形码技术在各行业的推广和使用。为了提升 EAN-13 商品码的安全性和可靠

性,编码规则提供一个检验码对条形码数据进行验证,以判断条形码识读设备是否正确地识别条形码内容。进行条形码编码时,校验码是根据编码数字按照一定的数学公式计算得出的。在解码过程中,首先对条形码符号进行识读,提取校验符对应的数值,然后对已识别出的 12 个数据字符按照校验数学公式进行计算,得出校验码的值,比较两个结果是否一致,判断条形码识读结果是否正确。

在 EAN-13 中,有 1 位校验码用来验证编码的可靠性。该校验码的计算方法如下。

(1) 设置校验码所在位置为序号 1,按从右至左的逆序分配位置序号 2 ~ 13(对应正序的 12 ~ 1);按照序号将条形码符号中的任一个数字码表示为 X_i,其中 i 为位置序号 1,2,…,13。

(2) 从位置序号 2 开始,计算全部序号为偶数的数字之和,结果乘以 3,得到乘积 N_1:

$$N_1 = 3 \times \sum_{i=1}^{6} X_{2i}$$

(3) 从位置序号 3 开始,计算全部序号为奇数的数字之和,得到乘积 N_2。

$$N_2 = \sum_{i=1}^{6} X_{2i-1}$$

(4) 对 N_1 和 N_2 求和,得到 N_3,即 $N_3 = N_1 + N_2$。

(5) 将 N_3 进行模 10 运算,求得余数 M,计算 $10 - M$ 的差,其结果即为校验码的值。

例如,要计算 EAN 条形码 696609011820? 的校验码,其计算方法如下。

(1) 先求偶数位的和,然后乘以 3:$N_1 = (9 + 6 + 9 + 1 + 8 + 0) \times 3 = 33 \times 3 = 99$。

(2) 再求奇数位的和:$N_2 = 6 + 6 + 0 + 0 + 1 + 2 = 15$。

(3) 计算 N_1 与 N_2 之和 $N_3 = 99 + 15 = 114$。

(4) 将 N_3 除以 10,得余数 $M = 114\%10 = 4$。

(5) 计算 $10 - M$ 的差并进行模 10 运算,得到校验码:$(10 - 4)\%10 = 6$。

在实际应用中,当进行编码时,使用上述方法计算校验码;当进行解码时,先对条形码进行识读,提取校验码,并将该检验码之前的、已经别出的 12 个数字按照上述方法进行计算,得到计算的校验码。比较提取的校验码和计算的校验码是否一致,如果相同,则条形码识读结果正确,否则,识读失败。

可以通过设计一段简单的 Python 程序来计算校验码。

首先,设计一个数据结构(即列表)来存储条形码,例如,EANList = [6,9,6,6,0,9,0,1,1,8,2,0,6];也可以用一个字符串来存储条形码,如 EANString='6966090118201'。由于列表和字符串的起始位均从 0 开始,所以程序中的奇偶位与前面的算法是相反的。

然后,基于列表数据结构的 EAN 条形码,进行校验码计算,具体程序如程序 3-1 所示。

程序 3-1   基于 Python 的 EAN-13 校验码计算程序

```
#EAN 校验码计算
EANList=[6,9,6,6,0,9,0,1,1,8,2,0,6]
N1=0; N2=0
```

```
for i in range(6):
    N1 += EANList[2*i+1]    # 对应算法中的偶数位
    N2 += EANList[2*i]      # 对应算法中的奇数位
M = (3*N1 + N2) % 10
CheckBit = 10 - M
print(CheckBit)
```

3.2.2 基于 Python 的 EAN-13 编码实践

为了开展基于 Python 的 EAN-13 编码实践,下面从基于 EAN-13 编码规则的代码实现、EAN-13 编码的可视化实现和基于 Python 库的 EAN-13 编码实现三个方面进行介绍。

1. 基于 EAN-13 编码规则的代码实现

为了实现 EAN-13 条形码的编码程序,首先,需要为 EAN-13 的编码规则设置一个数据结构,这里用列表类型 rule 表示;然后,为三个字符集 A、B、C 设置一个数据结构,这里用列表类型 charset 表示;最后,设计一个 EAN 编码函数 EAN13()。具体 Python 程序如程序 3-2 所示。

程序 3-2 基于 **Python** 的 **EAN-13** 码的二进制序列编码程序

```
rule =[# 根据前缀码,确定候选字符集。0 为字符集 A,1 为字符集 B,2 为字符集 C
    [0,0,0,0,0,0,2,2,2,2,2,2],[0,0,1,0,1,1,2,2,2,2,2,2],
[0,0,1,1,0,1,2,2,2,2,2,2],[0,0,1,1,1,0,2,2,2,2,2,2],
    [0,1,0,0,1,1,2,2,2,2,2,2],[0,1,1,0,0,1,2,2,2,2,2,2],
[0,1,1,1,0,0,2,2,2,2,2,2],[0,1,0,1,0,1,2,2,2,2,2,2],
    [0,1,0,1,1,0,2,2,2,2,2,2],[0,1,1,0,1,0,2,2,2,2,2,2] ]
charset=[  # 数字 0~9 对应的条空组合,有 A、B、C 三种字符集
    # 字符集 A    # 字符集 B   # 字符集 C
    "0001101",   "0100111",   "1110010",  # 对应字符 0
    "0011001",   "0110011",   "1100110",  # 对应字符 1
    "0010011",   "0011011",   "1101100",  # 对应字符 2
    "0111101",   "0100001",   "1000010",  # 对应字符 3
    "0100011",   "0011101",   "1011100",  # 对应字符 4
    "0110001",   "0111001",   "1001110",  # 对应字符 5
    "0101111",   "0000101",   "1010000",  # 对应字符 6
    "0111011",   "0010001",   "1000100",  # 对应字符 7
    "0110111",   "0001001",   "1001000",  # 对应字符 8
    "0001011",   "0010111",   "1110100" ] # 对应字符 9 # 列表结束
```

```
    def EAN13(EAN_nums):  # 生成条形码的函数,前缀有两位,除了 6 还剩一个 9 也需要
进行编码
        number1 = int(EAN_nums[0]); print(EAN_nums)
        j = len(EAN_nums)
        nums = EAN_nums[1:j-1]          # 去掉 EAN 码第 1 位前缀码和最后 1 位校验码
        EANbin = "000000000"            # 左边 9 个空白
        odd = int(EAN_nums[0])          # 奇数位初值为 EAN 码第 1 位,一般为 6
        even = 0                        # 偶数位初值为 0
        for i in range(len(nums)):
            if i == 0:
                EANbin += "00101"       # 添加起始符
            if i == 6:
                EANbin += "01010"       # 添加中间分隔符
            if i % 2 == 1:
                odd += int(nums[i])     # 校验码计算 1
            else:
                even += int(nums[i])    # 校验码计算 2
            index = int(nums[i]) *3 + rule[number1][i]
            EANbin += charset[index]
        checkcode = 10 - (even *3 + odd) % 10   # 求校验码
        print(" 校验码为 :", checkcode)
        EANbin += charset[checkcode*3 + 2]
        EANbin += "10100"               # 添加结束符
        EANbin += "000000000"           # 右边 9 个空白
        print(EANbin)                   # 输出显示编码后的二进制序列

    def main():                         # 主程序
        print("EAN-13:")
        res = EAN13("6903244981002") # 调用编码函数,对 EAN-13 进行编码
        print("New ISBN:")
        res = EAN13("9787121405419") # 调用编码函数,对 ISBN 进行编码
    main()
```

上述程序运行后得到的结果如下:

EAN-13 :

6903244981002

校验码为：2

00000000000010100010110101110100001001101101000110100011010101110100100100

01100110111001011100101101100101000000000000

New ISBN：

9787121405419

校验码为：9

00000000000010101110110001001001000100110010011011001100101010101011001110010

10011101011100110011011101001010000000000000

2. EAN-13 编码的可视化实现

在上面的程序中，如果需要打印一维条形码图形，则需要调用 Python 的图形化函数库 turtle 或 matplotlib，具体代码如程序 3-3 所示。

该程序首先将 EAN-13 码转换为一个二进制序列，然后将二进制序列转化为可视化图形。在构建黑白条形码时，当二进制为 1 时，绘制一个黑色直方图，当二进制为 0 时绘制白色直方图（或不绘制任何图形）。

程序 3-3　绘制 EAN-13 条形码的程序

```
import numpy as np
import matplotlib.pyplot as plt
# 使用 matplolib 快速绘制条形码
def DrawAllBar(res):
    plt.figure(figsize=(6,2))     # 设置画布大小
    nums = res
    StartX=0
    for i in range(len(nums)):
        Flags = int(nums[i])
        if Flags==1:
            rects = plt.bar(StartX,3,width=1,facecolor='black')   # 绘制黑色直方图
        else:
            rects = plt.bar(StartX,3,width=1,facecolor='white')   # 绘制白色直方图
        StartX += 1
    # 设置 X、Y 轴的数据标签位置
    for rect in rects:
        rect_x = rect.get_x()       # 得到的是直方块左边线的值
        rect_y = rect.get_height()   # 得到直方块的高
    plt.text(rect_x+0.5/4, rect_y+0.5, str(int(rect_y)), ha='left',size = 5)
    plt.xlabel('Digital')
```

```
        plt.ylabel('Heigth')
        plt.title('EAN13:6903244981002')
        plt.show()
# 主程序
def main():
        print("EAN-13:")
        res = EAN13("9787121405419")  # 函数 EAN13 的具体代码及相关数据结构见程序 3-2
        DrawAllBar(res)                # 绘制条形码函数
main()
```

该程序的运行结果如图 3-7 所示。

图 3-7 EAN-13 编码的可视化实现

3. 基于 Python 库的 EAN-13 编码实现

显然,基于 EAN-13 编码规则实现条形码生成,程序较为复杂。实际上,为了简化编程,也可以直接引用 Python 中 pystrich 库来实现条形码的生成。具体方法如下:① 安装 pystrich 库(pip install pystrich);② 引用 pystrich 库中的 EAN13 编码器;③ 输入条形码;④ 调用 EAN13Encoder( )函数;⑤ 生成条形码图形。具体程序如程序 3-4 所示。

程序 3-4 基于 Python 库的 EAN-13 编码程序

```
from pystrich.ean13 import EAN13Encoder   # 引用条形码库中 EAN13 编码器
import os      # 引用 os 库,用于生成条形码时进行查看
code = input(" 输入条码 ean13 :")
if  len(code) < 12 or len(code) > 13:
    print(' 输入有误,EAN-13 条形码长度必须 13 位 ')
else:   # 生成条形码
```

```
if code.isdigit() == True:      #判断是否为数字
    encoder = EAN13Encoder(code)
    encoder.save("ean13.png", bar_width=4)      #保存为图片
    os.system("ean13.png")      #用系统默认的看图软件打开生成的条形码图片
else:
    print(" 输入的不是数字 , 请输入数字 !")
#程序结束
```

3.2.3　一维条形码:UPC

UPC 商品码 (universal product code),又名通用产品码,是美国统一编码协会最早研制的一种商品条形码,目前主要应用在加拿大和美国。

早在 20 世纪 40 年代后期,美国乔・伍德兰德 (Joe Woodland) 和贝尼・西尔佛 (Beny Silver) 两位工程师就开始研究用条形码表示食品项目以及相应的识别系统设备,并于 1949 年获得了美国的专利。1970 年,美国超级市场 AdHoc 委员会制定了通用商品代码——UPC 条形码 (universal production code),并于 1976 年在美国和加拿大的超级市场成功地使用了 UPC 商品条形码应用系统。

由于 EAN 码是基于 UPC 码开发的,而且有所扩展和创新,因此,所有可以识读 EAN 商品码的识读设备都能够识读 UPC 商品码。

UPC 商品码的特性表述如下。

(1) UPC 商品码编码范围仅包含 0 ~ 9 的 10 位数字,且字符编码长度最多为 12 个(前置字符默认为 0)。

(2) UPC 支持双向扫描的功能,使识读设备可以从左右两个方向开始进行扫描解码。

(3) UPC 商品码支持一个校验字符,以判断条形码内容是否被正确解出,就算仅出现一个错误字符,也会导致整个条形码内容识别错误。

(4) UPC 商品码的编码内容又分为左右两个部分,即左侧数据符及右侧数据符,使用不同的编码机制。

(5) 根据数据结构的不同,UPC 可划分为 5 个不同的子类,其中应用最为广泛的就是 UPC-A 码和 UPC-E 码,分别如图 3-8 所示。

图 3-8　UPC-A 码和 UPC-E 码

1. UPC 商品码的结构

UPC-A 商品条形码的结构如图 3-9 所示。

图 3-9　UPC-A 商品码构成示例

由图 3-9 可见,UPC-A 商品码与 EAN-13 商品码在结构组成上完全一致,是 EAN-13 码的一种特殊表现形式,其前置码永远为"0"。

UPC-A 码一共有 113 个模组,每个模组长 0.33 毫米。左右两侧为由 9 个模组组成的空白。UPC-A 码是定长码,只能表示 12 位数字。从左至右,依次是 3 个模组(101)的起始码、1 位的系统码、5 位的左侧数据码、5 个模组(01010)的中间码、5 位的右侧数据码、1 位校验码、3 个模组(101)的终止码。其中,起始码、中间码、终止码的模组长度都要长于数据码。

2. UPC 的编码法则

左侧数据码与右侧数据码的数值编码规则并不相同,左侧数据码含有奇数个模组,右侧数据码含有偶数个模组。黑色模组对应逻辑值为 1,白色则为 0。

UPC-A 左侧的 6 个编码字符均由 EAN 字符集 A 中的条形码字符表示,而右侧的 5 个编码字符均由 EAN 字符集 C 中的条形码字符表示。如表 3-3 所示。UPC-A 的校验码计算算法与 EAN-13 商品码相同,不再赘述。

表 3-3　UPC-A 编码表

数值	左侧数据码	右侧数据码
	逻辑值(EAN-A)	逻辑值(EAN-C)
0	0001101	1110010
1	0011001	1100110
2	0010011	1101100
3	0111101	1000010
4	0100011	1011100
5	0110001	1001110
6	0101111	1010000
7	0111011	1000100
8	0110111	1001000
9	0001011	1110100

由表 3-3 可以看出,左侧数据码是右侧数据码的反码。以编码表中的数字 4 为例:首先确定它是右侧数据码,然后读取出它的逻辑值:1011100。转换成条与空则是细黑(1)、细白(0)、粗黑(111)、粗白(00)。

3. UPC 的校验码计算方法

校验码为全部 12 位数据码最后一位。如果从左至右依次将数据码前 11 位命名为 N1 ~ N11,校验码命名为 C,则校验码 C 的计算方式如下。

(1) Sum = (N1 + N3 + N5 + N7 + N9 + N11) × 3 + (N2 + N4 + N6 + N8 + N10)。

(2) M = Sum % 10。

(3) C = 10 - CC(若 C 值为 10,则取 0)。

例如,以编码表中条形码 036000291452 为例,最后一位校验码 "2" 的计算方法如下:

Sum = (0 + 6 + 0 + 2 + 1 + 5) × 3 + (3 + 0 + 0 + 9 + 4) = 58;M = 58 % 10 = 8；C = 10 - 8 = 2

4. UPC-B、C、D 码

UPC-B、C、D 码与 UPC-A 码基本相同。其中,B 码主要用于医药卫生;C 码用于产业部门,第二位为系统码,倒数第二位为校验码;D 码用于仓库批发,倒数第三位为校验码。

5. UPC-E 码

UPC-E 码和 UPC-A 码都属于通用商品条形码,UPC-A 码是标准码,而 UPC-E 码是缩短码。UPC-A 码和 UPC-E 码都是定长码,UPC-A 码只能表示 12 位数字,UPC-E 码只能表示 8 位数字。

那么,UPC-A 码和 UPC-E 码的编码规则有什么区别呢?

在特定条件下,12 位的 UPC-A 条形码可以被表示为一种缩短形式的条形码符号即 UPC-E 条形码。UPC-E 码不同于 EAN-13 码和 UPC-A 商品条形码,也不同于 EAN-8 码,它不含中间分隔符,由左侧空白区、起始符、数据符、终止符、右侧空白区及供人识别字符组成。UPC-E 码的字符集为 0 ~ 9,共 8 位数据组成,数据必须以 0 或 1 开头,中间 6 位属于数据字符,最后一位是根据前几位数据计算出来的校验位,图 3-10 为 UPC-E 商品条形码结构图。

图 3-10　UPC-E 商品条形码结构图

UPC-E 码的左侧空白区、起始符的模块数同 UPC-A 码;终止符为 6 个模块;右侧空白区最小宽度为 7 个模块。UPC-E 码有 8 位供人识别字符,但系统字符和校验符没有条形码符号表示,故 UPC-E 码仅直接表示 6 个数据字符(从左到右依次为 D6 至 D1)。

UPC-E 码的 6 个数据字符均要么用 EAN 字符集 A 的条形码字符表示,要么用 EAN 字符集 B 中的条形码字符表示。每个数据字符的排列方式由 UPC-E 码的校验位决定。

表 3-4 给出了 UPC-E 码的 6 位数据字符的字符集选择方式。

表 3-4　UPC-E 码的 6 位数据字符的字符集选择方式

校验码	数据字符 D6	数据字符 D5	数据字符 D4	数据字符 D3	数据字符 D2	数据字符 D1
0	B	B	B	A	A	A
1	B	B	A	B	A	A
2	B	B	A	A	B	A
3	B	B	A	A	A	B
4	B	A	B	B	A	A
5	B	A	B	A	B	A
6	B	A	A	A	B	B
7	B	A	B	A	B	A
8	B	A	B	A	A	B
9	B	A	A	B	A	B

例如,求 UPC-E 码 1-234567-7 的二进制编码。

解:因为校验码为 7,所以上述 UPC-E 码的 6 位数据依次选择 EAN 的字符集 B、A、B、A、B、A。根据数据字符 0～9 对应的 EAN 字符集编码表(见表 3-5),可以得到 UPC-E 码 1-234567-7 的二进制编码为 0011011(2B)0111101(3A)0011101(4B)011001(5A)0000101(6B) 0111011(7A)。其中()内为注释,去掉()及其注释内容,即可得 UPC-E 码 1-234567-7 的二进制编码 0011011 0111101 0011101 011001 0000101 0111011。

表 3-5　数据字符 0～9 对应的 EAN 字符集编码表

数据字符	字符集 A 的二级制编码	字符集 B 的二进制编码
0	0001101	0100111
1	0011001	0110011
2	0010011	0011011
3	0111101	0100001
4	0100011	0011101
5	0110001	0111001
6	0101111	0000101
7	0111011	0010001
8	0110111	0001001
9	0001011	0010111

在用条形码软件制作 UPC-E 商品条形码时,如果输入的数据中没有特定的校验码(即

只输入 7 位数据),则软件自动计算校验位。所以在批量生成 UPC-E 商品条形码时通过数据库导入 7 位 UPC-E 码数据即可。

6. UPC-A 码与 UPC-E 码转换

UPC-A 码与 UPC-E 码之间数字的对应规则与最后一位校验码有关。数字与模组之间的对应关系也与最后一位校验码有关。A 表示 EAN 的字符集 A,B 表示 EAN 的字符集 B,如表 3-6 所示。

表 3-6　UPC-A 码与 UPC-E 码的转换规则

校验码	UPC-E	UPC-A	编码规则					
0	XXNNN0	0XX000-00NNN+ 校验码	B	B	B	A	A	A
1	XXNNN1	0XX100-00NNN+ 校验码	B	B	A	B	A	A
2	XXNNN2	0XX200-00NNN+ 校验码	B	B	A	A	B	A
3	XXXNN3	0XXX00-000NN+ 校验码	B	B	A	A	A	B
4	XXXXN4	0XXXX0-0000N+ 校验码	B	A	B	B	A	A
5	XXXXX5	0XXXXX-00005+ 校验码	B	A	A	B	B	A
6	XXXXX6	0XXXXX-00006+ 校验码	B	A	A	A	B	B
7	XXXXX7	0XXXXX-00007+ 校验码	B	A	B	A	B	A
8	XXXXX8	0XXXXX-00008+ 校验码	B	A	B	A	A	B
9	XXXXX9	0XXXXX-00009+ 校验码	B	A	A	B	A	B

例如,假设 UPC-E 条形码为 "0ABCDEFX",其中 0 为指示符,不参加编码,X 为校验码,ABCDEF 为 6 位数据字符(注意:这里的 A、B 和表 3-6 中的 A、B 没有关系),取值范围为 "0 ~ 9"。当 F 取 0 ~ 9 的不同值时,UPC-A 码、UPC-E 码和 EAN-13 码的转换规则如表 3-7 所示。

表 3-7　UPC-A 码、UPC-E 码和 EAN-13 码的转换规则

UPC-E(8 位数)	UPC-A(12 位数)	EAN-13(13 位数)
0 A B C D E 0 X	0 AB 000　00 CDE X	0　0 AB000　00CDE X
0 A B C D E 1 X	0 AB 100　00 CDE X	0　0 AB100　00CDE X
0 A B C D E 2 X	0 AB 200　00 CDE X	0　0 AB200　00CDE X
0 A B C D E 3 X	0 ABC 00　000 DE X	0　0 ABC00　000DE X
0 A B C D E 4 X	0 ABCD 0　0000 E X	0　0 ABCD0　0000E X
0 A B C D E 5 X	0 ABCDE　0000 5 X	0　0 ABCDE　00005 X
0 A B C D E 6 X	0 ABCDE　0000 6 X	0　0 ABCDE　00006 X
0 A B C D E 7 X	0 ABCDE　0000 7 X	0　0 ABCDE　00007 X
0 A B C D E 8 X	0 ABCDE　0000 8 X	0　0 ABCDE　00008 X
0 A B C D E 9 X	0 ABCDE　0000 9 X	0　0 ABCDE　00009 X

如果已知 UPC-E 条形码为"0 123456 X",则根据表 3-7 所示的转换规则,可以得到其对应的 UPC-A 码为 0 1234500006 X,EAN-13 码为 0 01234500006 X。这里,校验码的计算方法同 EAN-13 码。

7. UPC-E 校验码计算

计算 UPC-E 校验码时,首先要将其转换为对应的 UPC-A 码,然后按照 UPC-A 码一样的模式计算出校验码即可。

3.2.4 一维条形码:ISBN 与 ISSN

1. ISBN 码

国际标准书号 ISBN(international standard book number),是应图书出版、管理的需要,并便于国际上出版物的交流与统计所发展出的一套国际统一的编号制度。它由一组冠有"ISBN"代号(978)的 10 位数码所组成,用以识别出版物所属国别、地区或语言、出版机构、书名、版本及装订方式。这组号码也可以说是图书的代表号码。世界各地的出版机构、书商及图书馆都可以利用国际标准书号迅速而有效地识别某一本书及其版本、装订形式。图 3-11 给出了一个 ISBN 码。

图 3-11 ISBN 码

在 ISBN 中,除 978 作为 ISBN 前缀外,后续第一段号码是地区号,又叫组号(group identifier),最短的为一位数字,最长的达 5 位数字,大体上兼顾文种、国别和地区。把全世界自愿申请参加国际标准书号体系的国家和地区划分成若干地区,各有固定的编码。0、1 代表英语,使用这两个代码的国家有澳大利亚、加拿大、爱尔兰、新西兰、波多黎各、南非、英国、美国、津巴布韦等;2 代表法语,法国、卢森堡以及比利时、加拿大和瑞士的法语区使用该代码;3 代表德语,德国、奥地利和瑞士的德语区使用该代码;4 是日本出版物的代码;5 是俄罗斯出版物的代码;7 是中国出版物使用的代码。

第二段号码是出版社代码(publisher identifier),由其隶属的国家或地区 ISBN 中心分配,允许取值范围为 2～5 位数字。出版社的规模越大,出书越多,其号码就越短。中国目前出版社代码是 3 位。

第三段是书序号(title identifier),由出版社自己给出,而且每个出版社的书序号是定长的。最短的 1 位,最长的 6 位。出版社的规模越大,出书越多,序号越长。中国目前每个出版社的书号长度为 5 位。

第 10 位是 ISBN 的校验码(check digit)。固定为一位,起止号为 0～10,10 由 X 代替。

ISBN 校验码的计算方法如下。

首位数字乘以 1 加上次位数字乘以 2……以此类推,用所得的结果 mod 11,所得的余数即为校验码。如果余数为 10,则识别码为大写字母 X。

例如,ISBN 号码 0-670-82162-4 中的识别码 4 是这样得到的:对 067082162 这 9 个

数字,从左至右,分别乘以 1,2,…,9,再求和,即 $0 \times 1 + 6 \times 2 + \cdots + 2 \times 9 = 158$,然后取 158 mod 11 的结果 4 作为校验码。

2. ISSN 码

ISSN 号即标准国际刊号,是标准国际连续出版物号(international standard serial number)的简称,是为各种内容类型和载体类型的连续出版物(例如,报纸、期刊、年鉴等)所分配的具有唯一识别性的代码。分配 ISSN 的权威机构是 ISSN 国际中心(ISSN international centre)。图 3-12 给出了一个 ISSN 码。

图 3-12　ISSN 码

按国际标准 ISO 3297 规定,一个国际标准刊号由以 "ISSN" 为前缀的 8 位数字(两段 4 位数字,中间以一连字符 "-" 相接)组成。

例如,ISSN 1234-5679,其中前 7 位为单纯的数字序号,无任何特殊含义,最后一位为校验位,其数值根据前 7 位数字依次以 8～2 加权后求和、再以 11 为模数计算(注:一般用 % 表示模运算)得到余数。若余数为 0,则校验码为 0 ;否则校验码为 11 减余数,余数如果为 10,则用 "X" 表示。

实例 1 :《计算机技术与发展》的国际标准期刊号 ISSN 1673-629X。

(1) 求加权和:$Sum = 1 \times 8 + 6 \times 7 + 7 \times 6 + 3 \times 5 + 6 \times 4 + 2 \times 3 + 9 \times 2 = 155$。

(2) 加权和模 11 运算得余数:$M = Sum \% 11 = 155 \% 11 = 1$。

(3) 因为余数 M 不等于 0,则校验码为 $11 - 1 = 10$,用 "X" 表示。

实例 2 :《计算机学报》的国际标准期刊号 ISSN 0254-4164。

(1) 求加权和:$Sum = 0 \times 8 + 2 \times 7 + 5 \times 6 + 4 \times 5 + 4 \times 4 + 1 \times 3 + 6 \times 2 = 95$。

(2) 加权和模 11 运算得余数:$M = Sum \% 11 = 95 \% 11 = 7$。

(3) 因为余数 M 不等于 0,则校验码为 $11 - 7 = 4$。

3. ISSN 与 EAN-13 码的转换

EAN 码是国际物品编码协会制定的一种商品用条形码,通用于全世界。EAN 码符号有标准版(EAN-13)和缩短版(EAN-8)两种。为了方便通用激光扫描仪对 ISSN 的识读,一般需要将 ISSN 码转换成 EAN-13 码。

按照 EAN 规则生成的 ISSN 以下简称为 EAN-ISSN。

EAN-ISSN 在 ISSN 前加 977 前缀作为期刊识别码,后跟 7 位 ISSN,再跟 2 位附加码和 1 位校验码。

两位附加码可以采用固定数值(如 20)方式,也可以采用非固定数值方式。

非固定数值的产生规则一般如下。

(1) 日刊(或一周内出版若干期):一周内每日出版的出版物,应被认作一个单独的物品,并且必须在 EAN-13 码中给予不同的识别号。在典型的 EAN 方式中,一周内每一个不同的期号都要求有一个单独的编号。附加码仅被用于代表每周的顺序,并按期刊的编号编制。

(2) 周刊:以 01～53 编号(以每年的周号编号)。

(3) 双周刊(半月刊):以 02,04,06,…,52 或 01,03,05,…,53 编号。

(4) 月刊：以 01 ~ 12 编号（以每年的月份数编号）。

(5) 特别月刊：在一年中的任何时候，如有增刊出版，应在通常的月份数字值上加 20，如夏季特刊，封面日期是 6 月，编号就应该是 26，12 月特刊的编号应为 32。如一个月中有一个以上的特刊要出版，那么第二期特刊应该在月份的数字上加 40，第三期加 60，以此类推。

(6) 双月刊：单月出版附加码为 01,03,…,11，双月为 02,04,…,12。

(7) 季刊：编号数字要根据第一个销售月份的数字再加 01，如 1、4、7、10 月出版，附加码为 02,05,08,11。

EAN-ISSN 校验码的计算方法同 EAN-13 码，即用 1 分别乘 EAN-ISSN 的前 12 位中的奇数位（从左边开始数起），用 3 乘以偶数位，乘积之和以 10 为模，10 与模值的差值再对 10 取模（即取个位的数字）即可得到校验位的值，其值范围应该为 0 ~ 9。

例如，《计算机应用》期刊的 ISBN 码为 1001-9081，2020 年 11 期的 EAN-ISSN 码为 9771001908206，其中的校验位 6 的计算方法如下。

(1) 顺序奇数位（即逆序偶数位）求和：N1 = 9 + 7 + 0 + 1 + 0 + 2 = 19

(2) 顺序偶数位（即逆序奇数位）求和：N2 = 3 × (7 + 1 + 0 + 9 + 8 + 0) = 75

(3) 和的模 10 运算：M = (N1 + N2)%10 = 94%10 = 4

(4) 获得校验值：(10 − 4)%10 = 6

4. EAN-13 码转换为 ISSN 码

提取 EAN 条形码的第 4 位取到第 10 位，然后组配成 ISSN 的前 7 位，并按照 ISSN 的校验位计算方法算出校验码，作为 ISSN 的第 8 位，从而得到一个完整的 8 位 ISSN 码。

3.2.5 一维条形码：39 码

一维条形码 39 码诞生于 1975 年，由美国易腾迈公司首先开发出来并进行使用，编码范围覆盖 26 个英文字母、10 个数字和 8 个其他字符，同时还自带校验功能，可以极大地降低误码率。目前国际上 39 码在多种行业都有很广泛的应用，例如，物品管理、烟草行业、医疗行业和物流仓储等。ISO 组织发布的 39 码标准为 ISO/IEC 16388。

1. 39 码的结构

39 码是一种"条"和"空"均表示信息的一维条形码，且自带校验功能，并可以自由调整条形码长度，支持识读设备进行双向扫描解码。每一个编码数据都是由 9 个单元构成，其中 3 个是宽单元，其余 6 个是窄单元，所以称之为"39 码"（Code 39）。

39 码的符号结构主要由以下几部分构成。

(1) 起始静区（quiet zone）。

(2) 起始符（start character）。

(3) 数据字符（data character）。

(4) 可选择的校验字符（symbol check character）。

(5) 终止符（stop character）。

(6) 终止静区（quiet zone）。

（7）字符间隙（intercharacter gap），用以分离相邻的编码字符。

39 码的编码字符总共 44 个，具体如下。

（1）字母 A～Z。

（2）数字 0～9。

（3）特殊字符：空格、/、·、+、−、%、$。

（4）起始符和终止符:*，不输出解码结果。

每个编码字符中，窄单元与宽单元的宽度比例一般为 1∶2～1∶3。其中窄单元代表二进制"0"，宽单元代表二进制"1"。每个编码数据的条空组合表示为"BSBSBSBSB"，其中"B"表示"条"，"S"表示"空"。按照条空的宽窄组合，表示 44 组编码，分别代表字符集内的 44 个 ASCII 字符。

如图 3-13 所示，给出了表示 39 码的字母"A"数字"0"的编码样本。其中，按照条空的宽窄组合，可以读出 A 的编码信息为"100001001"，根据映射表，可以得出编码字符为大写字母"A"。

图 3-13　字母 A 和数字 0 的 39 码编码

2. 39 码的校验算法

为了加强 39 码的编码数据在实际应用中的准确性，编码时可以在数据终止符之前填充一个校验字符。校验算法采用模 43 方法，具体描述如下。

（1）每个编码字符都对应唯一的数值，映射关系见表 3-1。

表 3-8　39 码字符与数值的对应关系

符号	数值	符号	数值	符号	数值	符号	数值	符号	数值
0	0	A	10	K	20	U	30	/	40
1	1	B	11	L	21	V	31	+	41
2	2	C	12	M	22	W	32	%	42
3	3	D	13	N	23	X	33		
4	4	E	14	O	24	Y	34		
5	5	F	15	P	25	Z	35		
6	6	G	16	Q	26	−	36		
7	7	H	17	R	27	.	37		
8	8	I	18	S	28	空格	38		
9	9	J	19	T	29	$	39		

（2）将所有编码符号按照对应数值求和，并将和值除以 43，保留余数。

（3）所得余数在表 3-8 的对应字符就是校验字符。

3. 39 码的尺寸规则

39 码的编码符号采用如下尺寸规则。

（1）窄单元宽度（X）：该尺寸应与实际应用中的具体需求规格一致，常用宽度有 0.2 mm、0.4 mm、0.5 mm 等。

（2）宽窄比（N）：该比值要求在 2～3 之间。

（3）字符间隙宽度（I）：也就是两个编码符号间的窄单元宽度，最小值等于 X，最大值的选取按照以下原则确定：若 X < 0.287 mm，最大值取 5.3X；若 X ≥ 0.287 mm，最大值取 1.52 mm 和 3X 中的大者。

（4）静区宽度（Q）：最小为 10X。

（5）推荐最小高度：5.0 mm。

综合以上，39 码的符号宽度 W（mm）可以通过下式计算得出：

$$W = (C + 2) \times (3N + 6) \times X + (C + 1) \times I + 2Q \tag{3-1}$$

3.3 一维条形码的识读

由于一维条形码是应用最早的条形码技术，因此早期的条形码扫描设备都是一维条形码扫描器，如条形码笔、红光式条形码扫描器和激光式条形码扫描器。

（1）条形码笔是出现最早、最简单的识读设备，成本很低，需要贴近条形码标签进行手工扫描，识别率不高。目前已经基本被淘汰。

（2）红光式条形码扫描器的识读原理是基于 CMOS 光电传感器对条形码信息进行采集，并转化为电信号进行译码。红光式条形码器工作时仍需贴近条形码标签，识别景深太浅，而且精度不高。目前主要应用于图书管理和超市储物柜管理等领域。

（3）激光式条形码扫描器的基本原理是激光二极管发射出一束激光，照射在转动或者摆动的光栅器件上，形成一条或多条扫描线，然后由光电传感器接收反射光，经过信号滤波和放大之后，得到条形码信号波形，最终译码输出。其识别速度很快，抗干扰能力强，不仅可以识读一维条形码，而且可以识读堆叠码，是目前应用最为广泛的识读设备，在商品零售和快递物流等领域最为常见。

一维条形码识读系统包括以下几个部分：激光扫描部件、模拟信号整形部件、编码解码部件和解码结果输出部件，如图 3-14 所示。

1. 激光扫描部件

激光扫描部件包括光学系统和探测器两部分，其中光学系统用来产生一束摆动的激光，使其照射在一维条形码上，并收集一维条形码的反射光至探测器，探测器是一个光电转换器（如光电二极管），能将反射光转变为电信号。

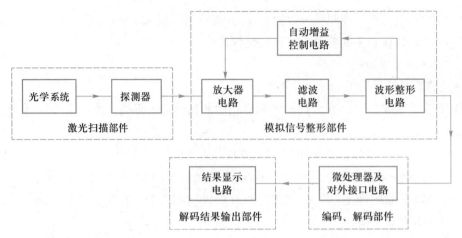

图 3-14　条形码采集系统的组成

2. 模拟信号整形部件

由于激光扫描部件生成的电信号很弱,容易受到外界干扰,所以必须使用放大器电路进行信号放大,并通过滤波电路、波形整形电路分别进行平滑处理和波形整形。放大器电路可以起到很好的隔离缓冲作用,自动增益控制电路的作用是采集即将输入到微处理器的方波信号,并通过多级电容滤波电路,最后输出一个能反映电压信号强弱的电压信号给放大电路部分,并通过此电压来调节放大倍数。

3. 编码解码部件

编码解码部件主要由微处理器及对外接口电路组成。经过整形后的方波信号通过接口电路中的模数转换器输入到微处理器中,微处理器通过设置模数转换器的采样频率,将能反映方波信号的一系列的点采集出来,并存放在微处理器的寄存器中,然后通过相应的算法,识别出方波信号反映的一维条形码的“条”“空”信息,并记录其宽窄和排列顺序。微处理器根据这些信息,确定一维条形码的码制、起始符、数据字符和终止符。再结合码制和数据字符,将条形码包含的信息解译出来,最后把识读结果放在微处理器的寄存器中。

4. 解码结果输出部件

解码结果输出部件的作用是将编码解码部件的条形码结果输出到专门的显示器、计算机或手机终端机上进行显示,同时也具备将一维条形码信息发送到其他设备进行显示的接口能力。

3.4　二维条形码

目前,一维条形码技术在商业、交通运输、医疗卫生、快递仓储等行业得到了广泛应用。但是,一维条形码存在非常多的缺陷。首先,其表征的信息量有限,每英寸只能存储十几个字符信息。其二,一维条形码只能表达字母和数字,而不能表达汉字和图像。其三,一维条形码不具备纠错功能,比较容易受外界污染的干扰。二维条形码的诞生解决了一维条形码不能解决的问题。

3.4.1 二维条形码的特点

国外对二维条形码技术的研究始于 20 世纪 80 年代末。我国对二维条形码技术的研究开始于 1993 年。中国物品编码中心对几种常用的二维条形码的技术规范进行了跟踪研究,制定了两个二维条形码的国家行业标准:二维条形码网格矩阵码(SJ/T 11349—2006)和二维条形码紧密矩阵码(SJ/T 11350—2006),并将两项二维条形码行业标准的修订版统一为 GB/T 23704—2017,从而大大促进了我国具有自主知识产权技术的二维条形码的研发。

二维条形码是用某种特定的几何图形按一定规律在相应元素位置上用"点"表示二进制"1",用"空"表示二进制"0",由"点"和"空"的排列组成的代码。二维条形码是一种比一维条形码更高级的条形码格式。一维条形码只能在一个方向(一般是水平方向)上表达信息,而二维条形码在水平和垂直方向都可以存储信息。一维条形码只能由数字和字母组成,而二维条形码能存储汉字、数字和图片等信息,因此二维条形码的应用领域要广得多。二维条形码的优越性具体体现在以下几个方面。

(1) 信息容量大:根据不同的条空比例每平方英寸可以容纳 250 到 1 100 个字符。在国际标准的证卡有效面积上(相当于信用卡面积的 2/3,约为 76 mm × 25 mm),二维条形码可以容纳 1 848 个字母字符或 2 729 个数字字符,约 500 个汉字信息。这种二维条形码比普通条形码信息容量高几十倍。

(2) 编码范围广:二维条形码可以将照片、指纹、掌纹、签字、声音、文字等凡可数字化的信息进行编码。

(3) 保密、防伪性能好:二维条形码具有多重防伪特性,它可以采用密码防伪、软件加密及利用所包含的信息如指纹、照片等进行防伪,因此具有极强的保密防伪性能。

(4) 译码可靠性高:普通条形码的译码错误率约为百万分之二,而二维条形码的误码率不超过千万分之一,译码可靠性极高。

(5) 修正错误能力强:二维条形码采用了世界上最先进的数学纠错理论,如果破损面积不超过 50%,条形码由于沾污、破损等所丢失的信息,可以照常破译出来。

(6) 容易制作且成本很低:利用现有的点阵、激光、喷墨、热敏 / 热转印、制卡机等打印技术,即可在纸张、卡片、PVC 甚至金属表面上印出二维条形码。由此所增加的费用仅是油墨的成本,因此人们又称二维条形码是"零成本"技术。

(7) 条形码符号的形状可变:同样的信息量,二维条形码的形状可以根据载体面积及美工设计等进行自我调整。

表 3-9 给出了一维条形码和二维条形码的特点对比。

表 3-9　一维条形码与二维条形码的对比

特点	一维条形码	二维条形码
信息密度与信息容量	信息密度低、信息容量较小	信息密度高、信息容量大
错误校验及纠错能力	可通过校验字符进行错误校验,没有纠错能力	具有错误校验和纠错能力,可根据需求设置不同的纠错级别
垂直方向是否携带信息	不携带信息	携带信息
用途	对物品的标识	对物品的描述
对数据库和通信网络的依赖	多数应用场合依赖数据库及通信网络	可不依赖数据库及通信网络而单独应用
识读设备	可用线扫描器识读,如光笔、线阵 CCD、激光枪等	对于行排式二维条形码可用线扫描器的多次扫描识读;对于矩阵式二维条形码仅能用图像扫描器识读

3.4.2　二维条形码的分类

1. 按原理分类

二维条形码可以分为堆叠式 / 行排式二维条形码和矩阵式二维条形码。堆叠式 / 行排式二维条形码形态上是由多行短截的一维条形码堆叠而成;矩阵式二维条形码以矩阵的形式组成,在矩阵相应元素位置上用"点"表示二进制"1",用"空"表示二进制"0","点"和"空"的排列组成代码。

(1) 堆叠式 / 行排式二维条形码

又称堆积式二维条形码或层排式二维条形码,其编码原理是建立在一维条形码基础之上,按需要堆积成两行或多行。它在编码设计、校验原理、识读方式等方面继承了一维条形码的一些特点,识读设备与条形码印刷与一维条形码技术兼容。但由于行数的增加,需要对行进行判定,其译码算法与软件也不完全相同于一维条形码。

有代表性的行排式二维条形码有 Code 16K、Code 49、PDF417、MicroPDF417 等。图 3-15 给出了一个 Code 49 二维条形码示例。

图 3-15　Code 49

(2) 矩阵式二维条形码

又称棋盘式二维条形码。它是在一个矩形空间通过黑、白像素在矩阵中的不同分布进行编码。在矩阵相应元素位置上,用点(方点、圆点或其他形状)的出现表示二进制"1",点的不出现表示二进制的"0",点的排列组合确定了矩阵式二维条形码所代表的意义。矩阵式二维条形码是建立在计算机图像处理技术、组合编码原理等基础上的一种新型图形符号自动识读处理码制。

具有代表性的矩阵式二维条形码有 Code One、MaxiCode、QR Code、Data Matrix、Han Xin Code、Grid Matrix 等。图 3-16 给出了一个 QR 二维条形码示例。

2. 按业务分类

二维条形码应用根据业务形态不同可分为被读类和主读类两大类。

(1) 被读类业务

平台将二维条形码通过彩信发到用户手机上,用户持手机到现场,通过二维条形码机具扫描手机进行内容识别。应用方将业务信息加密、编制成二维条形码图像后,通过短信或彩信的方式将二维条

图 3-16　QR Code

形码发送至用户的移动终端上,用户使用时通过设在服务网点的专用识读设备对移动终端上的二维条形码图像进行识读认证,作为交易或身份识别的凭证来支撑各种应用。

(2) 主读类业务

用户在手机上安装二维条形码客户端,使用手机拍摄并识别媒体、报纸等上面印刷的二维条形码图片,获取二维条形码所存储内容并触发相关应用。用户利用手机拍摄包含特定信息的二维条形码图像,通过手机客户端软件进行解码后触发手机上网、名片识读、拨打电话等多种关联操作,以此为用户提供各类信息服务。

3.4.3　二维条形码的构成

二维条形码是在一维条形码的基础上扩展出另一维具有可读性的条形码,使用黑白矩形图案表示二进制数据,被设备扫描后可获取其中所包含的信息。一维条形码的宽度记载着数据,而其长度没有记载数据。二维条形码的长度、宽度均记载着数据。二维条形码有一维条形码没有的"定位点"和"容错机制"。容错机制在即使没有辨识到全部的条形码,或条形码有污损时,也可以正确地还原条形码上的信息。二维条形码的种类很多,不同的机构开发出的二维条形码具有不同的结构以及编写、读取方法。

每一种二维条形码都有其编码规则。按照这些编码规则,通过编程即可实现条形码生成器。目前,人们所看到的二维条形码绝大多数是 QR 码(QR Code),QR 是 quick response 的缩写。QR 码一共有 40 个尺寸,包括 21×21 点阵、25×25 点阵,最高是 177×177 点阵。

一个标准的 QR 二维条形码的结构如图 3-17 所示。

图中各个位置模块具有不同的功能,各部分的功能介绍如下。

(1) 位置探测图形(position detection pattern):用于标记二维条形码的矩形大小,个数为 3,因为 3 个即可标识一个矩形,同时可以用于确认二维条形码的方向。

(2) 位置探测图形分隔符(separators for position detection patterns):留白是为了更好地识别图形。

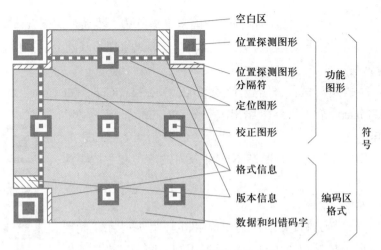

图 3-17　QR 二维条形码的结构图

（3）定位图形（timing patterns）：二维条形码有 40 种尺寸，尺寸过大的需要有根标准线，以免扫描的时候扫歪了。

（4）校正图形（alignment patterns）：只有 25×25 点阵及以上的二维条形码才需要。点阵规格确定后，校正图形的数量和位置也就确定了。

（5）格式信息（format information）：用于存放一些格式化数据，表示二维条形码的纠错级别，分为 L、M、Q、H 4 个级别。

（6）版本信息（version information）：即二维条形码的规格信息。QR 码符号共有 40 种规格的矩阵。

（7）数据码和纠错码：存放实际保存的二维条形码信息（数据码）和纠错信息（纠错码），其中纠错码用于修正二维条形码损坏带来的错误。

3.4.4　二维条形码生成

既然已经知道了二维条形码的组成，接下来就来学习如何生成二维条形码。

数据编码就是将数据字符转换为位流，每 8 位一个码字，整体构成一个数据的码字序列。目前二维条形码支持的数据集有以下几种。

（1）ECI（extended channel interpretation mode）：用于特殊的字符集。

（2）数字（numeric mode）：数字编码，从 0 到 9。

（3）字母数字（alphanumeric mode）：字符编码。包括 0～9，大写的 A 到 Z（没有小写）以及符号 $、%、*、+、-、.、/、:，包括空格。

（4）8 位字节（Byte mode）：可以是 0～255 的 ISO-8859-1 字符。有些二维条形码的扫描器可以自动检测是否是 UTF-8 的编码。

（5）汉字：包括日文假名编码和中文双字节编码。

（6）结构链接（structured append mode）：用于混合编码，也就是说，这个二维条形码中包含了多种编码格式。

(7) FNC1(FNC1 mode)：主要是给一些特殊的工业或行业用的，如 GS1 条形码。

QR 码具有较强的容错能力，缺一部分或者被遮盖一部分也能被正确扫描，这要归功于 QR 码在发明时的"容错度"设计，生成器会将部分信息重复表示（也就是冗余）来提高其容错度。QR 码在生成时可以选择 4 种程度的容错度，分别是 L、M、Q、H，对应 7%、15%、25%、30% 的容错度。也就是说，如果生成二维条形码时选择 H 级容错度，即使 30% 的图案被遮挡，也可以被正确扫描。这也就是为什么现在许多二维条形码中央都可以加上个性化信息（如学校 LOGO）而不影响正确扫描的原因。

二维条形码的纠错码主要是通过里德 – 所罗门纠错算法来实现的。大致的流程为对数据码进行分组，然后根据纠错等级和分块的码字，产生纠错码字。

QR 码的编码过程主要包括以下几个步骤。

(1) 数据分析：在这个阶段需要明确进行编码的字符类型，按照规定将数据转换成符号字符，定义编码的纠错级别，若纠错级别定义越高则写入数据量就越小。

(2) 数据编码：将符号的字符位流，每 8 位表示一个字，得到一个码字序列。这个码字序列就完整地表示了二维条形码中写入数据的内容。

(3) 纠错编码：将码字序列进行分块处理，根据定义的纠错级别和分块之后的码字序列计算纠错码字，将其添加到数据码字序列的尾部形成新的数据序列。

(4) 构造矩阵：将得到的分隔符、定位图形、校正图形和新的数据序列放进矩阵图形之中。

(5) 掩模：将掩模图形平均分配到符号编码区域，使得二维条形码图形中的黑色和白色能够以最优的比例分布。

(6) 格式和版本信息：将编码过程中的编码格式和生成的版本等信息填入矩阵图形的规定区域中。

下面用一个案例介绍二维条形码的编码过程，以对 8 位数据"01234567"编码为例。

(1) 进行数字分组，每 3 位一组，即"012 345 67"。

(2) 将"012 345 67"中按 3 位一组依次转换成 10 位二进制数，例如，012 转换为 0000001100；345 转换成 0101011001；67 转换成 1000011。

(3) 将字符个数"8"转换成二进制数，即 0000001000。

(4) 在二进制序列前加入模式指示符 0001，得 0001 0000001000 0000001100 0101011001 1000011。模式指示符的选择如表 3-10 所示。其中数字为 0001。

表 3-10　模式指示符对照表

模式	指示符
ECI	0111
数字	0001
字母数字	0010
8 位字节	0100

续表

模式	指示符
日本汉字	1000
中国汉字	1101
结构链接	0011
FNC1	0101（第1位置）、1001（第2位置）
终止符（信息结尾）	0000

(5) 纠错编码。按需要将上面的码字序列分块,并根据纠错等级和分块的码字,产生纠错码字,并把纠错码字加入到数据码字序列后面,成为一个新的序列。

在二维条形码规格和纠错等级确定的情况下,其实它所能容纳的码字总数和纠错码字数也就确定了,比如,版本10,纠错等级是H时,总共能容纳346个码字,其中224个纠错码字。也就是说二维条形码区域中大约1/3的码字是冗余的。对于这224个纠错码字,它能够纠正112个替代错误(如黑白颠倒)或者224个读数据错误(无法读到或者无法译码),这样纠错容量为112/346 = 32.4%。

(6) 构造最终数据信息。按规定把数据分块,然后对每一块进行计算,得出相应的纠错码字区块,把纠错码字区块按顺序构成一个序列,添加到原先的数据码字序列后面。如D1,D12,D23,D35,D2,D13,D24,D36,…,D11,D22,D33,D45,D34,D46,E1,E23,E45,E67,E2,E24,E46,E68,…。具体如表3-11所示。

表3-11　最终数据信息构造表

	数据码字					纠错码字			
块1	D1	D2	…	D11		E1	E2	…	E22
块2	D12	D13	…	D22		E23	E24	…	E44
块3	D23	D24	…	D33	D34	E45	E46	…	E66
块4	D35	D36	…	D45	D46	E67	E68	…	E88

(7) 构造矩阵。将探测图形、分隔符、定位图形、校正图形和码字模块按照给定的符号字符的布置放入矩阵中,如图3-18所示。

(8) 掩模。将掩模图形用于符号的编码区域,使得二维条形码图形中的深色和浅色(黑色和白色)区域能够比率最优地分布。

(9) 格式和版本信息。将生成格式和版本信息放入相应区域内。

在QR码中,对于字母、中文、日文等只是分组的方式、模式等内容有所区别,其编码方法基本一致。二维条形码虽然比起一维条形码具有更强大的信息记载能力,但也是有容量限制的。

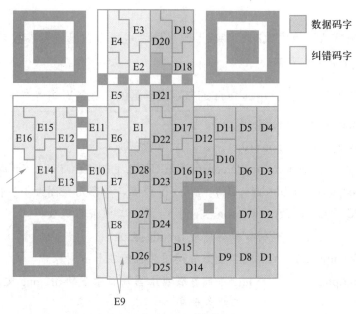

图 3-18　构造 QR 二维条形码矩阵

3.4.5　基于 Python 的二维条形码生成实践

二维条形码的生成可以基于上面的"二维条形码的数据编码"规则来实现。但该方法工作量大,对于普通用户没有必要从零开始编程实现二维条形码。实际上,Python 语言提供了强大的二维条形码函数库,用户可以通过引用其中的库函数,完成二维条形码的实现。

1. 基于 qrcode 库的二维条形码生成

qrcode 库不是 Python 解释器自带的函数库,需要使用 pip 工具进行安装。具体方法为,使用 cmd 命令进入命令行状态,找到 pip.exe 所在目录,在该目录下输入:pip install qrcode,按 Enter 键后系统会进行自动安装。安装完成后就可以使用 qrcode 库了。下面给出的是基于 qrcode 库的二维条形码生成程序,如程序 3-5 所示。

程序 3-5　基于 qrcode 库的二维条形码生成程序

```
方法:利用 qrcode 库生成 QR 二维条形码
import qrcode          # 导入 qrcode 库
img = qrcode.make('http://www.icourses.cn')  # 生成二维条形码图片并存储在 img 中
img.save('qr1.png')   # 将 img 存储在硬盘上当前目录下的 qr1.png 文件中
img.show()            # 显示二维条形码
```

程序运行结束后,找到 qr1.png 文件,打开后即可看见所生成的二维条形码。当然,也可以在程序最后利用"img.show()"语句来显示生成的二维条形码。读者使用手机微信或支付宝扫描后上面生成的二维条形码后,将会自动识别出 http://www.icourses.cn,并转入到爱课程网站。

　　上面是使用默认参数生成的二维条形码。读者也可以自己设置参数来生成二维条形码,具体程序如程序 3-6 所示。

程序 3-6　基于 qrcode 库的自定义参数的二维条形码生成程序

```
import qrcode  # 导入 qrcode 库
qr =qrcode.QRCode(version=10,                #设置版本号
            error_correction=qrcode.constants.ERROR_CORRECT_L,    #设置容错级别
            box_size=20, border = 10 )           #设置二维条形码图大小、图的边界
img = qr.add_data('http://www.icourses.cn')   #添加二维条形码数据
qr.make()              #将数据编译成 qrcode 数组
img=qr.make_image()    #生成二维条形码图片存储在 img 对象中
img.save('qr2.png')    # 将 img 存储在硬盘上当前目录下的 qr2.png 文件中
img.show()             # 显示二维条形码
```

2. 基于 pystrich 库的二维条形码生成

　　除了可以使用 qrcode 库生成 QR 码之外,读者还可以利用 pystrich 库来生成 QR 二维条形码,具体程序如程序 3-7 所示。

程序 3-7　基于 pystrich 库的二维条形码生成程序片段

```
import os
from pystrich.qrcode import QRCodeEncoder
code = input(" 输入条形码 qrcode:")     # 可输入 http://www.icourses.cn
encoder = QRCodeEncoder(code)       #调用库模块进行 QR 编码
encoder.save("QR2.png", cellsize=15)  # 保存 QR 码图片
os.system("QR2.png")               # 用系统默认看图软件打开图片
```

3. 基于网络平台的二维条形码生成

　　此外,互联网上有大量二维条形码生成工具,读者如果需要,可以使用网络上的在线工具或平台生成所需要的二维条形码信息。

3.5　二维条形码识读

1. QR 二维条形码识读的目的

　　识读 QR 二维条形码的主要目的是获取数据,打开地址链接,进行交易验证,发起网络通信等。

(1) 通过 QR 码识读获取数据信息

获取二维条形码编码数据信息是指通过手机的摄像头作为二维条形码识别接口,通过解析软件获取二维条形码编码的数据信息。常见的应用包括电子名片、商品介绍等。以电子名片为例,用户可将个人信息如姓名、手机号码、电子邮箱内容,利用二维条形码编码软件生成二维条形码图案,打印成二维条形码名片,用户进行名片交换后,可以省去手工步骤,直接用扫描软件扫描二维条形码名片,将信息存储到手机 SD 卡中。

(2) 通过 QR 码识读获取 URL 地址链接

二维条形码扫描的数据信息如果是一个 URL 地址链接,用户则可以直接触摸链接进行访问操作,通过系统配置的默认浏览器或者下载软件进行网上冲浪或者数据下载。现在很多电商会在纸质广告上打出其网站的链接信息,这样可以让用户很方便地登录到商家指定的网站。该种方式,可以方便有效地起到广告宣传作用。

(3) 通过解析二维条形码完成交易验证

在一些电子券交易中,当用户支付完成后,商家往往可以通过短信发送给用户一个二维条形码商品凭证,当用户使用这些电子券时,只需要提供二维条形码凭证,提供服务的人员就可以通过扫描这些二维条形码,来确认客户是否已经支付。现阶段在购买万达电影票,或者在美团网购买餐券时都提供了该项服务。

(4) 通过解析二维条形码完成网络通信

解析二维条形码得到的结果是电话号码、短信、电子邮箱和网络链接等形式,用户可用于短信投票、收发 E-mail、打电话等业务。

2. 二维条形码的识读设备

二维条形码的识读需要读写器,读写器利用自身光源照射条形码,再利用光电转换器接受反射的光线,将反射光线的明暗转换成数字信号。二维条形码的识读设备种类繁多,根据不同的识读原理,可以分为以下 3 类。

(1) 基于 CCD 的线性图像式读写器

CCD 是一种电子自动扫描的光电转换器件,也叫 CCD 图像感应器。它可阅读一维条形码和线性堆叠式二维条形码(如 PDF417),在阅读二维条形码时需要沿条形码的垂直方向扫过整个条形码,因此称之为"扫描式阅读"。这类产品比较便宜。

(2) 基于激光扫描器的读写器

激光扫描器通过激光二极管发出一束光线,照射到一个旋转的棱镜或来回摆动的镜子上,反射后的光线穿过阅读窗照射到条形码表面,光线经过条或空的反射后返回读写器,由一个镜子进行采集、聚焦,通过光电转换成电信号,该信号将通过扫描器或终端上的译码软件进行译码。该读写器可阅读一维条形码和线性堆叠式二维条形码。阅读二维条形码时将光线对准条形码,由光栅元件完成垂直扫描,不需要手工扫动。

(3) 基于摄像的读写器

采用摄像方式将条形码图像摄取后进行分析和解码,可阅读一维条形码和所有类型的二维条形码。例如,手机扫码都是通过摄像头进行的,是典型的图像式阅读方式。

3. QR 二维条形码的识读方法

目前,市面上使用的许多 App 均支持二维条形码识读,即通过移动设备的摄像头对二维条形码进行扫描,可以解析得到其中写入的数据。具体识读过程主要包括三步。

(1) 条形码定位

条形码定位包括预处理、定位、角度纠正、特征值提取等多个步骤。首先需要找到二维条形码的区域,相当于使用 App 进行扫描时聚焦二维条形码,然后不同的条形码具有不同的结构特征,需要根据特征对条形码符号进行下一步的处理。

(2) 条形码分割

二维条形码在经过边缘检测之后,边界并不是完整的,只有经过进一步的修正才可以读取其中的数据,在读取数据之前需要分割出一个完整的条形码区域。基本步骤就是从符号的小区域开始,这个小区域可以称为种子,为了修正条形码的边界需要加长这个区域的范围使得该范围能够包含二维条形码中的所有点。然后可以使用凸壳算法计算出结果,然后准确分割得到整个数据。

(3) 译码

译码时一般是采用激光进行识别或者通过手机摄像头进行识别,针对一个完整的二维条形码,对二维条形码上的每一个网格交点的图像进行识别,在完成网络采样之后根据设置的阈值来分配黑色和白色区域。一般情况下使用二进制的 1 代表深色像素,0 代表白色像素,通过这个规则可以得到二进制的序列值,再对得到的序列值进行纠错和译码整理之后,根据条形码的逻辑编码规则将原始二进制序列值转换为数据码字,再根据数据码字得到 ASCII 码,这个过程恰好是数据编码过程的逆过程。

3.6　本章小结

物联网标识技术是利用各种条形码技术、RFID 技术作为物品身份识别的唯一标识,目标是建立起一个实现全球物品信息实时共享的网络。本章首先介绍了一维条形码的编码规则和编程实现,然后介绍了二维条形码的原理和生成方法。在内容阐述过程中,列举了大量条形码的 Python 编程实例,并通过丰富的图片使读者能够全面理解物联网的条形码技术。

习题

一、选择题

1. 1977 年,欧洲共同体在 12 位 UPC-A 码的基础上,开发出与 UPC 码兼容的(　　)码。

A. 39 码　　　　B. EAN 码　　　　C. PDF417　　　　D. CODE49

2. IBM 公司工程师乔·伍德兰德提出了北美地区的统一代码(　　)。

A. UPC 码　　　　B. UCC 码　　　　C. 39 码　　　　D. 49 码

3. 建立全球统一标识系统,促进国际贸易,协调全球统一标识系统在各国的应用,确保成员组织规划与步调的充分一致的机构是（   ）。

A. 国际物品编码协会 B. 中国条码技术与应用协会

C. 国际自动识别协会 D. 中国物品编码中心

4. 在中国大陆，EAN-13 厂商识别代码由（   ）位数字组成，由中国物品编码中心负责分配和管理。

A. 4～6 B. 7～9 C. 8～10 D. 9～11

5. 条码扫描译码过程是（   ）。

A. 光信号→数字信号→模拟电信号 B. 光信号→模拟电信号→数字信号

C. 模拟电信号→光信号→数字信号 D. 数字信号→光信号→模拟电信号

6. 编码方式属于宽度调节编码法的码制是（   ）。

A. 39 码 B. EAN-8 码 C. UPC 码 D. EAN-13 码

7. 编码方式属于模块组配编码法的码制是（   ）。

A. 39 码 B. 25 码 C. 二维条码 D. ISBN

8. 关于二维条形码，以下说法正确的是（   ）。

A. 二维条形码能够在横向和纵向两个方位同时表达信息

B. 二维条形码不存在病毒

C. 二维条形码局部损坏后不能阅读

D. 二维条形码只能表示字母和数字

9. 关于二维条形码在线生成，以下说法正确的是（   ）。

A. 只能把图片生成二维条形码 B. 只能把文字生成二维条形码

C. 只能把网址生成二维条形码 D. 以上都可以

10. 关于二维条形码的描述，以下说法不正确的是（   ）。

A. 二维条形码比一维条形码信息量大

B. 二维条形码能够存储汉字、数字和图片等信息

C. 二维条形码在水平和垂直方向都可以存储信息

D. 二维条形码容错和纠错能力差

11. 使用微信对商家提供的二维条形码进行扫码付款，该扫描过程属于（   ）。

A. 信息发布 B. 信息采集 C. 信息存储 D. 信息可视化

12. 使用手机扫描 QR 二维条形码的原理是基于（   ）。

A. 红外感应器 B. 激光扫描器 C. 手机摄像头 D. 以上都不是

二、简答题

1. 什么是一维条形码？说明一维条形码分类方法。

2. 简述一维条形码宽度调节编码法和模块组配编码法的区别。

3. 简述 UPC 的编码规则。

4. 简述 EAN-13 码的编码规则。

5. 简述 UPC 和 EAN 的共同符号特征。

6. 简述行排式二维条码与矩阵式二维条码的编码原理的异同。

7. 假设编码系统字符为 "0"，厂商识别代码为 012320，商品项目代码为 0007，试将其表示成 UPC-E 码形式。

8. 简述将 ISBN 编码转换为 EAN-13 编码的过程。

三、应用题

1. 将字符串 "6901234567860" 转换成 EAN-13 条码符号，并编程实现。注意：最后一位校验码需要计算。

2. 简述 QR 码的编码步骤，并使用 Python 库编程实现 "西安交通大学" 的 QR 码。

第4章

物联网射频识别技术

电子教案

> 射频识别(radio frequency identification,RFID)是一种非接触式全自动识别技术,通过射频信号自动识别目标对象并获取相关数据,无须人工干预,可以工作于各种恶劣环境。本章主要介绍 RFID 的概念、发展历程、基本组成、工作原理、安全识读协议、标签防碰撞技术和读写器防碰撞技术,最后介绍基于 RFID 的 EPC 应用系统架构。

4.1 RFID 的概念、特点及分类

4.1.1 RFID 的概念

RFID 是自动识别技术的一种,通过无线射频方式进行非接触双向数据通信,利用无线射频方式对记录媒体(电子标签或射频卡)进行读写,从而达到识别目标和数据交换的目的,RFID 被认为是 21 世纪最具发展潜力的信息技术之一。

20 世纪 20 至 30 年代,美军将 RFID 技术应用于飞机的敌我识别。

20 世纪 40 至 50 年代,Harry Stockman 发表了《利用反射功率进行通信》一文,奠定了 RFID 系统的理论基础。在第二次世界大战期间,英国为了识别返航的飞机,在盟军的飞机上装备了一个无线电收发器,当控制塔上的探询器向返航的飞机发射一个询问信号,飞机上的收发器接收到这个信号后,回传一个信号给探询器,探询器根据接收到的回传信号来识别敌我。这是有记录的第一个 RFID 敌我识别系统,也是 RFID 的第一次实际应用。

20 世纪 60 至 80 年代,方向散射理论以及其他电子技术的发展为 RFID 技术的商业应用奠定了基础,同时出现了第一个 RFID 商业应用系统——商业电子防盗系统。

20 世纪 90 年代,为了保证 RFID 设备和系统之间的相互兼容,RFID 技术的标准化不断

得到发展,EPC Global(全球电子产品码协会)应运而生,RFID 技术开始渐渐应用于社会的各个领域。

进入 21 世纪初,人们普遍认识到 RFID 标准化的重要意义,RFID 产品的种类进一步丰富发展,无论是有源、无源还是半有源电子标签都开始发展起来,相关生产成本进一步下降,应用领域逐渐增加。

2010 年之后,射频电路是广泛应用于无线通信中的集成电路,上至卫星通信,下至手机、WiFi、共享单车,处处都有射频电路的身影。单芯片电子标签、多电子标签识读、无线可读可写、适应高速移动物体的 RFID 技术不断发展,并且相关产品也走入人们的生活,并开始广泛应用。

4.1.2　RFID 的特点

RFID 技术的特点是利用电磁信号和空间耦合(电感或电磁耦合)的传输特性实现对象信息的无接触传递,从而实现对静止或移动物体的非接触自动识别。与传统的条形码技术相比,RFID 技术具有以下优点。

(1) 快速扫描。条形码一次只能有一个条形码受到扫描,而 RFID 读写器可同时辨识读取数个 RFID 电子标签。

(2) 体积小型化、形状多样化。RFID 在读取上并不受尺寸大小与形状限制,不需要为了读取精确度而要求纸张的固定尺寸和印刷品质。此外,RFID 电子标签更可往小型化与多样形态发展,以应用于不同产品。

(3) 抗污染能力和耐久性好。传统条形码的载体是纸张,因此容易受到污染,但 RFID 电子标签对水、油和化学药品等物质具有很强的抵抗性。

(4) 可重复使用。条形码印刷后就无法更改,RFID 电子标签则可以重复地新增、修改、删除 RFID 卷标内存储的数据,方便信息的更新。

(5) 可穿透性阅读。在被覆盖的情况下,RFID 能够穿透纸张、木材和塑料等非金属或非透明的材质,并能够进行穿透性通信。而条形码扫描机必须在近距离而且没有物体遮挡的情况下,才可以辨读条形码。

(6) 数据的记忆容量大。一维条形码的容量通常是 50 B,二维条形码最多可存储 2～3 000 字符,RFID 最大的容量则有数 MB。

(7) 安全性。由于 RFID 承载的是电子式信息,其数据内容可由密码保护,使其内容不易被伪造及变造。

目前,RFID 技术被广泛应用于工业自动化、智能交通、物流管理和零售业等领域。尤其是近几年,借物联网的发展契机,RFID 技术展现出新的技术价值。

4.1.3　RFID 的分类

射频识别技术依据其标签的供电方式可分为三类,即无源 RFID、有源 RFID 和半有源 RFID。

1. 无源 RFID

在三类 RFID 产品中,无源 RFID 出现时间最早,最成熟,其应用也最为广泛。在无源 RFID 中,电子标签通过接受射频识别阅读器传输来的微波信号以及通过电磁感应线圈获取能量来对自身短暂供电,从而完成此次信息交换。因为省去了供电系统,所以无源 RFID 产品的体积可以达到厘米量级甚至更小,而且自身结构简单,成本低,故障率低,使用寿命较长。但作为代价,无源 RFID 的有效识别距离通常较短,一般用于近距离的接触式识别。无源 RFID 主要工作在较低频段 125 kHz、13.56 MHz 等,其典型应用包括公交卡、二代身份证、食堂餐卡等。

2. 有源 RFID

有源 RFID 兴起的时间不长,但已在各个领域,尤其是在高速公路电子不停车收费系统中发挥着不可或缺的作用。有源 RFID 通过外接电源供电,主动向射频识别阅读器发送信号。其体积相对较大。但也因此拥有了较长的传输距离与较高的传输速度。一个典型的有源 RFID 标签能在百米之外与射频识别阅读器建立联系,读取率可达 1 700 read/sec。有源 RFID 主要工作在 900 MHz、2.45 GHz、5.8 GHz 等较高频段,且具有可以同时识别多个标签的功能。有源 RFID 的远距性、高效性使得它在一些需要高性能、大范围的射频识别应用场合里必不可少。

3. 半有源 RFID

无源 RFID 自身不供电,但有效识别距离太短。有源 RFID 识别距离足够长,但需外接电源,体积较大。而半有源 RFID 就是为这一矛盾而妥协的产物。半有源 RFID 又叫做低频激活触发技术。在通常情况下,半有源 RFID 产品处于休眠状态,仅对标签中保持数据的部分进行供电,因此耗电量较小,可维持较长时间。当标签进入射频识别阅读器识别范围后,阅读器先以 125 kHz 低频信号在小范围内精确激活标签使之进入工作状态,再通过 2.4 GHz 微波与其进行信息传递。也就是说,先利用低频信号精确定位,再利用高频信号快速传输数据。其通常应用场景为,在一个高频信号所能覆盖的大范围中,在不同位置安置多个低频阅读器用于激活半有源 RFID 产品。这样既完成了定位,又实现了信息的采集与传递。

4.2 RFID 系统的组成

通常,RFID 系统由射频标签(tag)、读写器(reader)和数据管理系统组成,其组成结构如图 4-1 所示。

4.2.1 RFID 射频标签

电子标签由耦合元件及芯片组成,每个电子标签都具有全球唯一的电子编码,将它附着在物体目标对象上可实现对物体的唯一标识。电子标签内编写的程序可根据应用需求的

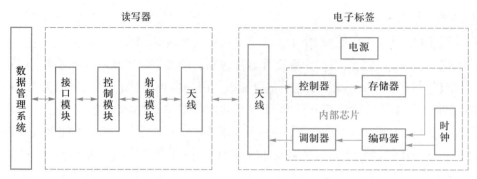

图 4-1　RFID 系统的构成

不同进行实时读取和改写。通常,电子标签的芯片体积很小,厚度一般不超过 0.35 mm,可以印制在塑料、纸张、玻璃等外包装上,也可以直接嵌入商品内。典型的电子标签如图 4-2 所示。

图 4-2　几种典型的电子标签

电子标签与读写器间通过电磁耦合进行通信,与其他通信系统一样,电子标签可以看成一个特殊的收发信机,电子标签通过天线收集读写器发射到空间的电磁波,电磁波通过控制器、存储器完成接收处理,通过编码器、调制器转换为电磁波,再通过天线发送。

根据电子标签的供电方式、工作方式等的不同,RFID 的电子标签可以分为 6 种基本的类型。

(1) 按电子标签供电方式分类:分为无源和有源。

(2) 按电子标签工作模式分类：分为主动式、被动式和半主动式。

(3) 按电子标签读写方式进行分类：分为只读式和读写式。

(4) 按电子标签工作频率分类：分为低频、中高频、超高频和微波。

(5) 按电子标签封装材料分类：分为纸质封装、塑料封装和玻璃封装。

(6) 按电子标签工作模式分类：分为主动式、被动式和半主动式。

RFID 系统的电子标签的工作频率有 125 kHz、134 kHz、13.56 MHz、27.12 MHz、433 MHz、900 MHz、2.45 GHz、5.8 GHz 等多种。不同频率的电子标签应用场景稍有不同。

低频电子标签的典型工作频率有 125 kHz、134 kHz，一般为无源电子标签，其工作原理主要是通过电感耦合方式与读写器进行通信，阅读距离一般小于 10 cm。低频电子标签的典型应用有动物识别、容器识别、工具识别和电子防盗锁等。与低频电子标签相关的国际标准有 ISO 11784/11785、ISO 18000-2。低频电子标签的芯片一般采用 CMOS 工艺，具有省电、廉价的特点，工作频率段不受无线电频率管制约束，可以穿透水、有机物和木材等，适合近距离、低速、数据量较少的应用场景。

中高频电子标签的典型工作频率为 13.56 MHz，其工作方式同低频电子标签一样，也通过电感耦合方式进行。高频电子标签一般做成卡片状，用于电子车票、电子身份证等。相关的国际标准有 ISO 14443、ISO 15693、ISO 18000-3 等，适用于较高的数据传输率。

超高频与微波频段的电子标签，简称为微波电子标签，其工作频率为 433.92 MHz、(862～928) MHz、2.45 GHz、5.8 GHz。微波电子标签可分为有源与无源电子标签两类。当工作时，电子标签位于读写器天线辐射场内，读写器为无源电子标签提供射频能量，或将有源电子标签唤醒。超高频电子标签的读写距离可以达到几百米以上，其典型特点主要集中在是否有源，是否支持多电子标签读写，是否适合高速识别等方面。微波电子标签的数据存储量在 2 Kb 以内，应用于移动车辆、电子身份证、仓储物流等领域。

4.2.2 RFID 读写器

读写器又称阅读器，是利用射频技术读写电子标签信息的设备，通常由天线、射频模块、控制模块和接口模块四部分组成。读写器是电子标签和后台系统的接口，其接受范围受多种因素影响，如电波频率、电子标签的尺寸和形状、读写器功率、金属干扰等。读写器利用天线在周围形成电磁场，发射特定的询问信号，当电子标签感应到这个信号后，就会给出应答信号，应答信号中含有电子标签携带的数据信息。读写器在读取数据后对其进行梳理，最后将数据返回给后台系统，进行相应操作处理。读写器的主要功能如下。

(1) 读写器与电子标签通信，对读写器与电子标签之间传送的数据进行编码、解码。

(2) 读写器与后台程序通信，对读写器与电子标签之间传送的数据进行加密、解密。

(3) 在读写作用范围内实现多电子标签的同时识读，具有防碰撞功能。

由于 RFID 可以支持"非接触式自动快速识别"，所以电子标签识别成为相关应用的最基本的功能，广泛应用于物流管理、安全防伪、食品行业和交通运输等领域。实现电子标签识别功能的典型的 RFID 应用系统包括 RFID 电子标签、读写器和交互系统三个部分。当物品进入读写器天线辐射范围后,物品上的电子标签接收到读写器发出的射频信号,电子标签可以发送存储在芯片中的数据。读写器读取数据、解码并直接进行简单的数据处理,发送到交互系统,交互系统根据逻辑运算判断电子标签的合法性,针对不同设定进行相应的处理和控制。

图 4-3 给出了两种常用的 RFID 读写器设备,即固定式读写器和手持式读写器。

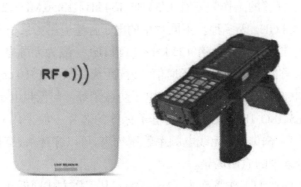

图 4-3　两种常用的 RFID 读写器产品

4.3　RFID 的识读协议

随着物联网的广泛应用,RFID 识读时的安全问题日益突出。为了阻止非授权的 RFID 读写器访问非授权的电子标签,多种基于 RFID 安全认证的识读协议相继提出。在这些安全认证协议中,比较流行的是基于 Hash 运算的安全认证协议,它对消息的加密通过 Hash 算法实现。

RFID 的识读流程最少包括三次握手。

第一次握手时,读卡器向标签发送信息,当标签接收到信息后,标签可以明确接收功能是正常的。

第二次握手时,标签向读卡器发送信息作为应答,当读卡器接收到信息后,读卡器可以明确发送和接收功能都正常。

第三次握手时,读卡器向标签发送信息,当读卡器接收到信息后,标签可以明确发送功能是正常的。

通过三次握手,就能明确双方的收发功能均正常,也就是说,保证了建立的连接是可靠的。

在这种 RFID 的识读认证过程中,属于同一应用的所有标签和读写器共享同一个加密密钥,所以三次握手的认证协议具有安全隐患。为了提高 RFID 认证的安全性,研究人员设计了大量的 RFID 安全认证协议。下面介绍其中几种典型的 RFID 安全认证协议。

4.3.1　Hash-Lock 协议 ·····

　　Hash-Lock 协议是一种隐私增强技术。不直接使用真正的节点 ID，取而代之的是一种短暂性节点，即使用临时节点 ID，这样做的好处是，保护真实的节点 ID。

　　为了防止数据信息泄露和被追踪，MIT 的 Sarma 等人提出了基于不可逆 hash 函数加密的安全协议 Hash-Lock。RFID 系统中的电子标签内存储了两个标签 ID：metaID 与真实标签 ID，metaID 与真实 ID 一一对应，是通过 hash 函数计算标签的密钥 key 得来的，即 metaID=hash(key)，后台应用系统中的数据库对应存储了标签的三个参数：metaID、真实 ID 和 key。

　　当阅读器向标签发送认证请求时，标签先用 metaID 代替真实 ID 发送给阅读器，然后标签进入锁定状态，当阅读器收到 metaID 后发送给后台应用系统，后台应用系统查找相应的 key 和真实 ID 最后返还给标签，标签将接收的 key 值进行 hash 函数取值，然后判断其与自身存储的 metaID 值是否一致。如果一致，标签就将真实 ID 发送给阅读器开始认证，如果不一致，则认证失败。Hash-Lock 协议的流程如图 4-4 所示。

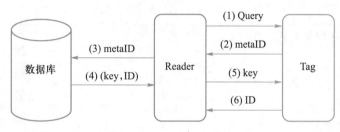

图 4-4　Hash-Lock 协议

　　Hash-Lock 协议的执行过程如下。

　　(1) 读写器向标签发送 Query 认证请求。

　　(2) 标签将 metaID 发送给读写器。

　　(3) 读写器将 metaID 转发给后台数据库。

　　(4) 后台数据库查询自己的数据库，如果找到与 metaID 匹配的项，则将该项的 (key, ID) 发送给读写器，其中 ID 为待认证标签的标识，metaID ≡ hash(key)；否则，返回给读写器认证失败信息。

　　(5) 读写器将接收到的后台数据库的部分信息 key 发送给标签。

　　(6) 标签验证 metaID = hash(key) 是否成立，如果成立，则将其 ID 发送给读写器。

　　(7) 读写器比较从标签接收到的 ID 是否与后台数据库发送过来的 ID 一致，如一致，则认证通过；否则，认证失败。

　　由上述过程可以看出，Hash-Lock 协议中没有 ID 动态刷新机制，并且 metaID 也保持不变，ID 是以明文的形式通过不安全的信道传送的，因此 Hash-Lock 协议非常容易受到假冒攻击和重传攻击，攻击者也可以很容易地对标签进行追踪。也就是说，Hask-Lock 协议没有达到其安全目标。

通过对 Hash-Lock 协议过程的分析，不难看出该协议没有实现对标签 ID 和 metaID 的动态刷新，并且标签 ID 是以明文的形式进行发送传输，还是不能防止假冒攻击、重传攻击以及跟踪攻击。此外此协议在数据库中搜索的复杂度是以 $O(n)$ 线性增长的，还需要 $O(n)$ 次的加密操作，在大规模 RFID 系统中应用不理想，所以 Hash-Lock 并没有达到预想的安全效果，但是提供了一种很好的安全思想。

4.3.2　Hash-Lock 协议的仿真实践

Hash Lock 协议是一种早期最为流行的 RFID 安全识读协议，可以防止未经授权的读写器非法读取电子标签内容。在该协议中，包括三个对象：电子标签（tag）、读写器（reader）和后台数据库（database）。在非真实的 RFID 环境中，可以通过软件来仿真这三个对象以及这三个对象之间的通信。

程序 4-1 是一个基于 Python 语言编写的 RFID Hash-Lock 协议的仿真程序。通过这个程序，可以帮助理解该协议的工作过程。

程序 4-1　基于 **Python** 的 **RFID Hash-Lock** 协议的仿真程序

```
# RFID HASH LOCK PROTOCOL
class tag():
    def __init__(self,key,id):
        self.key = key
        self.id = id
        self.metaid = hash(key)
    def test_key(self, key):
        if self.metaid == hash(key):
            return self.id
        else:
            return -1
    def get_tag_metaid(self):
        return self.metaid


class database():
    def __init__(self):   # 数据库，内容为预先存储的 key 和 id
        self.db = {hash('KEY0'): ('KEY0', 'ID0'), hash('KEY1'): ('KEY1', 'ID1'), hash('KEY2'):
('KEY2', 'ID2')}
    def test_metaid(self,metaid):
        if metaid in self.db.keys():
            return self.db[metaid]
```

```
        else:
            return −1

class reader():
    def __init__(self, tag, database):
        self.tag = tag
        self.database = database
        self.tag_metaid = self.tag.get_tag_metaid()
        self.run()
    def run(self):
        self.rw  = self.database.test_metaid(self.tag_metaid)
        if self.rw != −1:
            tag_id = self.tag.test_key(self.rw[0])

            if tag_id == −1:
                print(' 在数据库中没有密钥和标识匹配偶对!')
            elif tag_id == self.rw[1]:
                print(' 密钥和标识匹配成功!')
            elif tag_id != self.rw[1]:
                print(' 密钥和标识匹配失败!')
        else:
                print(' 在数据库中未能找到密钥对应的 metaid !')

if __name__ == '__main__':
    # Step1-2:
    key = input(' 请输入标签的密钥 key: ')  # 标签的 KEY
    id =  input(' 请输入标签的标识 ID: ')    # 标签的 ID
    tag_1 = tag(key,id)
    database_1 = database()                # 创建数据库
    reader(tag_1,database_1)               # RFID 读写器写数据库
```

上述程序运行后得到的结果如下:
请输入标签的密钥 key:KEY0
请输入标签的标识 ID:ID0
密钥和标识匹配成功!

>>>

请输入标签的密钥 key：KEY1

请输入标签的标识 ID：ID1

密钥和标识匹配成功！

>>>

请输入标签的密钥 key：KEY1

请输入标签的标识 ID：ID2

密钥和标识匹配失败！

>>>

4.3.3 随机化 Hash-Lock 协议

由于 Hash-Lock 协议的缺陷导致其没有达到预想的安全目标，所以 Weiss 等人对 Hash-Lock 协议进行了改进，采用了基于随机数的询问—应答机制。随机化 Hash-Lock 协议的流程如图 4-5 所示。

该方法的思想如下：电子标签内存储了标签 ID_i 与一个随机数产生程序，电子标签接到阅读器的认证请求后将 $(H(ID_i\|R),R)$ 一起发给阅读器，R 由随机数程序生成。在收到电子标签发送过来的数据后，阅读器请求获得数据库所有的标签 $ID_1,ID_2,\cdots,ID_n$。阅读器计算是否有一个 $ID_k(1 \leqslant k \leqslant n)$ 满足 $H(ID_k\|R)=H(ID_i\|R)$，如果有，将 ID_k 发给电子标签，电子标签收到 ID_k 与自身存储的 ID_i 进行对比做出判断。

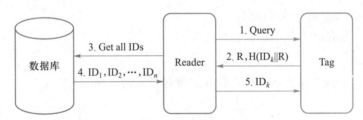

图 4-5　随机化 Hash-Lock 协议

随机化 Hash-Lock 协议的执行过程如下。

（1）读写器向标签发送 Query 认证请求。

（2）标签生成一个随机数 R，计算 $H(ID_k\|R)$，其中 ID_k 为标签的标识，标签将 $(R,H(ID_k\|R))$ 发送给读写器。

（3）读写器向后台数据库提出获得所有标签标识的请求。

（4）后台数据库将自己数据库中的所有标签标识 $(ID_1,ID_2,\cdots,ID_n)$ 发送给读写器。

（5）读写器检查是否有某个 $ID_j(1 \leqslant j \leqslant n)$，使得 $H(ID_j\|R)=H(ID_k\|R)$ 成立；如果有，则认证通过，并将 ID_j 发送给标签。

（6）标签验证 ID_j 与 ID_k 是否相同，如果相同，则认证通过。

在随机化 Hash-Lock 协议中，认证通过后的标签标识 ID_k 仍以明文的形式通过不安全信道传送，因此攻击者可以对标签进行有效的追踪。同时，一旦获得了标签的标识 ID_k，攻击者就可以对标签进行假冒。当然,该协议也无法抵抗重传攻击。因此,随机化 Hash-Lock 协议也是不安全的。不仅如此,每一次标签认证时,后台数据库都需要将所有标签的标识发送给读写器,两者之间的数据通信量很大。由此可见,该协议也不实用。

4.3.4 Hash 链协议

由于以上两种协议的不安全性,Okubo 等人又提出了基于密钥共享的询问—应答安全协议,即 Hash 链协议,该协议具有完美的前向安全性。与上两个协议不同的是该协议通过两个 hash 函数 H 与 G 来实现,H 的作用是更新密钥和产生秘密值链,G 用来产生响应。每次认证时,标签会自动更新密钥;并且电子标签和后台应用系统预先共享一个初始密钥(k_t, 1)。该协议流程如图 4-6 所示。在第 i 次与读写器交换时,标签有其初始值 S_i,发送 $a_i = G(S_i)$ 给读写器,再根据以前的 S_i 更新密钥 $S_{i+1} = H(S_i)$。其中 G 和 H 都是 Hash 函数。

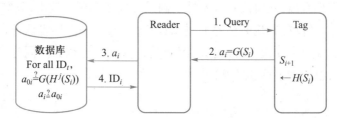

图 4-6　Hash 链协议

该方法满足了不可分辨和前向的安全特性。G 是单向方程,因此攻击者能获得标签输出,但是不能从 a_i 获得 S_i。G 输出随机值,攻击者能观测到标签输出,但不能把 a_i 和 a_{i+1} 联系起来。H 也是单向方程,攻击者能篡改标签并获得标签的密钥值,但不能从 S_{i+1} 获得 S_i。该算法的优势很明显,但是有太多的计算和比较。为了识别一个 ID,后台服务器不得不计算 ID 列表中的每个 ID。假设有 N 个已知的标签 ID 在数据库中,数据库不得不进行 N 次 ID 搜索、$2N$ 次 Hash 方程计算和 N 次比较。计算机处理负载随着 ID 列表长度的增加线性增加,因此该方法也不适合存在大量射频标签的情况。

为了克服上述情况,Okubo 等人提出了一种能够减少可测量性的时空内存折中方案,其协议流程如图 4-7 所示。其本质上也是基于共享密钥的询问—应答协议。但是,在该协议中,当使用两个不同 Hash 函数的读写器发起认证时,标签总是发送不同的应答。值得提出的是,作者声称该折中的 Hash 链协议具有完美的前向安全性。

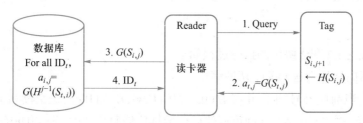

图 4-7　折中的 Hash 链协议

在系统运行之前,标签和后台数据库首先要预共享一个初始密钥值 $(S_t, 1)$,则标签和读写器之间执行第 j 次 Hash 链的过程如下。

(1) 读写器向标签发送 Query 认证请求。

(2) 标签使用当前的密钥值 $S_{i,j}$ 计算 $a_{i,j} = H(S_{i,j})$,并更新其密钥值为 $S_{i,j+1} = H(S_{i,j})$,标签将 $a_{i,j}$ 发送给读写器。

(3) 读写器将 $G(S_{i,j})$ 转发给后台数据库。

(4) 后台数据库系统针对所有的标签数据项查找并计算是否存在某个 $\mathrm{ID}_t(1 \leqslant t \leqslant n)$ 以及是否存在某个 $j(1 \leqslant t \leqslant m$,其中 m 为系统预设置的最大链长度)。如果有,则认证通过,并将 ID_t 发送给标签;否则,认证失败。

实质上,在该折中的 Hash 链协议中,标签成为了一个具有自主更新能力的主动式标签。同时,由上述流程可以看出,该折中的 Hash 链协议是一个单向认证协议,即它只能对标签身份进行认证。不难看出,该协议非常容易受到重传攻击和假冒攻击,只要攻击者截获某个 $a_{i,j}$,它就可以进行重传攻击,伪装标签通过认证。此外,每一次标签认证发生时,后台数据库都要对每一个标签进行 j 次 Hash 运算,因此其计算载荷也很大。同时,该协议需要两个不同的 Hash 函数,也增加了标签的制造成本。

4.3.5 基于 Hash 的 ID 变化协议

基于 Hash 的 ID 变化协议与 Hash 链协议相似,每一次应答中的 ID 交换信息都不相同。该协议可以抗重传攻击,因为系统使用了一个随机数 R 对标签标识不断地进行动态刷新,同时还对 TID(最后一次应答号)和 LST(最后一次成功的应答号)信息进行更新,其协议流程如图 4-8 所示。

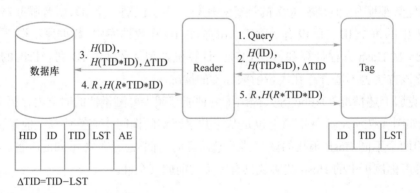

图 4-8 · 基于 Hash 的 ID 变化协议

基于 Hash 的 ID 变化协议的执行过程如下。

(1) 读写器向标签发送 Query 认证请求。

(2) 标签将当前应答号加 1,并将 $H(\mathrm{ID})$、$H(\mathrm{TID}*\mathrm{ID})$、$\Delta\mathrm{TID}$ 发送给读写器,可以使后台数据库恢复出标签的标识,$\Delta\mathrm{TID}$ 则可以使后台数据库恢复出 TID、$H(\mathrm{TID}*\mathrm{ID})$。

(3) 读写器将 $H(\mathrm{ID})$、$H(\mathrm{TID}*\mathrm{ID})$、$\Delta\mathrm{TID}$ 转发给后台数据库。

（4）依据所存储的标签信息，后台数据库检查所接收数据的有效性，如果所有的数据全部有效，则它产生一个秘密随机数 R，并将 $(R,H(R*TID*ID))$ 发送给读写器，然后数据库更新该标签的 ID 为 ID $\oplus R$，并相应地更新 TID 和 LST。

（5）读写器将 R、$H(R*TID*ID)$ 转发给标签。

（6）标签验证所接收信息的有效性；如果有效，则认证通过。

通过以上步骤的分析可以看出，该协议有一个弊端就是后台应用系统更新标签 ID、LST 与电子标签更新的时间不同步，后台应用系统更新是在第 4 步，而电子标签的更新是在第 5 步，而此刻后台应用系统已经更新完毕，此刻如果攻击者在第 5 步进行数据阻塞或者干扰，导致电子标签收不到 $(R,H(R*TID*ID))$，就会造成后台存储标签数据与电子标签数据不同步，导致下次认证的失败，所以该协议不适用于分布式 RFID 系统环境，同时存在数据库同步的潜在安全隐患。

4.3.6　数字图书馆 RFID 协议

David 等提出了数字图书馆 RFID 协议，其使用基于预共享密钥的伪随机函数来实现认证，协议流程如图 4-9 所示。

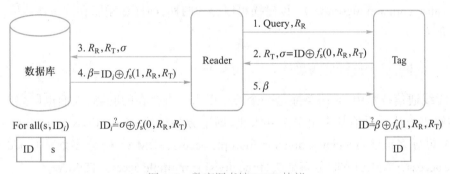

图 4-9　数字图书馆 RFID 协议

David 提出的数字图书馆 RFID 协议工作步骤如下。

（1）当电子标签进入阅读器的识别范围内阅读器向其发送 Query 消息以及阅读器产生的秘密随机数 R_R，请求认证。

（2）电子标签接到阅读器发送过来的请求消息后，自身生成一个随机数 R_T，结合标签自身的 ID 和秘密值 k 计算出 $\sigma = ID_i \oplus f_s(0,R_R,R_T)$，完成后电子标签将 (R_T,σ) 一起发送给阅读器。

（3）阅读器电子标签发送过来的数据 (R_T,σ) 转发给后台数据库。

（4）后台数据库查找数据库存储的所有标签 ID 是否有一个存在 $ID_j (1 \leqslant j \leqslant n)$ 满足 $ID_j = \sigma \oplus f_s(0,R_R,R_T)$ 成立，若有则认证通过，同时计算 $\beta = ID_i \oplus f_s(1,R_R,R_T)$ 传输给阅读器。

（5）阅读器将 β 发送给电子标签，电子标签对收到的 β 进行验证，是否满足 $ID = \beta \oplus ID_i \oplus f_s(1,R_R,R_T)$，若满足则认证成功。

截至目前,David 的数字图书馆 RFID 协议还没有出现比较明显的安全漏洞,唯一不足的是为了实现该协议,电子标签内必须内嵌伪随机数生成程序和加解密程序,增加了标签设计的复杂度,故而设计成本也相应地提高,不适合小成本的 RFID 系统。

4.4　 RFID 的防碰撞技术

在 RFID 射频识别系统数据通信的过程中,数据传输的完整性和正确性是保证系统识别性能的关键。系统数据传输的完整性和正确性的降低主要是由两个方面的原因导致的:一是周围环境的各种干扰,二是多个标签和多个读写器同时占用信道发送数据而产生的碰撞。这里不讨论由周围环境各种干扰而引起的问题,本节将分析 RFID 系统的标签碰撞和读写器碰撞产生的原因,并重点介绍现有的防碰撞算法。

在 RFID 系统应用中,经常会遇到多读写器、多标签的情景,这就会造成标签之间或读写器之间在工作时的相互干扰,这种干扰被称为碰撞或者冲突(collision)。为了保证 RFID 系统能够正常地工作,这种碰撞应予以避免。避免碰撞的方法或者操作过程就被称为防碰撞算法(anti-collision algorithm)。该碰撞可以分为两种,即标签碰撞和读写器碰撞,下面分别予以介绍。

4.4.1　 无线通信中的经典防碰撞方法

在无线通信技术中,通信碰撞是一个长久以来一直存在的问题,人们也研究出了许多相应的解决方法。目前基本上分为 4 大类,即空分多址法(space division multiple access,SDMA)、频分多址法(requency division multiple access,FDMA)、码分多址法(code division multiple access,CDMA)和时分多址法(time division multiple access,TDMA)。

空分多址法是在相互区隔的空间范围内实现多目标的识别,空分多址法中常将读写器与天线分离。一般把空分多址分为两种:一种是读写器与天线位于同一个天线阵列中,将读写器与天线之间的距离按空间区域进行划分。标签进入天线阵列的覆盖范围之后,距离标签最近的读写器最早实现对其识别,由于单个天线的覆盖范围有限,即使处于相邻位置的读写器,其识别范围内的标签可照常识别而读写器不会相互干扰,这样不同的标签由于处在天线阵列中不同的空间位置可以同时被分别读取。另一种空分多址则是将相控阵天线的方向对准不同的标签,各个标签处于读写器天线作用范围内不同的角度而被区分开来。

频分多址法是把若干个使用不同载波频率的调制信号同时在供通信用户使用的信道上进行传输的技术。通常情况下,RFID 系统的前向链路(从读写器到标签)频率是固定的,用于能量的供应和数据的传输。对于反向链路,不同标签采用不同频率的载波进行数据调制,信号之间不会产生干扰,读写器对接收到的不同频率的信号进行分离,从而实现对不同标签的识别。

码分多址法是从扩频通信技术发展起来的一种崭新的无线通信技术。扩频技术包含扩频与多址两个基本概念。扩频的目的是扩展信息带宽,即把需发送的具有一定信号带宽的信息数据,用一个带宽远大于其信号带宽的伪随机码进行调制,使得系统的带宽被扩展,最后信息通过载波调制的方式发送。解扩是在信号的原始带宽上重新构建信息,用一致的伪随机码将接收到的信号转换成原来的信息。多址的目的是给每个读写器分配一个地址码,各个读写器的码型互不重叠。

时分多址法是把整个可供使用的通路容量按时间分配给多个用户的技术。时分多址复用是按传输信号的时间进行分割的,它使不同的信号在不同的时间内传输,将整个传输时间分为许多时间间隔,每个时间片被一路信号占用。通过在时间上交叉发送每一路信号的一部分来实现一条电路传输多路信号,电路上每一短暂时刻只有一路信号存在。因为数字信号是有限个离散值,所以时分多址复用广泛应用于包括计算机网络在内的数字通信系统。

4.4.2 多标签防碰撞算法

标签中含有可被识别的信息,RFID 系统的目的就是通过读写器读出标签中包含的这些信息。在只有一个标签处于读写器工作范围的情况下,标签内信息会被正常读取。但是,当多个标签同时处于同一个读写器的工作范围内时,则多个标签之间的应答信号就会相互干扰,导致标签内的信息无法被读写器正常读取,形成碰撞。

例如,当读写器发出识别指令后,读写器通信范围内的各个标签都会在某一时间做出应答。当出现两个以上标签同时应答,或者在一个标签应答未完成时,另一个标签开始应答,这样标签之间的应答信号就会相互干扰,从而出现标签间的碰撞,如图 4-10 所示。

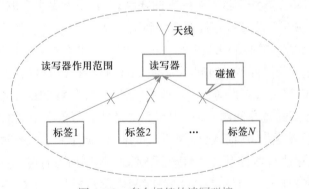

图 4-10 多个标签的读写碰撞

1. 多标签防碰撞的主要方法

多标签防碰撞技术的核心思想是利用无线通信技术中的通信防碰撞方法,具体包括空分多址法、频分多址法、码分多址法和时分多址法。下面介绍这 4 种方法在多标签防碰撞中的实现思路。

空分多址(SDMA)是在分离的空间内重新使用确定的通信资源。SDMA 在 RFID 系统中有两种实现方法:一是使得单个读写器的作用距离明显减小,把大量的读写器的阅读覆盖面积并排地安置在一个阵列中,当标签经过这个阵列时,标签与离它最近的读写器通信。因为每个读写器的阅读范围很小,所以相邻的读写器区域内有其他标签时仍然可以正常读取,而不受干扰。这样多个标签在这个阵列中,由于空间分布可以同时被识别而不会相互干扰。二是读写器采用定向天线,将天线的方向直接对准某个标签。当需要阅读其他标签时,读写器天线自适应地调整方向。RFID 系统采用的 SDMA 由于天线的结构尺寸的关系,只有频率大于 850 MHz(一般多为 2.45 GHz)时采用。而且,因为天线结构非常复杂,实施成本非常高,因此这种方法只应用在一些特殊场合中。

频分多址(FDMA)是将多个使用不同的载波频率的传输通路提供给用户同时使用的技术。具体到 RFID 系统中的应用来说,可以使用具有可调整的、非发送频率谐振的标签。对标签的能量供应和控制信号的传输使用最佳频率,而标签应答则使用若干个可供选择的频率。标签使用不同的频率应答,因而避免了碰撞的发生。FDMA 的缺点在于实现成本过于昂贵,所以这种方法只在极少数特殊的场合使用。

码分多址(CDMA)是从数字技术的分支——扩频通信技术发展起来的一种崭新的无线通信技术。CDMA 是基于扩频技术的,即对要传送的具有一定信号带宽信息数据,用一个带宽远大于信号带宽的高速伪随机码进行调制,使原数据信号的带宽被扩展,再经载波调制并发送出去。接收端使用完全相同的伪随机码,与接收的带宽信号做相关处理,把宽带信号换成原信息数据的窄带信号即解扩,以实现信息通信。CDMA 的缺点是频带利用率低,信道容量较小,地址码选择较难,其通信频带及技术复杂性等使它很难在 RFID 系统中推广。

时分多址(TDMA)是把整个可供使用的信道容量按时间分配给多用户的技术。由于 RFID 系统的标签防碰撞算法受技术和成本的限制,尤其是标签生产成本的限制,大多采用时分多址方法,该方法可分为非确定性算法和确定性算法。

非确定性算法也称标签控制法,在该方法中,读写器没有对数据传输进行限制,标签的工作是非同步的,标签获得处理的时间不确定,因此标签存在饥饿问题,即特定的标签可能会在很长一段时间内都无法被正确识别。非确定性算法以 ALOHA 算法为代表,其实现简单,广泛用于解决标签的碰撞问题。ALOHA 算法是使读写器在不同的时间分别与处于读写器读取范围内的标签通信,从而减少冲突发生的概率,属于基于概率的算法。

确定性算法也称读写器控制法,由读写器观察、控制所有标签。按照规定算法,在读写器作用范围内,首先选中一个标签,在同一时间内读写器与一个标签建立通信关系。确定性算法以二进制树型搜索算法为代表,该类算法比较复杂,识别时间较长,但无标签饥饿问题。

各种算法分别采用不同的防碰撞机制,各有优缺点,下面分别介绍这两大类算法中的一些常见**防碰撞算法**,即纯 **ALOHA 防碰撞算法**、帧时隙 **ALOHA 防碰撞算法**和二进制树搜索防碰撞算法。

2. 纯 ALOHA 防碰撞算法

经典的纯 ALOHA 防碰撞算法是一种基于随机发送方式的方法,其基本思想是一旦进入读写器的工作范围,标签即开始向读写器自动发送其编码信息,在发送数据的过程中,若刚好其他标签同时发送而信号重叠,系统就会发生数据冲突即碰撞。系统中的读写器一旦检测到冲突发生即会发送指令,使得碰撞的标签停止发送信号并在随机等待一段时间后再重新发送,可有效减少碰撞的发生,最终完成对所有标签的识别。

由于各个标签延迟的时间不同,其再次发生碰撞的可能性因此大大降低。若标签没有发生碰撞,则读写器会发送相应的信号给标签使其进入休眠状态,不再参与下一轮的搜索。另外对于无接收功能的标签,其在整个系统工作期间会一直重复发送本身的标签信息,直到系统识别过程结束,多标签的纯 ALOHA 防碰撞算法模型如图 4-11 所示。

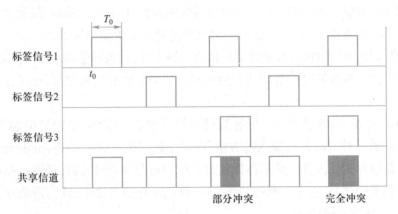

图 4-11　多标签的纯 ALOHA 防碰撞算法模型

假设某一标签在时间点 t_0 发射编码信号,发射时长为 T_0,那么只要在前后一个 T_0 的时间内出现了其他标签的传输信息,系统即会发生碰撞。为此,可设定 $2T_0$ 为纯 ALOHA 算法的周期,在此时长内不会重复出现标签信号。

纯 ALOHA 防碰撞算法简单容易实现,标签信息的发射时间随机性大,碰撞率较高。当标签数量不多时,纯 ALOHA 防碰撞算法能较好地实现性能,但当标签数量逐渐增多,发生碰撞的概率亦随之增加,算法性能于是急剧下降。

纯 ALOHA 防碰撞算法的缺点主要表现为系统利用率相对较低,有时还会出现错误判决的问题,且仅适用于只读标签,当读写器对同一个标签连续多次发生冲突,将导致读写器出现错误判断,即认为这个标签不在自己的作用范围内,从而导致标签阅读丢失。

3. 帧时隙 ALOHA 防碰撞算法

针对纯 ALOHA 算法,专家学者又提出许多改进型算法,如时隙 ALOHA(slotted ALOHA,SA)将时间分成多个时隙(slot),而且时隙的长度大于标签和读写器的通信时长,标签只在时隙内发送数据;帧时隙 ALOHA(framed slotted ALOHA,FSA)在时隙 ALOHA 算法的基础上,将 N 个时隙组成一帧,标签在每帧内随机选择一个时隙发送信息。

帧时隙 ALOHA 防碰撞算法是基于 SA 的改进,帧时隙的加入减小了可能发生碰撞的时间段,使得系统原来较小的吞吐率得到优化。帧是由系统事先定义好的一个时间长度,其包含了若干个时间空隙,在每个帧中,标签会随机选择其中的一个时间空隙发送其数据。帧时隙 ALOHA 防碰撞算法中,所有标签都需同步,读写器发送读取信号后,标签首先被随机分配到各个时隙,标签接收到信号后就将其信息发送给读写器,被分到多个标签的时隙自然会发生数据碰撞,但读写器会跳过这些时隙找到只有唯一标签的时隙。一轮过后,读写器会再次随机将剩余的碰撞标签分配到各个时隙,直至所有标签被一一识别。

由此可见,整个读取过程共出现了三种时隙,即空闲时隙、响应时隙和碰撞时隙。空闲时隙中没有出现任何标签;响应时隙中有且仅有一个标签,于是其能够被系统成功识别;碰撞时隙则是出现了多个标签,它们同步发送响应信号,于是发生了碰撞。未发生碰撞的标签即刻退出当前循环,而所有发生碰撞的标签则退出并等待参与下一轮的读取。

帧时隙技术避免了 ALOHA 算法中部分碰撞的现象,使碰撞时隙减半,最高吞吐率达到了纯 ALOHA 防碰撞算法的两倍,适用于信息传输量较大的使用场景。因为时隙数是固定的,当标签数远大于时隙数时,系统性能同样会急剧下降,且当标签数小于时隙数时,时隙的浪费又会很严重。另外帧时隙算法的缺点是对读写器的性能要求很高,电子标签也仍旧只限于只读型。

针对帧时隙 ALOHA 算法中"标签数目与帧长度相差越多,系统性能越差"的缺点,人们提出了一种弥补和改善该缺点的方法,即动态帧时隙 ALOHA(dynamic framed slotted ALOHA,DFSA)算法。该算法的具体做法就是使用动态的帧时隙数,使得每帧内的时隙数接近系统中标签的数目,它是一种改进的 FSA 算法。在该算法中,读写器能动态调整下一次阅读循环中每帧的时隙数目。

4. 基于二进制树的防碰撞算法

二进制树算法属于时分多路算法的一种,其基本思想是不断地将碰撞的标签进行二分,缩小下一步搜索的标签数量,直到最后只有一个电子标签响应完成识别。

实现该算法系统首先是要能够辨认出在读取过程中数据冲突位的具体位置。为此必须有合适的位编码法,通常选用曼彻斯特编码,它可实现精确定位。在曼彻斯特编码中,逻辑"0"编码为上升沿,逻辑"1"编码为下降沿。如果两个或多个电子标签同时发送的数位有不同值,则接收的上升沿和下降沿互相抵消,"没有变化"的状态在曼彻斯特编码中是不允许的,即会被作为错误标示出,可以用来按位追溯跟踪到冲突即碰撞位的出现。

在曼彻斯特编码中,逻辑"0"编码为上升沿,逻辑"1"编码为下降沿,如图 4-12 所示。如果两个或多个电子标签同时发送的数位有不同值,则接收的上升沿和下降沿互相抵消,"没有变化"的状态在曼彻斯特编码中是不允许的,即会被作为错误标示出,由此可以用来按位追溯或跟踪发生冲突即碰撞的位。

图 4-12　曼彻斯特编码示例

二进制树搜索算法按照递归的方式,当遇到有冲突发生就进行分支,生成两个子集。这些分支越来越细,直到最后分支下面只有一个信息包或无剩余信息包。若在某时隙发生冲突,所有的包都不再占用信道,直到冲突问题解决。如同抛一枚硬币一样,这些信息包随机地分为两个分支,在第一个分支里,是抛 "0" 面的信息包,在接下来的时隙内,主要解决这些信息包发生的冲突,如果再次有冲突,则继续按前述分为两个分支的过程不断重复,直到某个时隙为空或成功完成一次数据传输,然后返回上一个分支,这个过程遵循先进后出(first-in last-out,FIFO)原则,先处理完成第一个分支,再来处理第二个分支,也就是抛 "1" 面的信息包,如图 4-13 所示。

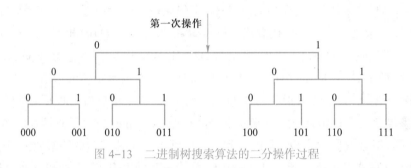

图 4-13　二进制树搜索算法的二分操作过程

在二进制树搜索算法中,读写器发送一个查询的参考 ID,标签将自身序列号与参考 ID 相比较,假如小于或等于,则标签响应并发送其序列号给读写器,每轮中有且仅有一个标签可以被成功识别。当有多个标签响应时,读写器从最高位开始判断是哪一位发生了碰撞,下一次循环中碰撞位被置 0,由此一轮轮循环下来读写器便可一一识别所有标签。

具体算法如下。

第 1 步:读写器发送请求指令 "(11111111)",工作区域内所有的标签都会响应并返回其序列号。

第 2 步:读写器检测是否发生碰撞,若发生碰撞则找出碰撞的最高位。

第 3 步:计算新一轮的请求指令的括号 "()" 内的参数,即将碰撞最高位置 0,高于此位的保持不变,低于此位的则置 1。

第 4 步:重复执行第 2、3 步,直至无碰撞地识别出第一个标签。

第 5 步:从第 1 步开始,重复整个读取过程,直到执行请求指令 "(11111111)" 时没有发生碰撞,则整个过程结束,从而完成了对所有标签的识别。

显然,二进制树搜索算法每轮只能识别出一个标签,然后又从 "(11111111)" 开始。如果标签数量较大,则采用这种算法时需要大量的重复操作。

例如,假设某个读写器的工作范围内有 4 个电子标签,标签 ID 分别为 A:11110001;B:11110010;C:11110011;D:11110100,则具体步骤如表 4-1 所示,说明如下。

第 1 步:读写器发送请求指令(11111111),工作区域内所有 4 个标签 A、B、C、D 都会同步响应,因而发生碰撞。根据曼彻斯特编码规则,4 个标签高 5 位(11110)相同(未发生碰撞),低 3 位不同(发生了碰撞)。这些不同的位可记为 D2、D1、D0,于是,将碰撞最高位 D2

置 0,高于 D2 位的不变,低于 D2 位的全部置 1,由此可以得到下一次请求指令的参数为 (11110011)。

第 2 步:读写器发送请求指令(11110011),标签 A、B、C 此轮响应。根据曼彻斯特编码规则,三个标签高 6 位(111100)相同(未发生碰撞),低 2 位不同(发生了碰撞)。这些不同的位可记为 D1、D0,于是,将碰撞最高位 D1 置 0,D0 位置 1,由此可以得到下一次请求指令的参数为(11110001)。

第 3 步:读写器发送请求指令(11110001),此轮只有标签 A 响应,所以没有碰撞,读写器可以对标签 A 进行"读"操作,读操作结束后,标签 A 进入休眠状态,不再参与读写过程。

第 4 步:读写器发送请求指令(11111111),工作区域内 3 个标签 B、C、D 都会同步响应,因而发生碰撞。根据曼彻斯特编码规则,三个标签的高 5 位(11110)相同(未发生碰撞),低 3 位不同(发生了碰撞)。这些不同的位可记为 D2、D1、D0,于是,将碰撞最高位 D2 置 0,高于 D2 位的不变,低于 D2 位的全部置 1,由此可以得到下一次请求指令的参数为(11110011)。

第 5 步:读写器发送请求指令(11110011),标签 B、C 此轮响应。根据曼彻斯特编码规则,两个标签高 7 位(1111001)相同(未发生碰撞),低 1 位不同(发生了碰撞)。这个不同的位记为 D0,于是,将碰撞最高位 D0 置 0,由此可以得到下一次请求指令的参数为(11110010)。

第 6 步:读写器发送请求指令(11110010),此轮只有标签 B 响应,所以没有碰撞,读写器可以对标签 B 进行"读"操作,读操作结束后,标签 B 进入休眠状态,不再参与读写过程。

第 7 步:读写器发送请求指令(11111111),工作区域内 2 个标签 C、D 都会同步响应,因而发生碰撞。根据曼彻斯特编码规则,两个标签的高 5 位(11110)相同(未发生碰撞),低 3 位不同(发生了碰撞)。这些不同的位可记为 D2、D1、D0,于是,将碰撞最高位 D2 置 0,高于 D2 位的不变,低于 D2 位的全部置 1,由此可以得到下一次请求指令的参数为(11110011)。

第 8 步:读写器发送请求指令(11110011),标签 C 此轮响应,所以没有碰撞,读写器可以对标签 C 进行"读"操作,读操作结束后,标签 C 进入休眠状态,不再参与读写过程。

第 9 步:读写器发送请求指令(11111111),此轮只有标签 D 响应,所以没有碰撞,读写器可以对标签 D 进行"读"操作,读操作结束后,标签 D 进入休眠状态,不再参与读写过程。

表 4-1　对 4 个标签进行识别的过程

步骤	读写器发出的请求指令	响应的标签序列号	响应的标签名称
1	R(11111111)	A:11110001;B:11110010 C:11110011;D:11110100	A、B、C、D
2	R(11110011)	A:11110001;B:11110010 C:11110011	A、B、C
3	R(11110001)	A:11110001	A
4	R(11111111)	B:11110010;C:11110011 D:11110100	B、C、D
5	R(11110011)	B:11110010;C:11110011	B、C

续表

步骤	读写器发出的请求指令	响应的标签序列号	响应的标签名称
6	R(11110010)	B:11110010	B
7	R(11111111)	C:11110011;D:11110100	C、D
8	R(11110011)	C:11110011	C
9	R(11111111)	D:11110100	D

5. 改进的二进制树搜索算法

除了二进制树搜索算法以外，还出现各种改进型算法，具体包括基于位仲裁的二进制树算法、改进的基于位仲裁的二进制树算法和动态二进制搜索算法等。

在基于位仲裁的二进制树算法中，所有处于读写器读写范围内的未被读写器识别的标签在开始时都处于激活状态(并不是指这些标签都是主动式标签，而是由读写器发送命令激活)。所有的这些标签都将参与仲裁过程，但是在一个仲裁过程的进行当中，如果有新的标签进来，则不参加本次仲裁的过程。当此次仲裁过程结束后，这些新进来的标签可以参加下一个仲裁过程。一次完整的仲裁过程的定义是，从一次仲裁开始，到一个标签被读写器所识别的整个过程。

在改进的基于位仲裁的二进制树算法中，其算法原理和基于位仲裁的二进制树算法的原理类似，主要不同在于：当两个标签只有最后一位不同，其他位的值都相同时，不需要再进行一次仲裁的过程，而可以直接同时识别出两个标签。通过研究二进制搜索算法可以发现，读写器每次传输的命令长度都和标签的识别码一样，而且标签的回复信号也需要把自己的识别码完整地传输给读写器，不管是已经被识别出来的位，还是未被识别出来的位。如前所述，在实际应用中，标签的识别码通常很长，所以按照二进制搜索算法要传输大量的数据。

基于二进制树搜索方法，有研究者提出了动态二进制搜索算法。在该算法中，读写器在请求命令中只发送需要识别的识别码的已知部分作为搜索条件，而应答器只需要传输未被识别的部分。

近年来，随着相关研究的深入和相关技术的发展，又出现了一系列基于 ALOHA 的标签防碰撞算法和二进制树改进算法，这些算法都有着各自的优缺点，在实际应用中，读者可根据具体的应用情况来选择。

4.4.3 多读写器碰撞及防碰撞算法

传统上，很多 RFID 系统都被设计成只有一个读写器，但是，随着 RFID 相关技术的发展和应用规模的扩大，大多数情形下一个读写器满足不了实际应用中的需求，有些应用场景需要在一个很大的范围内的任何地方都可以阅读标签。由于读写器和标签通信有范围限制，必须在这个范围内高密度地布置读写器才能满足系统应用的要求。高密度的读写器必然会导致读写器的询问区域出现交叉，那么询问交叉区域的读写器之间就可能会发生相互干扰，甚至在读写器询问区域没有重叠的情况下，也有可能会发生相互干扰。这些由读写器引发的干扰都称为读写器碰撞。

例如,在图 4-14 中,位于中间的标签同时能够接收到多个读写器的读取信号,导致标签无法正确解析读写器发来的查询信号。

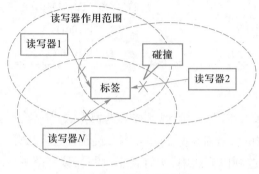

图 4-14　多读写器碰撞

1. 多读写器碰撞的类型

多读写器碰撞一般有三种类型。

(1) 频率干扰。读写器在工作时发射的无线信号的功率较大,一般为 30 ~ 36 dB,因而它的辐射范围是比较广的,而标签反向散射调制的工作方式决定了它返回给读写器的信号的能量很弱。这就导致当一个读写器处于发射状态,而另一个读写器处于接收状态,并且两者之间的距离不足够远,两读写器工作频率相同或者接近时,发射读写器发射的电磁信号会干扰接收读写器接收标签返回的应答信号,造成无法正常读取标签信息。这种干扰被称为频率干扰。

图 4-15 为频率干扰的示意图。这里通常认为读写器的天线都为全向天线,因此读写器的读取范围和干扰范围都为球形。其中 R_1 为读写器的干扰范围半径,而 R_r 为读写器读取范围的半径。由图 4-15 可以看出,读写器 R_1 处于读写器 R_2 的干扰范围内,从标签 Tag 发射到 R_1 的信号很容易被从 R_2 发出的信号干扰。这种读写器频率干扰甚至在两读写器阅读范围不重叠的情况下也有可能发生。

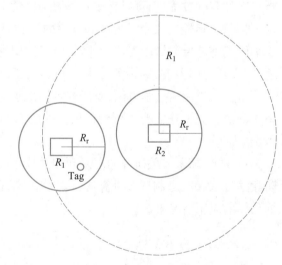

图 4-15　读写器频率干扰

(2) 标签干扰。它是指当一个标签同时位于两个或者多于两个读写器的询问区域时,多个读写器同时给这个标签发送指令,这时发生的位于标签的干扰。

如图 4-16 所示,两个读写器 R_1 和 R_2 的阅读区域是重叠的,所以从 R_1 和 R_2 发出的信号会在标签 Tag_1 上发生干扰。因此标签 Tag_1 不能正确地接收读写器的命令,也就不能做出相应的应答,使读写器 R_1 和 R_2 不能阅读 Tag_1。

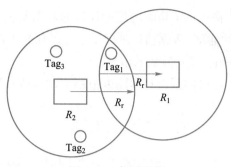

图 4-16 标签干扰

（3）隐藏终端干扰。这种读写器碰撞的情形如图 4-17 所示。从图 4-17 可知，R_1 和 R_2 的阅读区域没有重叠。但是，在标签 Tag 上，从 R_2 发出的信号会干扰读写器 R_1 发出的信号。这种情形也会发生在两读写器不在彼此的感应范围内时。

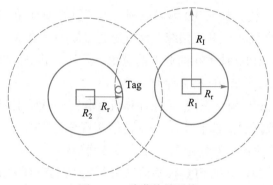

图 4-17 隐藏终端干扰

2. 多读写器防碰撞算法

目前，对 RFID 系统防碰撞算法的研究主要是标签之间的防碰撞算法，对读写器防碰撞算法的研究不多。主要是由于读写器自身可以进行较为复杂的计算，所以读写器能够检测到碰撞的产生，并通过与其他读写器之间的通信协调来解决互相之间的碰撞，因而解决多读写器碰撞问题相对容易。

常用的多读写器防碰撞方法与多标签防碰撞方法类似，也分为空分多址法（SDMA）、频分多址法（FDMA）、码分多址法（CDMA）和时分多址法（TDMA）四大类。基于上述思想设计的常见的多读写器防碰撞算法主要有以下几种。

（1）Colorwave 算法：该算法是一种分布式的 TDMA 算法，通过给读写器分配不同的时隙来避免读写器之间的碰撞。该算法需要所有读写器之间的时间同步，同时，还要求所有的读写器都可以检测 RFID 系统中的碰撞。

（2）Q-Learning 算法：该算法是一个分等级、在线学习的算法，通过学习读写器碰撞模型，解决动态 RFID 系统中读写器冲突问题。其思想类似于无线传感网中的分簇思想。读写器将发生碰撞的信息发给上层等级阅读服务器，然后由一个独立的服务器给读写器分配资源，这个方式使得读写器之间的通信不发生碰撞。

（3）Pulse 算法：该算法将通信信道分为控制信道和数据信道两部分。控制信道用于发送忙音信号和读写器之间的通信；数据信道则用于读写器和标签之间的通信。Pulse 算法实现起来比较简单，适合动态拓扑变化较快的情况。

除上面介绍的算法外，还有控制读写器阅读范围来减少读写器之间的碰撞以及减小读写器的发送功率等方法。

4.5 基于 RFID 的 EPC 应用系统架构

电子产品编码（electronic product code，EPC）的概念最早是由美国麻省理工学院（MIT）的 Sarma 和 Brock 教授在 1999 年提出的，其核心思想是为每一个产品提供唯一的电子标识符，通过射频识别技术（RFID）实现数据的自动标识和采集。

目前，国际上还没有统一的 RFID 编码规则。为了更好地推动 RFID 产业的发展，2003年，由欧洲物品编码协会（EAN）和美国统一代码协会（UCC）联合成立了 EPC global 标准化组织，旨在推动 EPC 和 RFID 技术在商业上的应用。此外，国际标准化组织 ISO、日本 UID 等标准化组织也纷纷制定了 RFID 相关标准。

基于 RFID 技术的 EPC 应用系统，是在计算机互联网的基础上，利用 EPC、条形码等物体标识，使用 RFID 的数据通信技术，构建一个能够实现全球物品实时信息共享的物联网应用系统。EPC 应用系统的核心器件是电子标签及其读写器。电子标签内部的 EPC 标签信息由 RFID 读写器实现读取，并把 EPC 标签信息送入互联网支撑的 EPC 应用系统的服务器中，最终实现对物品信息的实时采集和全程跟踪。

EPC 应用系统是一个先进的、综合性的物理信息融合的复杂应用系统，它具有独立的操作系统平台和高度的互动性，是一种开放、灵活和可扩展的应用体系。

图 4-18 给出了一个 EPC 应用系统的基本构成，它由 EPC 编码体系、射频识别系统和信息网络系统三大部分组成。其中，EPC 编码体系主要为 EPC 代码，有 64 位、96 位和 256

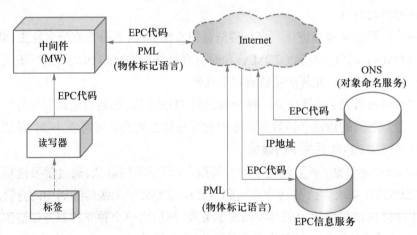

图 4-18 EPC 应用系统的组成

位多种格式；射频识别系统包括 EPC 电子标签和电子标签读写器；信息网络系统包括 EPC 中间件、对象名称解释服务（OND）、EPC 信息服务等。具体如表 4-2 所示。

表 4-2　EPC 应用系统的三大部件的组成

系统构成	名称	注释
EPC 编码体系	EPC 代码	用来标识具体物体对象的特定代码
射频识别系统	标签	贴在物品之上或者内嵌在物品中
	读写器	识别 EPC 电子标签
信息网络系统	EPC 中间件	EPC 应用系统的软件支持系统
	对象名称解析服务	
	EPC 信息服务	

4.5.1　EPC 编码体系

EPC 编码是与 EAN.UCC 编码兼容的新一代编码标准，在 EPC 系统中 EPC 编码与现行 GTIN 相结合，因而 EPC 并不是取代现行的条码标准，而是由现行的条码标准逐渐过渡到 EPC 标准或者是在未来的供应链中 EPC 和 EAN.UCC 系统共存。EPC 是存储在射频标签中的唯一信息，且已经得到 UCC 和国际 EΛN 两个国际标准的主要监督机构的支持。

EPC 的目标是提供对物理世界对象的唯一标识。它通过计算机网络来标识和访问单个物体，就如同在互联网中使用 IP 地址来标识、组织和通信一样。下面将简要介绍该产品电子码的编码方案。

1. EPC 编码的特点

（1）唯一标识（unique identification）

与当前广泛使用的 EAN.UCC 代码不同的是，EPC 提供对物理对象的唯一标识。换句话说，一个 EPC 编码分配给一个且仅一个物品使用。

（2）嵌入信息（embedded information）

是否在 EPC 中嵌入信息，一直颇有争议。当前的编码标准，如 UCC/EAN-128 应用标识符（AI）的结构中就包含数据。这些信息可以包括如货品重量、尺寸、有效期、目的地等。

AUTO-ID 中心建议消除或最小化 EPC 编码中嵌入的信息量。其基本思想是利用现有的计算机网络和当前的信息资源来存储数据，这样 EPC 便成了一个信息引用者，拥有最小的信息量，当然也需要和实际要求相平衡，如易于使用、与系统兼容等。无论 EPC 中是否存储信息，AUTO-ID 中心的目标是用它来标识物理对象。根据这一原则，定义 EPC 是唯一标识贸易项的编码方案的一部分。

（3）参考信息（information reference）

产品电子代码的首要作用是作为网络信息的参考。换句话说，EPC 本质上是在线数据的"指示器"。使用 Internet 的一个普遍参考就是统一资源标识符（URI），它包括以前的统一资源定位符(URL)和统一资源名称(URN)。这些标识符都被域名服务(DNS)翻译为相关的网络协议(IP)地址,这些地址就是网络信息的地址。同样,AUTO-ID中心提供的对象名称解析服务(ONS)直接将EPC代码翻译成IP地址。IP地址标识的后台就存储了相关的产品信息,然后由IP地址标识的主机发送产品的相关信息。ONS本质上相当于EPC编码和网络信息之间的"胶水"。因此编码的结构应能促进主机地址的查找,并且通过对象"黄页"来提高查找效率。

2. EPC 编码的结构

EPC编码是由一个版本号和另外三段数据(依次为域名管理、对象种类、序列号)组成的一组数字。其中版本号标识EPC的版本号,它使得以后的EPC可有不同的长度或类型;域名管理是描述与此EPC相关的生产厂商的信息,例如"××××公司";对象种类记录产品精确类型的信息,例如,"某国生产的330 ml罐装减肥饮料";序列号唯一标识货品,它会精确地告诉人们所说的究竟是哪一罐330 ml罐装减肥饮料。

至今已经推出EPC-96 Ⅰ型,EPC-64 Ⅰ型、Ⅱ型、Ⅲ型,EPC-256 Ⅰ型、Ⅱ型、Ⅲ型等编码方案。EPC编码体系是新一代的编码标准,它是全球统一标识系统的扩展和延伸,是全球统一标识体系的重要组成部分,是EPC系统的核心与关键。EPC编码具有兼容性、科学性、全面性、合理性、统一性的特性。

至今,使用较多的是EPC-64编码体系,目前流行的EPC标签采用了EPC-96编码体系,未来将大规模采用EPC-256编码体系。各种编码体系的具体结构如表4-3所示。

表4-3 EPC-96 编码体系

体系	标头	厂商识别代码	对象分类代码	序列号
EPC-64- Ⅰ	2位	21位	17位	24位
EPC-64- Ⅱ	2位	15位	13位	34位
EPC-64- Ⅲ	2位	26位	13位	23位
EPC-96	8位	28位	24位	36位
EPC-256	8位	32位	56位	160位

(1) EPC-64 Ⅰ型

Ⅰ型EPC-64编码提供2位的版本号编码,21位的管理者编码,17位的库存单元和24位序列号。该64位EPC代码包含最小的标识码。21位的管理者分区就会允许200万个组使用该EPC-64码。对象种类分区可以容纳13万个库存单元,远远超过UPC所能提供的范围,这样就可以满足绝大多数公司的需求。24位序列号可以为1 600万单品提供空间。

(2) EPC-64 Ⅱ型

除了Ⅰ型EPC-64,还可以采用其他方案来适合更大范围的公司、产品和序列号的要求。例如,可以采用EPC-64 Ⅱ型来适合众多产品以及价格反应敏感的消费品生产者。

对那些产品数量超过 2 万亿并且想要申请唯一产品标识的企业,可以采用方案 EPC-64 Ⅱ 型。因为,其中采用的 34 位序列号最多可以标识 171 亿件不同产品。通过与 13 位对象分类区结合(允许多达 8 192 个库存单元),远远超过了世界上最大的消费品生产商的生产能力。

(3) EPC-64 Ⅲ 型

为了推动 EPC 应用过程,需要将 EPC 扩展到更加广泛的组织和行业,满足小公司、服务行业和组织的应用需求。因此,除了扩展单品编码的数量,就像 EPC-64 Ⅱ 型那样,也会增加可以应用的公司数量来满足要求。

通过把管理者分区增加到 26 位,可以设置 6 700 万个号码来区分公司数量,已远远超过世界公司的总数。在这种情况下,每个公司的 13 位的对象分类分区可以提供 8 192 种不同种类的物品,23 位序列号可以提供超过 800 万的商品空间。

(4) EPC-96

EPC-96 的编码版本号具有 8 位大小,用来保证 EPC 编码的唯一性;28 位域名管理者编码(general manager number)用来标识商品制造商或者某个组织;36 位序列号(serial number)用来表示每件物品的唯一编号。

显然,EPC-96 编码结构可以为 2.68 亿个生产厂商或组织提供唯一标识。每个生产厂商或者组织可以有 1 678 万个品种的编码,每个品种可以有 687 亿个单品编码。

24 位对象分类代码(object class)用来对物品进行分组归类;可以拥有 30 948 499 021 亿个编码的容量。这样大的编码容量意味着全球每类物品的每个单品都能分配一个标识身份的唯一的 EPC 码。

(5) EPC-256

EPC-256 是为满足未来应用需要而设计。由于应用需求目前无法准确获知,因而 EPC-256 有多个版本。表 4-3 给出了 EPC-256 的一个版本。总之,EPC 编码是为各类实体提供唯一标识,除了物理实体,还可用来标识服务、组织等非物理实体。它通过计算机网络来标识和访问单个物体,就如在互联网中使用 IP 地址来标识、组织和通信一样。EPC 编码设计中,曾经存在这样一个误区,认为 EPC 标签的功能越多越好,嵌入其中的信息越多越好。这势必增大标签尺寸,增加了成本,不利于其推广。因此自动识别技术提出一种解决方案,那就是把更多的信息放到网络上,EPC 仅仅提供一个信息的检索号。

4.5.2　EPC 射频识别系统

EPC 射频识别系统主要实现 EPC 代码的自动采集,主要由射频标签和射频读写器组成。射频标签是物品电子识别码的有效载体,附着于目标物体上,可全球唯一标识并对其进行自动识别和读写。读写器与信息系统相连,它负责读取标签中的 EPC 代码并将其输入到网络信息系统中。EPC 标签与读写器之间通过无线感应方式进行信息交换。

1. EPC 标签

EPC 标签是电子产品代码的物理载体,主要由天线和芯片组成。ECP 标签中存储的信息是 96 位或者 64 位的电子代码。EPC 标签有主动式和被动式标签。

2. 读写器

读写器的主要功能是实现标签信息的阅读,与标签建立通信并在系统和标签之间传送数据。EPC 读写器与网络之间不需要通过 PC 过渡,所有读写器之间的数据交换可以直接通过一个对等网进行。

3. PML(physical markup language)

PML 是一种用于描述物理对象、过程和环境的通用语言,其主要目的是提供通用的标准化词汇表,用来描绘和分配 Auto ID 激活的物体的相关信息。PML 以可扩展标记语言 XML 的语法为基础,其核心是用标准词汇来表示由 Auto ID 基础结构获得的信息,如位置、组成以及其他遥感勘测的信息。

4.5.3 EPC 信息网络系统

EPC 信息网络系统由本地网络和因特网组成,是实现信息管理、信息流通的功能模块。EPC 系统的信息网络系统是在因特网的基础上,通过 EPC 中间件、对象名称解析服务(ONS)和 EPC 信息服务(EPCIS)来实现全球"实物互联"。

1. EPC 中间件

EPC 中间件具有一系列特定属性的"程序模块"或"服务",并被用户集成以满足特定需求。EPC 中间件也称为 SAVANT,它是加工和处理来自读写器所有信息和事物流的软件,是连接读写器和应用的纽带。其主要任务是将数据送往企业应用程序之前进行标签数据校对、读写器协调、数据传送、数据存储和任务管理。

2. 对象名称解析服务(ONS)

对象名称解析服务是一个自动的网络服务系统,它是 EPC 系统的核心部件,ONS 给 EPC 中间件指明产品相关信息的服务器。ONS 服务是联系 EPC 中间件和 EPC 信息服务的网络枢纽,并且 ONS 设计与架构都以 DNS 原理为基础,因此,可以使整个 EPC 系统以因特网为依托,与现有网络架构灵活交互。

3. EPC 信息服务(EPCIS)

EPCIS 提供了一个模块化、可扩展的服务接口,使得 EPC 系统中的数据可以在不同企业之间共享。它处理与 EPC 相关的各种信息。

4.5.4 UID 编码

与 EPC 技术原理相似,UID(ubiquitous identification)即"到处存在的"或"泛在的"身份识别。UID 最早始于日本 20 世纪 80 年代中期的实时操作系统(TRON),是日本东京大学倡导的全新的计算机体系,旨在构建"计算无处不在"的环境。2003 年 6 月,UID 中心在东京成立,2004 年 4 月 UID 中国中心在北京成立。

UID 中心建立的目的是研究物品识别所需的技术,并最终实现"计算无处不在"的理想环境。如图 4-19 所示,UID 系统由泛在识别码(U-code)、泛在通信器、U-code 解析服务器和信息系统服务器组成。

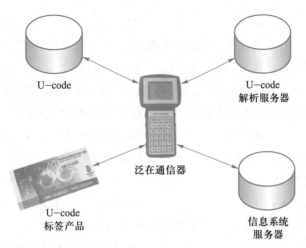

图 4-19 UID 技术架构

　　泛在识别码（U-code）：在 UID 中，为了识别物品而赋予物品唯一性的固有识别码称为 U-code。将 U-code 部署于泛在环境下的不同物品，可以实现对各种物品的自动识别。

　　泛在通信器：泛在通信器是人机交互所需的终端设备，它能给人们提供无处不在的交流机会，同时具有丰富的多元通信功能。泛在通信器主要由电子标签、读写器、无线广域通信设备组成。

　　U-code 解析服务器：U-code 解析服务器是以 U-code 为基础，对提供泛在 ID 相关信息服务的系统地址进行检索的目录服务系统。

　　信息系统服务器：它用来存储并提供相关的各种信息。信息系统服务器采用基于 PKI（公开密钥基础设施）的虚拟专用网（VPN），使得服务器具有专门的抗破坏性。

4.6 本章小结

　　物联网标识技术是利用各种条形码技术、RFID 技术作为物品身份识别的唯一标识，目标是建立起一个实现全球物品信息实时共享的网络。本章介绍了 RFID 的组成、防碰撞技术、安全识读协议和 EPC 编码体系，给出了 Hash-Lock 协议的 Python 仿真代码。在内容阐述过程中，列举了大量实例，并通过丰富的图片使读者能够全面理解物联网的射频标识技术。

习题

一、选择题

1. 产品电子编码（EPC）是由（　　）最早提出的。

A. 麻省理工学院　　B. 斯坦福大学　　　C. 哈佛大学　　　D. 西安交通大学

2. RFID 系统中，无源标签的能耗从（　　）而来。

A. 光照　　　　　　　B. 磁场　　　　　　　C. 电池　　　　　　　D. 振动

3. 利用支付宝进行地铁支付,其主要是基于(　　　)技术实现的。

A. 一维条形码　　　　B. 二维条形码　　　　C. RFID　　　　　　D. 图像

4. 读写器中负责将读写器中的电流信号转换成射频载波信号并发送给电子标签,或者接收标签发送过来的射频载波信号并将其转化为电流信号的设备是(　　　)。

A. 射频模块　　　　　B. 天线　　　　　　　C. 读写模块　　　　　D. 控制模块

5. 在 RFID 系统中,一般采用(　　　)法来解决碰撞。

A. 空分多址 SDMA　　　　　　　　　　B. 频分多址 FMDA

C. 码分多址 CDMA　　　　　　　　　　D. 时分多址 TDMA

6. 第二代身份证是符合(　　　)协议的射频卡。

A. ISO/IEC 14443 TYPEA　　　　　　　B. ISO/IEC 14443 TYPEB

C. ISO/IEC 15693　　　　　　　　　　D. ISO/IEC 18000-C

7. 在铁路机车车号识别系统中,安装在铁轨中间的是(　　　)。

A. 读写器天线　　　　　　　　　　　　B. 读写器

C. 读写器和读写器天线　　　　　　　　D. 电子标签

8. 在基本二进制算法中,为了从 N 个标签中找出唯一一个标签,需要进行多次请求,其平均次数 L 为(　　　)。

A. $\log_2 N$　　　　B. $\log_2 N + 1$　　　　C. 2^N　　　　D. $2^N + 1$

9. EPC-256 I 型的编码方案为_____。

A. 版本号 2 位,EPC 域名管理 21 位,对象分类 17 位,序列号 24 位

B. 版本号 2 位,EPC 域名管理 26 位,对象分类 13 位,序列号 23 位

C. 版本号 8 位,EPC 域名管理 32 位,对象分类 56 位,序列号 160 位

D. 版本号 8 位,EPC 域名管理 32 位,对象分类 56 位,序列号 128 位

10. 在射频识别系统中,最常用的防碰撞算法是(　　　)。

A. 空分多址法　　　B. 频分多址法　　　C. 时分多址法　　　D. 码分多址法

11. 在纯 ALOHA 算法中,假设电子标签在 t 时刻向阅读器发送数据,与阅读器的通信时间为 T0,则碰撞时间为(　　　)。

A. 2 T0　　　　　B. T0　　　　　C. t + T0　　　　D. 0.5 T0

12. (　　　)是电子标签的一个重要组成部分,它主要负责存储标签内部信息,还负责对标签接收到的信号以及发送出去的信号做一些必要的处理。

A. 天线　　　　　B. 电子标签芯片　　　C. 射频接口　　　D. 读写模块

二、填空题

1. 典型的 RFID 读写器终端一般由_____、_____、_____三部分构成。

2. 读写器与标签之间进行_____(单向 / 双向)通信。

3. 高频读写器的工作频段是_____。高频读写器具有_____特性,可以读取多个电子标签。

4. 电感耦合的原理是_____,电磁反射应用的是_____规律。

5. RFID 系统中有两种类型的通信碰撞存在,一种是_____,另一种是_____。

6. ISO/IEC 15693 标准中标签到读写器的数据编码采用_____方式。

7. EPC 系统的信息网络系统是在全球互联网的基础上通过_____、_____以及_____来实现全球实物互联。

8. 为了实现二进制搜索算法,就要选用_____,因为这种编码可以检测出碰撞位。

9. 目前国际上广泛采用的频率分布于 4 种波段:低频、_____、超高频和_____。它们的典型应用有_____。

三、简答题

1. 什么是 RFID 技术? RFID 系统的基本组成部分有哪些?

2. 简述 RFID 的工作原理。

3. 什么是电子产品代码?

4. RFID 电子标签的工作频率有哪些?

5. 什么是标签冲突和读写器冲突? 常见的标签冲突和读写器冲突有哪些?

6. 未来 RFID 标签能否取代条码技术?

7. 简述基于二进制树的标签防碰撞算法的工作原理。

8. 简述 EPC 应用系统的基本组成。

9. 请简述 ALOHA 防碰撞机制的工作原理,用一个读写器,10 个标签,模拟 ALOHA 机制的工作过程。

四、应用题

1. 以下面三个在读写器作用范围内的电子标签为例说明二进制树型搜索算法选择电子标签的迭代过程。假设这三个电子标签的序列号分别为,电子标签 1:11100011;电子标签 2:10100011;电子标签 3:10110010。

2. 请说明 RFID 系统是否安全。如果安全,请说明理由;如果不安全,请论述造成不安全的原因。试设计一个 RFID 标签系统,要求能够满足居民身份证的功能,同时可以足够安全且保护用户的隐私。

第5章

物联网通信与空间定位技术

电子教案

> 实现可靠通信和物理空间定位是物联网的主要特征。物联网感知节点分布复杂、种类多样,导致物联网需要通过多种通信方式进行链接。本章讲述物联网的主要通信技术,包括近距离无线通信技术、移动通信技术、卫星通信技术和有线通信技术等,并以无线通信技术为基础,介绍物联网的几种空间定位技术。

5.1 近距离无线通信技术

近距离无线通信技术是实现无线局域网、无线个人局域网中节点、设备组网的常用通信技术,用于将传感器、RFID 以及手机等移动感知设备的感知数据进行数据汇聚,并通过网关传输到上层网络中。近距离无线通信技术通常有 WiFi、蓝牙和 ZigBee 技术等。

5.1.1 WiFi 技术

无线保真 WiFi(wireless fidelity)技术是一种将 PC、笔记本电脑、移动手持设备(如 PDA、手机)等终端以无线方式互相连接的短距离无线通信技术,由 WiFi 联盟于 1999 年发布。WiFi 联盟最初为无线以太网相容联盟(wireless ethernet compatibility alliance,WECA),因此,WiFi 技术又称无线相容性认证技术。

1. WiFi 协议标准与特点

WiFi 联盟主要针对移动设备,规范了基于 IEEE 802.11 协议的数据连接技术,用以支持包括本地无线局域网(wireless local area networks,WLAN)、个人局域网(personal area networks,PAN)在内的网络。因此,WiFi 常用的协议标准如下。

(1)工作于 2.4 GHz 频段,数据传输速率最高可达 11 Mbps 的 IEEE 802.11b 标准。

(2)工作于 5 GHz 频段,数据传输速率最高可达 54 Mbps 的 IEEE 802.11a 标准。

(3)工作于 2.4 GHz 频段,数据传输速率最高可达 54 Mbps 的 IEEE 802.11g 标准。

（4）工作于 2.4 GHz/5 GHz 频段，数据传输速率最高可达 450 Mbps 的 IEEE 802.11n 标准。

与其他短距离通信技术相比，WiFi 技术具有以下特点。

（1）覆盖范围广。开放性区域的通信距离通常可达 305 m，封闭性区域的通信距离通常为 76～122 m。特别是基于智能天线技术的 IEEE 802.11n 标准，可将通信距离扩大到 10 km。

（2）传输速率快。基于不同的 IEEE 802.11 标准，传输速率可从 11 Mbps 到 450 Mbps。

（3）建网成本低，使用便捷。通过在机场、车站、咖啡店、图书馆等人员较密集的地方设置"热点"（hot spot），即无线接入点 AP（access point），任意具备无线接入网卡的设备均可利用 WiFi 技术实现网络访问。

（4）更健康、更安全。WiFi 技术采用 IEEE 802.11 标准，实际发射功率为 60～70 mW，与 200 mW～1 W 的手机发射功率相比，辐射更小，更加安全。

2. WiFi 组网技术

利用 WiFi 技术组建的网络，称为无线 LAN。无线 LAN 有两种模式。一种是没有接入点的 Ad Hoc 模式：它利用 WiFi 技术实现设备间的连接，通常用在掌上游戏机、数字相机和其他电子设备上以实现数据的相互传输；另一种是接入点模式：它利用无线路由器作为访问接入点，具有无线网卡的台式机、笔记本电脑以及具有 WiFi 接口的手机均可作为无线终端接入，形成一个由无线终端与接入点组成的无线局域网络，如图 5-1 所示。后一种模式较常用，通常和 ADSL、小区宽带等技术相结合，实现无线终端的互联网访问。

图 5-1　基于接入点模式的 WiFi 组网示意图

在接入点模式中，WiFi 的设置至少需要一个接入点（一般是无线路由器）和一个或一个以上的终端。接入点每 100 ms 将服务集标识 SSID（service set identifier）经由信号台（beacons）分组广播一次，beacons 分组的传输速率是 1 Mbps，并且长度很短，所以这个广播动作对网络性能的影响不大。因为 WiFi 规定的最低传输速率是 1 Mbps，所以可确保所有的 WiFi 终端都能收到这个 SSID 广播分组。基于收到的 SSID 分组，终端可以自主决定连接对应的访问点。同样,用户也可以预先设置要连接访问点的 SSID。

3. 无线路由器

无线路由器是一种用来连接有线和无线网络的通信设备,它可以通过 WiFi 技术收发无线信号来与个人数码助理和笔记本电脑等设备通信。无线网络路由器可以在不设电缆的情况下,方便地建立一个网络。但是,在户外通过无线网络进行数据传输时,它的速度可能会受到天气的影响。其他的无线网络还包括红外线、蓝牙及卫星微波等。

每个无线路由器都可以设置一个业务组标识符(SSID),移动用户通过 SSID 可以搜索到该无线路由器,通过输入登录密码后可进行无线上网。SSID 是一个 32 位的数据,其值是区分大小写的。它可以是无线局域网的物理位置标识、人员姓名、公司名称、部门名称或其他自己偏好的标语等。

无线路由器在计算机网络中有着举足轻重的地位,是拓展计算机网络互联的桥梁。通过它不仅可以连通不同的网络,还能将各种智能终端连接起来,方便用户移动访问。因此,安全性至关重要。

相对于有线网络来说,通过无线网发送和接收数据更容易被窃听。设计一个完善的无线网络系统,加密和认证是需要考虑的安全因素。针对这个目标,IEEE 802.11 标准中采用了 WEP 协议来设置专门的安全机制,进行业务流的加密和节点的认证。为了进一步提高无线路由器的安全性,一种新的保护无线网络安全的 WPA 协议得到广泛应用,它包括 WPA、WPA2 和 WPA3 三个标准。

无线路由器的配置对初学者来说并不是件十分容易的事。请读者找一个无线路由器,学习进行无线路由器的配置过程。

4. WiFi 的安全技术

任何终端在接入到 WiFi 所组成的无线局域网之前都需要进行身份认证。IEEE 802.11b 标准定义了开放式和共享密钥式两种身份认证方法。身份认证必须在每个终端上进行设置,并且这些设置应该与通信的所有访问点相匹配。认证过程包括两个通信步骤。

(1) 请求认证的站点 STA 向 AP 发送一个含有本站身份的认证请求帧。

(2) AP 接收到请求后,向 STA 返回一个认证结果,如果认证成功,则返回该 AP 的 SSID。

下面介绍 IEEE 802.11 共享密钥认证方式。共享密钥认证方式以有线等价保密 WEP (wired equivalent privacy)为基础,认证过程基于请求—应答模式,具体步骤如下。

(1) 请求认证的站点 STA 向 AP 发送认证请求。

(2) AP 接收到该认证请求后,向 STA 返回 128 字节的认证消息作为请求的验证。此验证消息由 WEP 的伪随机数生成器产生,包括认证算法标识、认证事务序列号、认证状态码和认证算法依赖信息四部分。如果认证不成功,则表明认证失败,整个认证结束。

(3) 请求认证的 STA 收到认证消息后,使用共享密钥 k 对认证消息中的认证算法依赖信息进行加密,并将所得的密文以及认证算法标识、认证事物序列号组成认证消息发送给 AP。

(4) AP 接收到 STA 返回的认证消息后,使用共享密钥 k 解密认证算法依赖信息,并将解密结果与早先发送的验证帧数据比对。如果比对成功,AP 向 STA 发送一个包含"成功"

状态码的认证结果,则认证成功;如果比对失败,AP 向 STA 发送一个包含"失败"状态码的认证结果,则认证失败。

在这里,WEP 协议是 IEEE 802.11 协议 1999 年的版本中所规定的,用于在 IEEE 802.11 的认证和加密中保护无线通信信息。在 IEEE 802.11 系列标准中,802.11b 和 802.11g 也采用 WEP 加密协议。WEP 的核心加密算法是 RC4 序列密码算法。WEP 采用对称加密机制,数据的加密和解密使用相同的密钥和算法。WEP 支持 64 位和 128 位加密。对于 64 位加密,加密密钥为 10 个十六进制字符或 5 个 ASCII 字符。对于 128 位加密,加密密钥为 26 个十六进制字符或 13 个 ASCII 字符。WEP 依赖通信双方共享的密钥来保护所传输的加密数据帧。

采用 RC4 算法的 WEP 加密过程如下。

(1) 计算明文消息 M 的完整性校验值,由原始明文消息和完整性校验值组成新的明文消息 P。

(2) 使用私密密钥 k 和随机选择的一个 24 位的初始向量 IV 作为随机密钥生成种子,通过 RC4 随机密钥生成算法,生成一个 64 位密钥,作为通信密钥,将密钥和明文消息 P 进行异或运算生成密文。

(3) 将生成的密文和初始向量 IV 一起发送给接收方。

在实际应用中,RC4 算法目前广泛采用 104 位密钥代替 40 位密钥,以提高安全性。与加密过程对应,WEP 解密过程如下。

(1) 从接收到的数据报中提取出初始向量 IV 和密文。

(2) 将初始向量 IV 和私密密钥 k 送入采用 RC4 算法的伪随机数发生器得到解密密钥。

(3) 将解密密钥与密文进行异或运算得到明文和它的 CRC 校验和 ICV。

(4) 对得到的明文采用相同的 CRC 表达式计算校验和 ICV,比较两个 CRC 结果,如果相等,说明接收的协议数据正确,否则丢弃数据。

由于 WEP 加密方案存在容易破解的缺点,目前 WiFi 网络中普遍使用无线保护访问(wireless protected access,WPA)协议。WPA 是由 WiFi 联盟提出的一个无线安全访问保护协议。WPA 使用更强大的加密算法和用户身份验证方法来增强 WiFi 的安全性,提供更高级别的保障,始终严格地保护用户的数据安全,确保只有授权用户才可以访问网络。

5. WiFi 的应用

近年来,随着电子商务和移动办公的进一步普及,WiFi 正成为无线接入的主流标准。基于 WiFi 技术的无线网络使用方便、快捷高效,使得无线接入点数量迅猛增长。其中,家庭和小型办公网络用户对移动连接的需求是无线局域网市场增长的主要动力。许多国家在公共场所集中建立热点的基础上,积极着手建设城域网。目前,WiFi 技术的商用化进程碰到了许多困难。一方面是受制于 WiFi 技术自身的限制,比如其漫游性、安全性和如何计费等都还没有得到妥善的解决;另一方面,WiFi 的盈利模式不明确,如果将 WiFi 作为单一网络来经营,商业用户的不足会使网络建设的投资收益比较低,因此也影响了电信运营商的积极性。但是,作为一种方便、高效的接入手段,WiFi 技术正逐渐和 5G 等其他通信技术相结合,成为现代短距离通信技术的主流。

5.1.2 蓝牙技术

蓝牙(bluetooth),是一种支持设备短距离通信(10 cm ~ 10 m)的无线电技术,能在包括移动电话、PDA、无线耳机、笔记本电脑、相关外设等众多设备之间进行无线信息交换。利用蓝牙技术,能够有效地简化移动通信终端设备之间的通信,也能够简化设备与 Internet 之间的通信,从而使数据传输变得更加迅速、高效。蓝牙技术最初由爱立信公司提出,后与索尼爱立信、IBM、英特尔、诺基亚及东芝等公司联合组成蓝牙技术联盟(bluetooth special interest group,SIG),并于 1999 年公布 1.0 版本。

蓝牙技术是一种无线数据与语音通信的开放性全球规范,最初以去掉设备之间的线缆为目标,为固定与移动设备通信环境建立一个低成本的近距离无线连接。采用蓝牙技术的适配器和蓝牙耳机如图 5-2 所示。随着应用的扩展,蓝牙技术可为已存在的数字网络和外设提供通用接口,组建一个远离固定网络的个人特别连接设备群,即无线个人局域网(wireless personal area networks,WPAN)。

图 5-2　蓝牙适配器示意图

1. 蓝牙协议栈

蓝牙联盟针对蓝牙技术制定了相应的协议结构,IEEE 802.15 委员会对物理层和数据链路层进行了标准化,于 2002 年批准了第一个 PAN 标准 802.15.1。基于 802.15 版本的蓝牙协议栈结构如图 5-3 所示,协议栈描述如下。

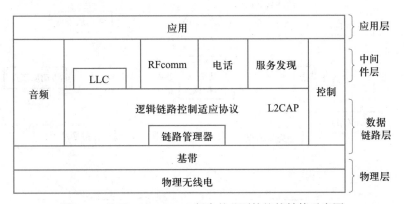

图 5-3　基于 IEEE 802.15 版本的蓝牙协议栈结构示意图

（1）协议栈最底层是物理无线电层，处理与无线电传送和调制有关的问题。蓝牙是一个低功率系统，通信范围在 10 m 以内，运行在 2.4 GHz ISM 频段上。该频段分为 79 个信道，每个信道 1 MHz，总数据率为 1 Mbps，采用时分双工传输方案实现全双工传输。

（2）蓝牙基带层将原始位流转变成帧，每一帧都是在一个逻辑信道上进行传输的，该逻辑信道位于主节点与某一个从节点之间，称为链路。蓝牙标准中共有两种链路。第一种是 ACL 链路（asynchronous connection less，异步无连接链路），用于无时间规律的分组交换数据。在发送方，这些数据来自数据链路层的逻辑链路控制适应协议（logical link control adaptation protocol，L2CAP）；在接收方，这些数据被递交给 L2CAP。ACL 链路采用尽量投递机制发送信包，帧存在丢失的可能性。另一种是 SCO 链路（synchronous connection oriented，面向连接的同步链路），用于实时数据传输，如电话。

（3）链路管理器负责在设备之间建立逻辑信道，包括电源管理、认证和服务质量。逻辑链路控制适应协议为上面各层屏蔽传输细节，主要包含三个功能：第一，在发送方，接收来自上面各层的分组，分组最大为 64 KB，将其拆散到帧中；在接收方，重组为对应分组。第二，处理多个分组源的多路复用。当一个分组被重组时，决定由哪一个上层协议来处理它。例如，由 RFcomm 或者电话协议来处理。第三，处理与服务质量有关的需求。此外，音频协议和控制协议分别处理音频和控制相关的事宜，上层应用可略过 L2CAP 直接调用这两个协议。

（4）中间件层由许多不同的协议混合组成。无线电频率通信／射频通信（radio frequency communication，RFcomm）是指模拟连接键盘、鼠标、MODEM 等设备的串口通信；电话协议是一个用于语音通信的实时协议；服务发现协议用来查找网络内的服务。

（5）应用层包含特定应用的协议子集。

2. 蓝牙组网技术

蓝牙系统的基本单元是微微网（piconet），包含一个主节点以及 10 m 距离内的至多 7 个处于活动状态的从节点。多个微微网可同时存在，并通过桥节点连接，如图 5-4 所示。

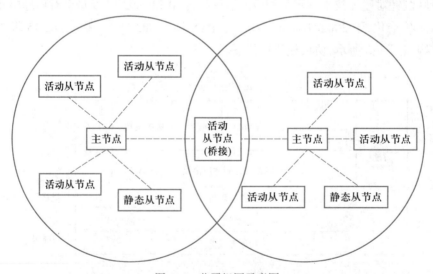

图 5-4　蓝牙组网示意图

在一个微微网中,除了允许最多7个活动从节点外,还可有多达255个静态节点。静态节点是处于低功耗状态的节点,可节省电源能耗。静态节点除了响应主节点的激活或者指示信号外,不再处理任何其他事情。微微网中主、从节点构成一个中心化的 TDM 系统,由主节点控制时钟,决定每个时槽相应的通信设备(从节点)。通信仅发生在主、从节点间,从节点间无法直接通信。

3. 蓝牙应用服务

蓝牙在其 1.1 版本中规范了 13 种应用服务,如表 5-1 所示。其中,一般访问和服务发现是蓝牙设备必须实现的应用,其他应用则为可选。

表 5-1　蓝牙应用服务

应用名	说明
一般访问(generic access)	针对链路管理的应用
服务发现(service discovery)	用于发现所提供的服务
串行端口(serial port)	用于代替串行端口电缆
一般的对象交换(generic object exchange)	为对象移动过程定义客户—服务器关系
LAN 访问(LAN access)	移动计算机和固定 LAN 之间的协议
拨号联网(dial-up networking)	计算机通过移动电话呼叫
传真(fax)	传真机与移动电话建立连接
无绳电话(cordless telephony)	无绳电话与基站间建立连接
内部通信联络系统(intercom)	数字步话机
头戴电话(headset)	允许免提的语音通信
对象推送(object push)	提供交换简单对象的方法
文件传输(file transfer)	提供文件传输
同步(synchronization)	PDA 与计算机间进行数据同步

4. 蓝牙技术的安全措施

蓝牙规范定义了三种不同的安全模式,即非安全模式、业务层安全模式和链路层安全模式。

(1) 非安全模式。此模式不采用信息安全管理也不执行安全保护以及处理,当设备上运行一般应用时使用此种模式。该模式中,设备避开链路层的安全功能,可以访问不敏感信息。

(2) 业务层安全模式。蓝牙设备在逻辑链路层建立信道之后采用信息安全管理机制,并执行安全保护功能。这种安全机制建立在 L2CAP 和它之上的协议中,该模式可为多种应用提供不同的访问策略,并且可以同时运行安全需求不同的应用。

(3) 链路层安全模式。链路层安全模式是指蓝牙设备在连接管理协议层建立链路的同时就采用信息安全管理和执行安全保护和处理,这种安全机制建立在连接管理协议基础之上。在该模式中,链路管理器在同一层面上对所有的应用强制执行安全措施。

业务层安全模式和链路层安全模式的本质区别在于在业务层安全模式下的蓝牙设备在信道建立以前启动的安全性过程,也就是说,它的安全性过程在较高层协议进行。链路层安全模式下的蓝牙设备在信道建立后启动安全性过程,它的安全性过程在较低层协议实施。

链路层安全模式包括验证和加密两个功能。两个不同的蓝牙设备第一次连接时,需要验证两个设备是否具有互相连接的权限,用户必须在两个设备上输入 PIN(personal identification number)码作为验证的密码,称为配对(pairing)过程。配对过程中的两个设备分别称为 Verifier 与 Claimant。在配对过程中并不是 Verifier 与 Claimant 直接比较两者的 PIN 码,因为 Verifier 与 Claimant 还没有建立共同的秘密通信方式,若是 Claimant 直接传送未加密的 PIN 码给 Verifier,机密性非常高的 PIN 码容易被在线侦听而遭泄露。所以当 Verifier 对 Claimant 验证时,中间传送的并不是 PIN 码。链路层的通信流程包括以下 4 个步骤。

(1)产生初始密钥。当两个不同的蓝牙设备第一次连接时,用户在两个设备输入相同的 PIN 码,接着 Verifier 与 Claimant 都产生一个相同的初始化密钥,称为 KINIT,长度为 128 位;KINIT 是由设备地址 BD_ADDR、PIN、PIN 的长度及一个随机数 IN_RAND 经过计算得到的。这样 Verifier 与 Claimant 可以通过双方都拥有的相同初始密钥 KINIT 进行连接,并对传递的参数进行加密,以保证不被他人侦听。

(2)产生设备密钥。每个蓝牙设备在第一次开机操作完成初始化的参数设置后,设备将产生一个设备密钥(unit key),表示为 KA。KA 保存在设备的内存中,它是由 128 位的随机数 RAND 与 48 位的 BD_ADDR 经过 E21 算法计算而来的。一旦设备产生 KA 后,便一直保持不变,因为有多个 Claimant 共享同一个 Verifier,若是 Verifier 内的 KA 改变,则以前所有与其相连接过的 Claimant 都必须重新进行初始化的程序以得到新的链路密钥。

(3)产生链路密钥。链路密钥由设备密钥和初始化密钥产生。Verifier 与 Claimant 间以设备内的链路密钥作为验证和比较的依据,双方必须拥有相同的链路密钥,Claimant 才能通过 Verifier 的验证。每当 Verifier 与 Claimant 间进行验证时,链路密钥作为加密过程中产生加密密钥的输入参数,链路密钥的功能和 KINIT 的功能相同,只是 KINIT 是初始化时的临时性密钥,存储在设备的内存中,当链路密钥产生时,设备就将 KINIT 丢弃。

依据设备存储能力的不同,链路密钥有两种产生方式。当设备的存储容量较小时,可以直接把 Claimant 的 KA 作为链路密钥,经过 KINIT 的编码后传递到 Verifier 上;当设备的存储容量足够时,则结合 Verifier 与 Claimant 两个设备内的 KA 产生 KAB,Verifier 与 Claimant 分别产生随机数 LK_RANDA 和 LK_RANDB,这两个随机数经过 KINIT 的编码后,互相传给对方,Verifier 与 Claimant 即根据随机数 LK_RANDA 和 LK_RANDB 与 BD_ADDR 运用算法计算出相同的 KAB。

链路密钥究竟是采用 KA 还是 KAB 取决于具体的应用。对于存储容量较小的蓝牙设备或者处于大用户群中的设备,适合采用 KA,此时只需存储单一密钥;对于安全等级请求较高的应用,适合采用 KAB,但此时设备必须拥有较大的存储空间。

(4) 验证。在 Verifier 和 Claimant 都拥有一个相同的链路密钥 KAB 后,Verifier 利用链路密钥 KAB 验证 Claimant 是否能够与其相连,如果双方根据 KAB 生成的验证码相同,则 Verifier 接受 Claimant 的连接请求,否则 Verifier 将拒绝 Claimant 的连接请求。

为了防止非法的入侵者不断地尝试以不同的 PIN 码连接 Verifier,当某次 Claimant 请求验证而被 Verifier 拒绝时,Claimant 必须等待一定的时间间隔才能再次请求 Verifier 的验证,Verifier 将记录验证失败的 Claimant 的 BD_ADDR。当同一个验证失败的 Claimant 一直不断地重复验证,则每次验证间的等待时间将以指数的速率一直增加。在 Verifier 内记录了每一个 Claimant 的验证时间间隔表以控制 Claimant 的验证时间间隔,这将更有效地阻止不当或非法的入侵者。

5. 蓝牙技术的应用环境

(1) 居家。在现代家庭,通过使用蓝牙技术的产品,可以免除设备电缆缠绕的苦恼。鼠标、键盘、打印机、耳机和扬声器等均可以在 PC 环境中无线使用。通过在移动设备和家用 PC 之间同步联系人和日历信息,用户可以随时随地存取最新的信息。此外,蓝牙技术还可以用在适配器中,允许人们从相机、手机、笔记本电脑向电视发送照片。

(2) 工作。除实现设备的无线连接之外,启用蓝牙的设备能够创建自己的即时网络,让用户能够共享演示文稿或其他文件,不受兼容性或电子邮件访问的限制。蓝牙设备还能方便地召开小组会议,通过无线网络与其他办公室进行对话,并将白板上的构思传送到计算机。现在有越来越多的移动设备支持蓝牙功能,销售人员可使用手机进行连接并通过 GPRS 移动网络传输信息。

(3) 通信及娱乐。目前,蓝牙技术在日常生活中应用最广的就是支持蓝牙的设备与手机相连,如蓝牙耳机、车载免提蓝牙。蓝牙耳机使驾驶更安全,同时能够有效减少电磁波对人体的影响。此外,内置了蓝牙技术的游戏设备,能够在蓝牙覆盖范围内与朋友展开游戏竞技。

5.1.3　ZigBee 技术

ZigBee 技术作为短距离无线传感器网络的通信标准,由于复杂程度低、能耗低、成本低,广泛应用于家庭居住控制、商业建筑自动化、工厂车间管理和野外监控等领域。ZigBee 技术标准由 ZigBee 联盟于 2004 年推出,该联盟是一个由半导体厂商、技术供应商和原始设备制造商加盟的组织。

1. ZigBee 技术的主要特征

ZigBee 技术相对于其他的无线通信技术具有以下特点。

(1) 功耗低。由于 ZigBee 的传输速率低,传输数据量小,并且采用了休眠模式,因此 ZigBee 设备非常省电。据估算,ZigBee 设备仅靠两节 5 号电池就可以维持长达 6 个月到 2 年时间。

(2) 成本低。ZigBee 技术协议简单,内存空间小,专利免费,芯片价格低,使得 ZigBee

设备成本相对低廉。

(3) 传输范围小。ZigBee 技术的室内传输距离在几十米以内,室外传输距离在几百米内。

(4) 时延短。ZigBee 从休眠状态转入工作状态只需要 15 ms,搜索设备时延为 30 ms,活动设备信道接入时延为 15 ms。相对而言,蓝牙需要 3 s ~ 10 s,WiFi 则需要 3 s。

(5) 网络容量大。ZigBee 的节点编址为两字节,其网络节点容量理论上达 65 536 个。

(6) 可靠性较高。ZigBee 技术中避免碰撞的机制可以通过为宽带等预留时隙而避免传送数据时发生竞争或冲突;通过 ZigBee 技术发送的每个数据报是否被对方接收都必须得到完全的确认。

(7) 安全性好。ZigBee 提供鉴权和认证,采用 AES 128 高级加密算法来保护数据载荷和防止攻击者冒充合法设备。

2. ZigBee 协议标准

ZigBee 针对低速率无线个人局域网,基于 IEEE 802.15.4 介质访问控制层和物理层标准,开发了一组包含组网、安全和应用软件方面的技术标准。ZigBee 是建立在 802.15.4 标准之上的,它确定了可在不同制造商之间共享的应用纲要。ZigBee 协议栈的体系结构模型如图 5-5 所示。IEEE 802.15.4 标准定义了物理层(PHY)和介质接入控制子层(MAC),ZigBee 联盟定义了网络层和应用层(APL)框架的设计。

图 5-5 ZigBee 协议栈体系结构示意图

(1) 物理层(PHY 层)。ZigBee 产品工作在 IEEE 802.15.4 的物理层上,可工作在 2.4 GHz(全球通用标准)、868 MHz(欧洲标准)和 915 MHz(美国标准)三个频段上,并且在这三个频段上分别具有 250 kbps(16 个信道)、20 kbps(1 个信道)和 40 kbps(10 个信道)的最高数据传输速率。在使用 2.4 GHz 频段时,ZigBee 技术室内传输距离为 10 m,室外传输距离则能达到 200 m;使用其他频段时,室内传输距离为 30 m,室外传输距离则能达到 1 000 m。实际传输中,其传输距离根据发射功率确定,可变化调整。

ZigBee 为避免设备互相干扰,各个频段均采用直接序列扩频技术。物理层的直接序列扩频技术允许设备无须闭环同步,在这三个不同频段都采用相位调制技术。在 2.4 GHz 频段采用较高阶的 QPSK 调制技术,以达到 250 kbps 的速率。在 915 MHz 和 868 MHz 频段则采用 BPSK 的调制技术。

(2) MAC 层。IEEE 802.15.4 的 MAC 层能支持多种标准,其协议包括以下功能:① 设备间无线链路的建立、维护和结束；② 确认模式的帧传送与接收；③ 信道接入控制；④ 帧校验；⑤ 预留时隙管理；⑥ 广播信息管理。同时，使用 CSMA/CA（carrier sense multiple access with collision avoidance）机制和应答重传机制，实现了信道的共享及数据帧的可靠传输。

（3）网络层。ZigBee 网络层（NWK）主要功能是负责拓扑结构的建立和网络连接的维护，包括设计连接和断开网络时所采用的机制、帧信息传输过程中所采用的安全性机制、设备的路由发现、路由维护和转交机制等。

（4）应用层。应用层主要为用户提供 API 函数和一些网络管理方面的函数。ZigBee 应用层主要负责把不同的应用映射到 ZigBee 网络，包括与网络层连接的应用支持层（APS）、ZigBee 设备对象（ZDO）以及 ZigBee 的应用层架构（AF）。

3. ZigBee 组网技术

ZigBee 可以采用星形、网状、树状拓扑，也允许采用三者的组合。组网方式如图 5-6 所示。

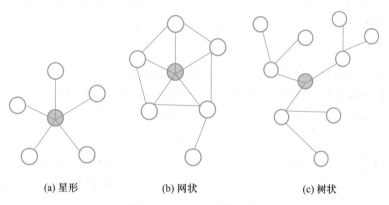

(a) 星形   (b) 网状   (c) 树状

图 5-6　ZigBee 网络拓扑

在 ZigBee 技术的应用中，具有 ZigBee 协调点功能且未加入任一网络的节点可以发起建立一个新的 ZigBee 网络，该节点就是该网络的 ZigBee 协调点，如图 5-6 中的实心点所示。ZigBee 协调点首先进行 IEEE 802.15.4 中的能量探测扫描和主动扫描，选择一个未探测到网络的空闲信道或探测到网络最少的信道，然后确定自己的 16 bit 网络地址、网络的 PAN 标识符（PAN ID）、网络的拓扑参数等，其中 PAN ID 是网络在此信道中的唯一标识，因此 PAN ID 不应与此信道中探测到的网络的 PAN ID 冲突。各项参数选定后，ZigBee 协调点便可以接收其他节点加入该网络。

当一个未加入网络的节点要加入当前网络时，要向网络中的节点发送关联请求，收到关联请求的节点如果有能力接收其他节点为其子节点，就为该节点分配一个网络中唯一的 16 bit 网络地址，并发出关联应答。收到关联应答后，此节点成功加入网络，并可接收其他节点的关联。节点加入网络后，将自己的 PAN ID 标识设为与 ZigBee 协调点相同的标识。一个节点是否具有接收其他节点并与其关联的能力，主要取决于此节点可利用的资源，如存储空间、能量等。

如果网络中的节点想要离开网络,同样可以向其父节点发送解除关联的请求,收到父节点的解除关联应答后,便可以成功地离开网络。但如果此节点有一个或多个子节点,在其离开网络之前,需要解除所有子节点与自己的关联。

5.1.4　6LoWPAN 技术

6LoWPAN 是一种基于 IPv6 的低速无线个域网标准,即 IPv6 over IEEE 802.15.4。6LoWPAN 技术得到学术界和产业界的广泛关注,包括美国加州大学伯克利分校、瑞典计算机科学院以及思科(Cisco)、霍尼韦尔(Honeywell)等知名企业,并推出了相应的产品。6LoWPAN 协议已经在许多开源软件上实现,比较著名的是 Contiki、Tinyos。

早期,将 IP 协议引入无线通信网络一直被认为是不现实的(不是完全不可能)。迄今为止,无线网只采用专用协议,因为 IP 协议对内存和带宽要求较高,要降低它的运行环境要求以适应微控制器及低功率无线连接很困难。基于 IEEE 802.15.4 实现 IPv6 通信的 IETF 6LoWPAN 草案标准的发布,改变了这一局面。6LoWPAN 所具有的低功率运行的潜力使它适合应用在手持设备中,而其对 AES 128 加密的内置支持为 6LoWPAN 认证和安全性打下了坚实基础。

IETF 组织于 2004 年 11 月正式成立了 IPv6 over LR WPAN(简称 6LoWPAN)工作组,着手制定基于 IPv6 的低速无线个域网标准,即 IPv6 over IEEE 802.15.4,旨在将 IPv6 引入以 IEEE 802.15.4 为底层标准的无线个域网。其出现推动了短距离、低速率、低功耗的无线个人区域网络的发展。

由于 IEEE 802 15.4 只规定了物理层(PHY)和媒体访问控制(MAC)层标准,没有涉及网络层以上规范。为了满足不同设备制造商的设备间的互联和互操作性,需要制定统一的网络层和应用层标准。

6LoWPAN 技术快速发展,使得人们通过互联网实现对大规模传感器网络的控制,并广泛应用于智能家居、环境监测等多个领域成为可能。例如,在智能家居中,可将 6LoWPAN 节点嵌入到家具和家电中,通过无线网络与因特网互联,实现智能家居环境的管理。

作为短距离、低速率、低功耗的无线个域网领域的新兴技术,6LoWPAN 以其廉价、便捷、实用等特点,向人们展示了广阔的市场前景。凡是要求设备具有价格低、体积小、省电、可密集分布特征,而不要求设备具有很高传输速率的应用,都可以应用 6LoWPAN 技术来实现。比如,用于建筑物状态监控、空间探索等方面。因此,6LoWPAN 技术的普及,必将给人们的工作、生活带来极大的便利。

5.2　远距离无线通信技术

远距离无线通信技术常被用在偏远山区、岛屿等因地域、条件、费用等因素可能无法铺设有线通信设施(如光缆等)的区域以及船、人等需要数据通信却又在实时移动的场合。远距离无线通信技术与 Internet 技术相结合,成为网络骨干通信技术的补充。常规远距离无线通信技术有卫星通信技术、微波通信技术和移动通信技术。

5.2.1 卫星通信技术

卫星通信是指利用人造地球卫星作为中继站转发无线电信号,在两个或多个地面站之间进行的通信过程或方式。卫星通信属于宇宙无线电通信的一种形式,工作在微波频段。卫星通信是在地面微波中继通信和空间技术的基础上发展起来的。微波中继通信是一种"视距"通信,即只有在"看得见"的范围内才能通信。而通信卫星相当于离地面很高的微波中继站,因此经过一次中继转接之后即可进行长距离的通信。

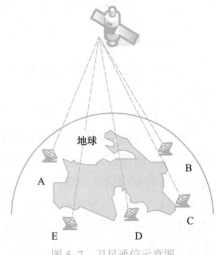

图 5-7 卫星通信示意图

1. 卫星通信技术原理

图 5-7 是一种简单的卫星通信系统示意图,它是由一颗通信卫星和多个地面通信站组成的。地面通信站通过卫星接收或发送数据,实现数据的传递。

如图 5-8 所示,离地面高度为 h_e 的卫星中继站,看到地面的两个极端点是 A 和 B 点,即地面上最大通信距离 S 将是以卫星为中继站所能达到的最大通信距离。其计算公式如式(5-1)所示。

$$S = R_0\theta = R_0\left(2\arccos\frac{R_0}{R_0 + h_e}\right) \tag{5-1}$$

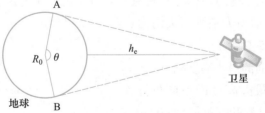

图 5-8 卫星通信原理示意图

式(5-1)中:R_0 为地球半径,$R_0 = 6\,378\ \text{km}$;θ 为 AB 所对应的圆心角(弧度);h_e 为通信卫星到地面的高度,单位为 km。上式说明,h_e 越大,地面上最大通信距离越大。

由于卫星处于外层空间,即在电离层之外,地面上发射的电磁波必须能穿透电离层才能到达卫星;同样,从卫星到地面上的电磁波也必须穿透电离层。而在无线电频段中只有微波频段恰好具备这一条件,因此卫星通信使用微波频段。

卫星通信系统选择的主要工作频段如表 5-2 所示。其中,C 频段被最早用于商业卫星,较低的频率范围用于下行流量(从卫星发出),较高的频率用于上行流量(发向卫星)。为了能够同时在两个方向上传输流量,要求使用两个信道,每个方向一个信道。

表 5-2　卫星通信频段

频段	下行链路	上行链路	带宽	问题
L	1.5 GHz	1.6 GHz	15 MHz	低带宽、拥挤
S	1.9 GHz	2.2 GHz	70 MHz	低带宽、拥挤
C	4.0 GHz	6.0 GHz	500 MHz	地面干扰
K_u	11 GHz	14 GHz	500 MHz	雨水
K_a	20 GHz	30 GHz	3 500 MHz	雨水、设备成本

2. 通信卫星的种类

目前,通信卫星的种类繁多,按不同的标准有不同的分类。下面给出几种常用的卫星种类。

(1) 按卫星的供电方式划分

按卫星是否具有供电系统,可将其分为无源卫星和有源卫星两类。无源卫星是运行在特定轨道上的球形或其他形状的反射体,没有任何电子设备,它是靠其金属表面对无线电波进行反射来完成信号中继任务的。在 20 世纪 50—60 年代进行卫星通信试验时,曾使用过这种卫星。目前,几乎所有的通信卫星都是有源卫星,一般多采用太阳能电池和化学能电池作为能源。这种卫星装有收、发信机等电子设备,能将地面站发来的信号进行接收、放大、频率变换等其他处理,然后再发回地球。有源卫星可以部分地补偿信号在空间传输时造成的损耗。

(2) 按通信卫星的运行轨道角度划分

按卫星的运行轨道角度可将其划分为三类。① 赤道轨道卫星:指轨道平面与赤道平面夹角 ϕ 为 0° 的卫星;② 极轨道卫星:指轨道平面与赤道平面夹角 ϕ 为 90° 的卫星;③ 倾斜轨道卫星:指轨道平面与赤道平面夹角为 $\phi(0° < \phi < 90°)$ 的卫星。所谓轨道就是卫星在空间运行的路线,如图 5-9 所示。

(3) 按卫星距离地面的最大高度划分

按卫星距离地面最大高度的不同可分为:① 低轨道卫星,是指距离地表在 5 000 km 以内的卫星;② 中间轨道卫星,是指距离地表 5 000 ~ 20 000 km 的卫星;③ 高轨道卫星,是指距离地表 20 000 km 以上的卫星。

(4) 按卫星与地球上任一点的相对位置的不同划分。按卫星与地球上任一点的相对位置的不同可划分为同步卫星和非同步卫星。① 同步卫星是指在赤道上空约 35 800 km 高的圆形轨道上与地球自转同向运行的卫星。由于其运行方向和周期与地球

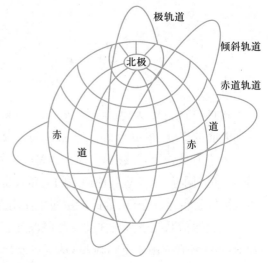

图 5-9　卫星运行轨道示意图

自转方向和周期均相同,因此从地面上任何一点看上去,卫星都是"静止"不动的,所以把这种相对地球静止的卫星简称为同步(静止)卫星,其运行轨道称为同步轨道。② 非同步卫星的运行周期不等于(通常小于)地球自转周期,其轨道倾角、高度和轨道形状(圆形或椭圆形)可因需要而不同。从地球上看,这种卫星以一定的速度在运动,故又称为移动卫星或运动卫星。

不同类型的卫星有不同的特点和用途。在卫星通信中,同步卫星使用得最为广泛,其主要原因如下。

第一,同步卫星距地面高达 35 800 km,一颗卫星的覆盖区(从卫星上能"看到"的地球区域)可达地球总面积的 40% 左右,地面最大跨距可达 18 000 km。因此只需 3 颗卫星适当配置,就可建立除两极地区(南极和北极)以外的全球性通信,如图 5-10 所示。

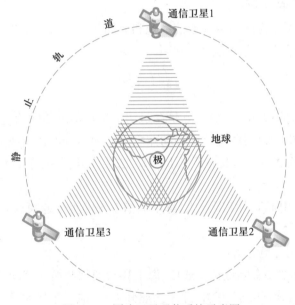

图 5-10　同步卫星通信系统示意图

第二,由于同步卫星相对于地球是静止的,因此,地面站天线易于保持对准卫星,不需要复杂的跟踪系统;通信连续,不像相对于地球以一定速度运动的卫星那样,在变更转发信号卫星时会出现信号中断;信号频率稳定,不会因卫星相对于地球运动而产生多普勒频移。

当然,同步卫星也有一些缺点,主要表现在:两极地区为通信盲区;卫星离地球较远,故传输损耗和传输时延都较大;同步轨道只有一条,能容纳卫星的数量有限;同步卫星的发射和在轨测控技术比较复杂。此外,在春分和秋分前后,还存在着星蚀(卫星进入地球的阴影区)和日凌中断(卫星处于太阳和地球之间,受强大的太阳噪声影响而使通信中断)现象。

非同步卫星的主要优缺点基本上与同步卫星相反。由于非同步卫星的抗毁性较高,因此也有一定的应用。

3. 卫星通信系统分类

目前世界上建成了数以百计的卫星通信系统,归结起来可进行如下分类。

(1) 按卫星制式可分为静止卫星通信系统、随机轨道卫星通信系统和低轨道卫星(移动)通信系统。

(2) 按通信覆盖区域的范围可划分为国际卫星通信系统、国内卫星通信系统和区域卫星通信系统。

(3) 按用户性质可分为公用(商用)卫星通信系统、专用卫星通信系统和军用卫星通信系统。

(4) 按业务范围可分为固定业务卫星通信系统、移动业务卫星通信系统、广播业务卫星通信系统和科学实验卫星通信系统。

(5) 按基带信号体制可分为模拟制卫星通信系统和数字制卫星通信系统。

(6) 按多址方式可分为频分多址(FDMA)、时分多址(TDMA)、空分多址(SDMA)和码分多址(CDMA)卫星通信系统。

(7) 按运行方式可分为同步卫星通信系统和非同步卫星通信系统。目前国际和国内的卫星通信大都是同步卫星通信系统。

5.2.2　移动通信技术

移动通信是指通信双方或至少一方是在运动中实现信息传输的过程或方式。例如,移动体(车辆、船舶、飞机、人)与固定点或移动体之间的通信等。移动通信可以应用在任何条件之下,特别是在有线通信不可及的情况下(如无法架线、埋电缆等),更能显示出其优越性。

1. 移动通信分类

随着移动通信应用范围的不断扩大,移动通信系统的类型越来越多,其分类方法也多种多样。

(1) 按设备的使用环境分类

按这种方式分类主要有陆地移动通信、海上移动通信和航空移动通信三种类型。对于特殊的使用环境,还有地下隧道、矿井,水下潜艇和太空、航天等移动通信。

(2) 按服务对象分类

按这种方式分类可分为公用移动通信和专用移动通信两种类型。例如,我国的中国移动、中国联通等经营的移动电话业务就属于公用移动通信。由于是面向社会各阶层人士的,因此称为公用网。专用移动通信是为保证某些特殊部门的通信所建立的通信系统。由于各个部门的性质和环境有很大区别,因而各个部门使用的移动通信网的技术要求也有很大差异,如公安、消防、急救、防汛、交通管理、机场调度等。

(3) 按系统组成结构分类

① 蜂窝状移动电话系统。蜂窝状移动电话是移动通信的主体,它是用户容量最大的全球移动电话网。

② 集群调度移动电话。它可将各个部门所需的调度业务进行统一规划建设,集中管理,每个部门都可建立自己的调度中心台。它的特点是共享频率资源,共享通信设施,共享通信业务,共同分担费用,是一种专用调度系统的高级发展阶段,具有高效、廉价的自动拨号

系统,频率利用率高。

③ 无中心个人无线电话系统。它没有中心控制设备,这是与蜂窝网和集群网的主要区别。它将中心集中控制转化为电台分散控制。由于不设置中心控制,故可以节约建网投资,并且频率利用率最高。系统采用数字选呼方式,采用共用信道传送信令,接续速度快。由于系统没有蜂窝移动通信系统和集群系统那样复杂,故建网简易、投资低、性价比最高,适合个人业务和小企业的单区组网分散小系统。

④ 公用无绳电话系统。公用无绳电话是公共场所使用的电话系统,如商场、机场、火车站等。加入无绳电话系统的手机可以呼入市话网,也可以实现双向呼叫。它的特点是不适用于乘车使用,只适用于步行。

⑤ 移动卫星通信系统。21 世纪通信的最大特点是卫星通信终端手持化,个人通信全球化。所谓个人通信,是移动通信的进一步发展,是面向个人的通信,其实质是任何人在任何时间、任何地点,可与任何人实现任何方式的通信。只有利用卫星通信覆盖全球的特点,通过卫星通信系统与地面移动通信系统的结合,才能实现名副其实的全球个人通信。近年来移动卫星通信系统发展最快的是低轨道的铱系统和全星系统以及中轨道的国际移动通信卫星系统和奥德赛系统。

2. 移动通信的发展

移动通信目前处于 5G 时代,未来五年即将进入 6G 时代。按照移动通信的发展过程,可划分为如下几个阶段。

(1) 第一代(1G)模拟移动通信系统

从 1946 年美国使用 150 MHz 单个汽车无线电话开始到 20 世纪 90 年代初,是移动通信发展的第一阶段。因为调制前信号都是模拟的,也称模拟移动通信系统。第一代移动通信的主要特征为模拟技术,可分为蜂窝、无绳、寻呼和集群等多类系统,每类系统又有互不兼容的技术体系。

(2) 第二代(2G)数字移动通信系统

这时的移动通信系统的主要特征是采用了数字技术。虽然仍是多种系统,但每种系统的技术体制有所减少,主要包括 GSM、CDMA 和 GPRS 等几种模式。

GSM:GSM 是全球移动通信系统的简称。自 20 世纪 90 年代中期投入商用以来,被 100 多个国家采用。

CDMA:CDMA 是码分多址访问(code division multiple access)的简称。CDMA 允许所有使用者同时使用全部频带(1.228 8 MHz),且把其他使用者发出的信号视为杂讯,完全不必考虑信号碰撞问题。

GPRS:GPRS 是通用分组无线服务技术(general packet radio service)的简称,是 GSM 移动电话用户可用的一种移动数据业务,传输速率可提升为 56 kbps 至 114 kbps。GPRS 通常被描述成“2.5G 通信技术”,它介于第二代(2G)和第三代(3G)移动通信技术之间。

(3) 第三代(3G)移动通信

3G 移动通信的标准有 WCDMA、CDMA2000 与 TD SCDMA 三种。WCDMA(wideband

code division multiple access）是由欧洲提出的宽带 CDMA 技术，是在 GSM 的基础上发展而来的；CDMA2000 由美国主推，是基于 IS 95 技术发展起来的 3G 技术规范；TD SCDMA（time division synchronous code division multiple access）即时分同步 CDMA 技术，则是由我国自行制定的 3G 标准。

（4）第四代（4G）移动通信

4G 集 3G 与 WLAN 于一体，具备传输高质量视频图像的能力，其图像质量与高清晰度电视不相上下。4G 系统能够以 100 Mbps 的速度下载，比拨号上网快 2 000 倍，上传的速度也能达到 20 Mbps，并能够满足大部分用户对于无线服务的要求。

国际电信联盟（ITU）已经将 WiMAX、HSPA+、LTE 正式纳入 4G 标准里，加上之前就已经确定的 LTE Advanced 和 WirelessMAN Advanced 这两种标准，目前 4G 标准已经达到了 5 种。

（5）第五代（5G）移动通信

2016 年 11 月，在乌镇举办的第三届世界互联网大会上，高通公司带来的可以实现"万物互联"的 5G 技术原型入选 15 项"黑科技"——世界互联网领先成果。目前，5G 向千兆移动网络和人工智能迈进，中国华为、韩国三星电子、日本、欧盟都在投入相当的资源研发 5G 网络。2017 年 2 月 9 日，国际通信标准组织 3GPP 宣布了 5G 的官方 Logo。

我国 5G 技术研发分为 5G 关键技术试验、5G 技术方案验证和 5G 系统验证三个阶段实施。2018 年 6 月 28 日，中国联通公布了 5G 部署，5G 网络正式商用。

3. 移动通信系统的组成

移动通信系统一般由移动终端 MS（mobile set）、基站 BS（base station）、控制交换中心 CSC（control switch center）和有线电话网等组成，其中，移动终端包括车载终端和手持终端；不同基站覆盖不同区域，如无线区 1、2、3 等，如图 5-11 所示。

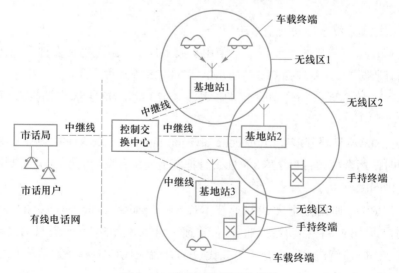

图 5-11　移动通信系统示意图

基站和移动终端设有收、发信机和天线等设备。每个基站都有一个可靠通信的服务范围，称为无线区(通信服务区)。无线区的大小主要由发射功率和基站天线的高度决定。根据服务面积的大小可将移动通信网分为大区制、中区制和小区制(cellular system)三种。

大区制是指一个通信服务区(比如一个城市)由一个无线区覆盖，此时基站发射功率很大(50 W 或 100 W 以上，对手机的要求一般为 5 W 以下)，无线覆盖半径可达 25 km 以上。其基本特点是，只有一个基站，覆盖面积大，信道数有限，一般只能容纳数百到数千个用户。大区制的主要缺点是系统容量不大。为了克服这一限制，适合更大范围(大城市)、更多用户的服务，就必须采用小区制。

小区制一般是指覆盖半径为 2~10 km 的多个无线区链合而形成的整个服务区的制式，此时的基站发射功率很小(8~20 W)。由于通常将小区绘制成六角形(实际小区覆盖地域并非六角形)，多个小区结合后看起来很像蜂窝，因此称这种组网方式为蜂窝网。用这种组网方式可以构成大区域、大容量的移动通信系统，进而形成全省、全国或更大的系统。小区制有以下 4 个特点：① 基站只提供信道，其交换、控制都集中在一个移动电话交换局 MTSO(mobile telephone switching office)，或称为移动交换中心，其作用相当于一个市话交换局。而大区制的信道交换、控制等功能都集中在基站完成。② 具有"过区切换功能"(handoff)，简称"过区"功能，即一个移动终端从一个小区进入另一个小区时，要从原基站的信道切换到新基站的信道上来，而且不能影响正在进行的通话。③ 具有漫游(roaming)功能，即一个移动终端从本管理区进入到另一个管理区时，其电话号码不能变，仍然像在原管理区一样能够被呼叫到。④ 具有频率再用的特点。所谓频率再用是指一个频率可以在不同的小区重复使用。由于同频信道可以重复使用，再用的信道越多，用户数也就越多。因此，小区制可以提供比大区制更大的通信容量。小区制几种频率的组网方式如图 5-12 所示。目前发展方向是将小区划小，成为微区、宏区和毫区，其覆盖半径降至 100 m左右。

中区制则是介于大区制和小区制之间的一种过渡制式。

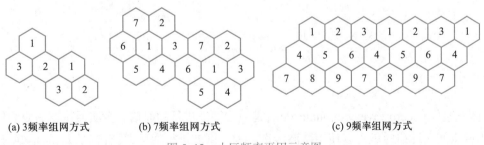

(a) 3频率组网方式 (b) 7频率组网方式 (c) 9频率组网方式

图 5-12 小区频率再用示意图

移动交换中心主要用来处理信息和整个系统的集中控制管理。因系统不同而有几种名称，如在美国的 AMPS 系统中被称为移动交换局 MTSO，而在北欧的 NMT-900 系统中被称为移动交换机 MTX。

5.2.3 微波通信技术

微波（microwave）的发展与无线通信的发展是分不开的。1901年马克尼使用800 kHz中波信号进行了从英国到北美纽芬兰的世界上第一次横跨大西洋的无线电波的通信试验，开创了人类无线通信的新纪元。无线通信初期，人们使用长波及中波来通信。20世纪20年代初人们发现了短波通信，直到20世纪60年代卫星通信的兴起，它一直是国际远距离通信的主要手段，并且对目前的应急和军事通信仍然很重要。

用于空间传输的电波是一种电磁波，其传播的速度等于光速。无线电波可以按照频率或波长来分类和命名。人们把频率高于300 MHz的电磁波称为微波。由于各波段的传播特性各异，因此，可以用于不同的通信系统。例如，中波主要沿地面传播，绕射能力强，适用于广播和海上通信；而短波具有较强的电离层反射能力，适用于环球通信；超短波和微波的绕射能力较差，可作为视距或超视距中继通信。

1931年在英国多佛与法国加莱之间建起了世界上第一条微波通信电路。第二次世界大战后，微波接力通信得到迅速发展。1955年对流层散射通信在北美试验成功。20世纪50年代开始进行卫星通信试验，20世纪60年代中期投入使用。由于微波波段频率资源极为丰富，而微波波段以下的频谱十分拥挤，为此移动通信等也向微波波段发展。

微波是波长在1 mm～1 m（不含1 m）的电磁波，是分米波、厘米波、毫米波和亚毫米波的统称，其频谱示意图如图5-13所示。微波频率比一般的无线电波频率高，通常也称为"超高频电磁波"。微波作为一种电磁波也具有波粒二象性。微波的基本性质通常呈现为穿透、反射、吸收三个特性。对于玻璃、塑料和瓷器，微波几乎是穿越而不被吸收；对于水和食物等就会吸收微波而使自身发热；而对金属类的物质，微波则会被反射。

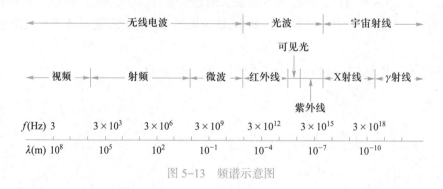

图5-13　频谱示意图

微波通信（microwave communication）是使用微波进行的通信。微波通信不需要固体介质，当两点间无障碍时就可以使用微波传送。利用微波进行通信，具有容量大、质量好、传输距离远的特点。微波通信是在第二次世界大战后期开始使用的无线电通信技术，经过几十年的发展已经获得广泛的应用。微波通信分为模拟微波通信和数字微波通信两类。模拟微波通信早已发展成熟，并逐渐被数字微波通信取代。数字微波通信已成为一种重要的传输手段，并与卫星通信、光纤通信一起作为当今的三大传输手段。

1. 微波类型

根据微波的波长,可以将微波分为分米波、厘米波、毫米波等类型,如表 5-3 所示。

表 5-3 微波类型

波段	波长	频率	频段名称
分米波	10 cm ~ 1 m	0.3 GHz ~ 3 GHz	特高频(UHF)
厘米波	1 cm ~ 10 cm	3 GHz ~ 30 GHz	超高频(SHF)
毫米波	1 mm ~ 1 cm	30 GHz ~ 300 GHz	极高频(EHF)

2. 微波通信的方式及其特点

中国微波通信广泛使用 L、S、C、X 和 K 等几种频段进行通信,每个频段适合的应用场景各有差异。由于微波的频率极高,波长又很短,其在空中的传播特性与光波相近,也就是直线前进,遇到阻挡就被反射或被阻断,因此微波通信的主要方式是视距通信,超过视距以后需要中继转发。微博通信的主要特点如下。

(1) 微波频带宽,通信容量大。

(2) 微波中继通信抗干扰性能好,工作较稳定、可靠。

(3) 微波中继通信灵活性较大。

(4) 天线增益高、方向性强。

(5) 投资少、建设快。

一般说来,由于地球曲面的影响以及空间传输的损耗,每隔 50 km 左右,就需要设置中继站,将电波放大转发来延伸。这种通信方式也称为微波中继通信或微波接力通信。长距离微波通信干线可以经过几十次中继传至数千公里仍保持很高的通信质量。其接力通信示意图如图 5-14 所示。

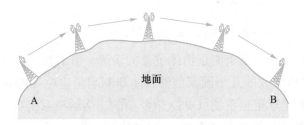

图 5-14 微波通信示意图

3. 微波通信系统

微波通信系统由发信机、收信机、天馈线系统、多路复用设备及用户终端设备等组成,其中,发信机由调制器、上变频器、高功率放大器组成;收信机由低噪声放大器、下变频器、解调器组成;天馈线系统由馈线、双工器及天线组成;用户终端设备把各种信息变换成电信号;多路复用设备则将多个用户的电信号构成共享一个传输信道的基带信号。在发信机中调制器把基带信号调制到中频再经上变频变至射频,也可直接调制到射频。在模拟微波通信系统中,常用的调制方式是调频;在数字微波通信系统中,常用多相数字调相方式,大容量数字微波则采用有效利用频谱的多进制数字调制及组合调制等调制方式。发信机中的高功率放大器用于把发送的射频信号提高到足够的电平,以满足经信道传输后的接收场强。收信机中的低噪声放大器用于提高收信机的灵敏度;下变频器用于中频信号与微波信号之间的变换以实现固定中频的高增益稳定放大;解调器的功能是进行调制的逆变换。微波通信天线一般为强方向性、高效率、高增益的反射面天线,常用的有抛物面天线、卡塞格伦天线等,馈线主要采用波导或同轴电缆。在地面接力和卫星通信系统中,还需以中继站或卫星转发器等作为中继转发装置。

5.3　基于无线通信的空间定位技术

随着物联网应用研究的不断深入,快速准确地为用户提供空间位置信息的需求变得日益迫切。空间位置的定位通过特定的位置标识与测距技术来确定物体的空间物理位置信息(经纬度坐标)。常用的定位方法一般分为两种:一种是基于通信卫星的定位技术;一种是基于参考点的基站定位技术。基于参考点的基站定位技术又包括基于移动通信基站的定位技术和基于短距无线通信的室内定位技术等。

基于通信卫星的定位技术主要是利用设备或终端上的卫星定位模块将自己的位置信号发送到定位后台来实现定位;通过在物品中安装接收导航卫星芯片,不仅可以实现对物品的实时定位,更能给物联网中的用户提供个性化导航和基于位置的服务。

基于参考点的基站定位技术则是利用基站与通信设备之间的无线通信和测量技术,计算两者间的距离,并最终确定通信设备的位置信息。基站定位不需要设备或终端具有卫星定位功能,其定位精度很大程度依赖于基站的分布及覆盖范围的大小,误差较大。

5.3.1　基于通信卫星的定位技术 ···▫

卫星定位系统是利用卫星来测量物体位置的系统。由于对科技水平要求较高且耗资巨大,所以世界上只有少数的几个国家能够自主研制卫星定位导航系统。目前已投入运行的主要包括美国的全球定位系统(GPS)、俄罗斯的格洛纳斯系统(GLONASS)、中国的北斗导航系统(BDS)和欧洲的伽利略系统(GALILEO)。此外,还有日本的准天顶卫星系统(QZSS)和印度区域导航卫星系统(IRNSS)等。

1. 卫星定位系统

20 世纪 70 年代,由于人们对连续实时三维导航的需求日渐增强,美国国防部开始研究和建立新一代空间卫星导航定位系统,主要目的是提供实时、全天候和全球性的导航服务。经过 20 余年的研究实验,耗资近 300 亿美元,到 1994 年 3 月,一个由 24 颗卫星组成,全球覆盖率达 98% 的卫星导航系统终于布设完成,该系统被称为卫星定位,是继阿波罗登月、航天飞机之后的第三大空间工程。

中国北斗卫星导航系统(BDS)是中国自行研制的全球卫星导航系统,也是继 GPS、GLONASS 之后的第三个成熟的卫星导航系统。

2020 年 7 月 31 日上午,北斗三号全球卫星导航系统正式开通。BDS 系统的运行对于打破外国在卫星定位领域的垄断地位、保护国家安全等都具有重要意义。

北斗卫星导航系统由空间段、地面段和用户段三部分组成,可在全球范围内全天候、全天时为各类用户提供高精度、高可靠的定位、导航、授时服务,并且具备短报文通信能力,已经初步具备区域导航、定位和授时能力,定位精度为分米、厘米级别,测速精度 0.2 m/s,授时精度 10 ns(纳秒)。

典型的卫星定位系统的结构如图 5-15 所示。

(1) 空间段部分

北斗卫星定位系统由 35 颗卫星组成,包括 5 颗静止轨道卫星、27 颗中地球轨道卫星、3 颗倾斜同步轨道卫星。5 颗静止轨道卫星定点位置为东经 58.75°、80°、110.5°、140°、160°,中地球轨道卫星运行在 3 个轨道面上,轨道面之间为相隔 120° 均匀分布。由于北斗卫星

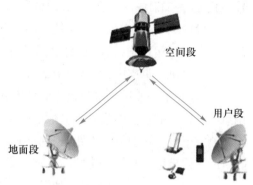

图 5-15 卫星定位系统的组成

分布在离地面 2 万多千米的高空上,以固定的周期环绕地球运行,使得在任意时刻,在地面上的任意一点都可以同时观测到 4 颗以上的卫星。

GPS 卫星定位系统的空间部分由 24 颗距地球表面约 20 200 km 的卫星所组成,其中包括 3 颗备用卫星。这些卫星以 60° 等角均匀地分布在 6 个轨道面上,每条轨道上均匀分布 4 颗卫星,并以 11 小时 58 分(12 恒星时)为周期环绕地球运转。在每一颗卫星上都载有位置及时间信号,只要客户端装设卫星定位设备,就能保证在全球的任何地方、任何时间都可同时接收到至少 4 颗卫星的信号,并能保证良好的定位计算精度。每颗卫星都对地表发射涵盖本身在轨道面的坐标、运行时间等数据信号,地面的接收站通过对这些数据处理分析,实现定位、导航、地标等精密测量,提供全球性、全天候和高精度的定位和导航的服务。

(2) 地面控制部分

地面控制部分一般包括 1 个主控站、3 个注入站和 5 个监控站,负责对整个系统进行集中控制管理,实现卫星时间同步,同时对卫星的轨道进行监测和预报等。

(3) 用户部分

用户部分一般包括各种型号的卫星定位信号接收机,由卫星定位接收机天线、卫星定位接收机主机组成。其主要任务是捕获待测卫星,并跟踪这些卫星的运行。接收卫星定位卫星发射的无线电信号,即可获取接收天线至卫星的伪距离和距离的变化率,解调出必要的定位信息及观测量,通过定位解算方法进行定位计算,计算出用户所在地的地理位置信息,从而实现定位和导航功能。

如今,随着电子技术和集成电路技术的不断发展,卫星定位客户端接收器体积不断缩

小,接收器的接收精准度也越来越高。例如,智能手机、PDA 甚至笔记本电脑等电子产品已经集成了卫星定位接收模块,可实现定位及导航功能,卫星定位已经成为这些电子设备的标准配备之一。

2. 导航卫星的定位原理

导航卫星的定位利用到达时间测距的原理以确定用户的位置。这种原理需要测量信号从位置已知辐射源发出到达用户所经历的时间。将这个称为信号传播的时间段乘以信号的速度(如音速、光速),便得到从辐射源到接收机的距离。接收机同时接收多个辐射源的信号,由于这些辐射源的位置已知,即可利用它们来确定自己的位置。

一般情况下,接收机只需要接收到 3 颗卫星信号,就可以获得使用者与每颗卫星之间的距离。在实际运行中,信号发射由卫星时钟确定,收到时刻由接收机时钟确定,这就在测定卫星至接收机的距离中,不可避免地包含着两台时钟不同步的误差和电离层、对流层延迟误差影响,这并不是卫星与接收机之间的实际距离,所以称为伪距。伪距法定位是利用全球定位系统进行导航定位的最基本方法。伪距法定位基本原理就是在某一瞬间利用导航接收机同时测定至少 4 颗卫星的伪距,根据已知的卫星位置和伪距观测值,采用距离交会法求出接收机的三维坐标和时钟改正数。

在卫星定位时,主要考虑两种误差。

(1) 接收机时钟一般与系统时钟之间有一个偏移误差。

(2) 卫星内的时钟误差。

为保证信号的可靠性,消除和减少误差,卫星定位都是利用接收装置接收到 4 颗以上的卫星信号,利用卫星钟差来消除时间不同步带来的计算误差,获取使用者精确的位置和速度等信息。

所谓卫星钟差是指卫星定位卫星时钟与卫星定位标准时间之间的差值。尽管卫星定位卫星采用了高精度的原子钟来保证时钟的精度,具有比较长期的稳定性,但原子钟依然有频率偏移和老化的问题,导致它们与卫星定位标准时间之间会存在一个差异。这个偏差可以通过差分的方式来消除。具体方法可参考卫星定位的技术文档。

如图 5-16 所示,假设待测定用户坐标为 (x_u, y_u, z_u),它与 4 颗卫星 S_i(其中 $i = 1, 2, 3, 4$)之间的距离 ρ_i($i = 1, 2, 3, 4$),c 为卫星定位信号的传播速度(即光速),t_u 为接收机时钟与系统时钟之间的偏移。

根据 4 颗卫星的位置 (x_i, y_i, z_i)(其中 $i = 1, 2, 3, 4$),利用空间中任意两点间的距离公式,可得

$$\rho_1 = \sqrt{(x_1 - x_u)^2 + (y_1 - y_u)^2 + (z_1 - z_u)^2} + c \times t_u$$

$$\rho_2 = \sqrt{(x_2 - x_u)^2 + (y_2 - y_u)^2 + (z_2 - z_u)^2} + c \times t_u$$

$$\rho_3 = \sqrt{(x_3 - x_u)^2 + (y_3 - y_u)^2 + (z_3 - z_u)^2} + c \times t_u$$

$$\rho_4 = \sqrt{(x_4 - x_u)^2 + (y_4 - y_u)^2 + (z_4 - z_u)^2} + c \times t_u$$

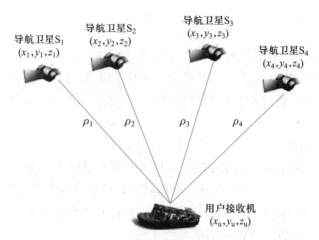

导航卫星S_1
(x_1,y_1,z_1)

导航卫星S_2
(x_2,y_2,z_2)

导航卫星S_3
(x_3,y_3,z_3)

导航卫星S_4
(x_4,y_4,z_4)

ρ_1　ρ_2　ρ_3　ρ_4

用户接收机
(x_u,y_u,z_u)

图 5-16　卫星定位定位原理示意图

在上式中,4 颗卫星的位置以及它们与待测用户的距离是已知的。因此,通过上列等式,可计算出待测定用户的位置坐标(x_u,y_u,z_u)和 t_u。

3. 卫星导航系统的应用

卫星导航应用十分广泛,涵盖各行各业。根据应用的功能和领域的不同,可简单概括为如下几个方面。

(1) 定位导航。实现车辆、船舶、飞机等的定位导航,例如,汽车的自主导航定位,车辆最佳行驶路线测定,船舶实时调度与导航,飞机航路引导和进场降落,车辆及物体的追踪和城市交通的智能管理等。

(2) 勘察测绘。卫星导航技术与地理信息系统(geographic information system, GIS)相结合,可实现大气物理观测、地球物理资源勘探、工程测量、水文地质测量、地壳运动监测和市政规划控制等。同时,在农业和林业领域,可用于林业调查,农作物信息采集,耕地面积核实等。

(3) 应急救援。对于消防、医疗等部门的紧急救援、目标追踪和个人旅游及野外探险的导引,卫星导航都具有得天独厚的优势。

(4) 精确制导。在军事领域,卫星导航从当初的为军舰、飞机、战车、地面作战人员等提供全天候、连续实时、高精度的定位导航,扩展到目前成为精确制导武器复合制导的重要技术手段之一。利用导弹上安装卫星导航接收机接收导航卫星播发的信号来修正导弹的飞行路线,大大提高了制导精度。

卫星导航的问世标志着电子导航技术发展到了一个更加辉煌的时代。与其他导航系统相比,卫星导航具有高精度、全天候、全球覆盖、高效率、多功能、简单易用等特点。但是,由于卫星导航定位技术过于依赖终端性能,将卫星扫描、捕获、伪距信号接收及定位运算等工作集中在终端上运行,造成定位灵敏度低且终端耗电量大等缺点。另外,由于卫星信号穿透能力差,所以卫星导航仅适合在户外开阔区域使用,对于室内定位的应用需求,需要借助其他定位技术实现。

5.3.2 基于移动基站的蜂窝定位技术

随着移动通信技术的迅速发展,手机已经成为人们生活的必备工具,手机功能也从单一的语音通话逐渐向多元化方向发展。移动定位就是手机诸多的附加功能之一。1996 年,美国联邦通信委员会通过了 E-911 法案,该法案要求无线运营商能够提供在 50 ~ 100 m 之内定位一个手机的功能,当手机用户拨打美国全国紧急服务电话时,能对用户进行快速定位。这一法规的提出,促进了基于通信基站的定位技术发展。

蜂窝定位就是一种基于移动基站的定位技术。其利用运营商的移动通信网络,通过手机与多个固定位置的收发信机之间传播信号的特征参数来计算出目标手机的几何位置。同时,结合地理信息系统(GIS),进一步为移动用户提供位置查询等服务。

下面介绍蜂窝定位的几种常用方法。

1. COO 定位

蜂窝小区(cell of origin,COO)定位是一种单基站定位,是通过手机当前连接的蜂窝基站的位置进行定位的。该技术根据手机所处的小区 ID 号来确定用户的位置。手机所处的小区 ID 号是网络中已有的信息,手机在当前小区注册后,系统的数据库中就会将该手机与该小区 ID 号对应起来,根据小区基站的覆盖范围,确定手机的大致位置(见图 5-17)。所以,该方法的定位精度与小区基站的分布密度密切相关。在基站密度较高的区域,这种定位方式精度可以达到 100 ~ 150 m,在基站密度较低的区域(如农村、山区),精度降到 1 ~ 2 km。该方法的优点是定位时间短,现有网络或手机无须改动就能够实现定位,缺点是定位精度取决于小区基站的分布密度。

2. TOA 定位

基于电波传播时间(time of arrival,TOA)的定位是一种三基站定位方法。该定位方法以电波的传播时间为基础,利用手机与三个基站之间的电波传播时延,通过计算得出手机的位置信息。如图 5-18 所示,手机与三个基站间的距离 d_i 为

$$d_i = c \Delta t_i$$

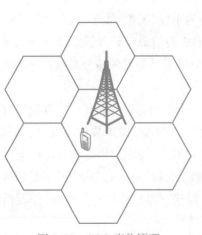

图 5-17 COO 定位原理

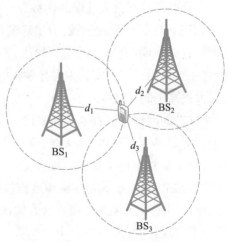

图 5-18 TOA 定位原理

其中,c 为光速,Δt_i 为手机到基站 BS_i 的无线电波传播时延。利用量测技术确定手机到三个基站的传播时延,就可计算得出手机的位置。这种定位方法需要手机与基站之间处于可视范围内,否则会影响定位精度,产生较大误差。如果在手机的可视范围内存在三个以上的基站,则定位精度可以提高。

3. TDOA 定位

基于电波到达时差(time difference of arrival,TDOA)定位与 TOA 定位类似,也是一种三基站定位方法。该方法是利用手机收到不同基站的信号时差来计算手机的位置信息。如图 5-19 所示,如果手机收到相邻基站 BS_2 和 BS_3 的信号的时间差为 Δt,则手机的位置在一条双曲线上:

$$(d_2 - d_3) = c\,\Delta t$$

其中 d_2 为手机到基站 BS_2 的距离,d_3 为手机到基站 BS_3 的距离,c 为光速,三个不同的基站可以测得两个 TDOA(到达时差),手机位于两个 TDOA 决定的双曲线的交点上。与 TOA 法相似,TDOA 定位方法可以采用手机到双曲线距离均方误差最小的算法,前提是有两个以上的 TDOA 值可以用来计算。

TDOA 法与 TOA 法相比较的优点之一是,当计算 TDOA 值时,求时差的过程可抵消时间误差和多径效应带来的误差,因而可以大大提高定位的精确度。

4. AOA 定位

到达角度 AOA(angle of arrival)定位是一种两基站定位方法,它根据信号的入射角度进行定位。该方法是假定基站可以测量出手机发射信号到达基站的角度,如果手机和基站处于可视范围内,则手机与两个基站的夹角分别为 α_1 和 α_2,两条射线的交点就是手机的位置(见图 5-20)。实际上,由于多径传播的影响,采用 AOA 方法会产生一定误差,在市区采用 AOA 法定位,误差会非常大。同时,这种定位方法需要基站配备能够测量到达角大小的天线。

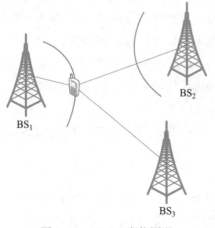

图 5-19　TDOA 定位原理

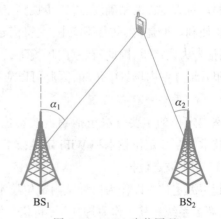

图 5-20　AOA 定位原理

另外,还可采用到达角与到达时间相结合的定位法,即基站可以同时测量到用户的

AOA 和 TOA,由 AOA 的角度数值所指的直线与到达时间确定的圆周两者交点的位置来确定用户的位置。此法的主要优点是基站与移动用户间只进行一次测量,缺点与 AOA 法相同。

5. A- 卫星定位

A- 卫星定位是网络辅助卫星定位的简称。网络辅助卫星定位是一种结合网络基站信息和卫星定位信息对手机进行定位的技术。该技术需要在手机内增加卫星定位接收机模块,并改造手机天线,同时要在移动网络上加建位置服务器、差分卫星定位基准站等设备。这种定位方法一方面通过卫星定位信号的获取,提高了定位的精度,误差可到 10 m 左右;另一方面,通过基站网络可以获取到室内定位信号。不足之处就是手机需要增加相应的模块,成本较高。

A- 卫星定位的基本原理是建立卫星定位参考网络,参考网络中的接收机可以连续地接收卫星定位卫星信号,实时监视各种卫星信息。同时,该参考网络和蜂窝移动通信系统相连,定位时,可将监测到的各种卫星信息传送给终端卫星定位接收机,以加快首次定位时间,减少搜索时间,提高接收灵敏度。

上述几种方法是蜂窝无线定位较常用的方法,其他还包括基于场强的定位、七号信令定位等。与卫星定位技术不同,蜂窝定位技术是以地面基站为参照物,定位方法灵活多样,特别是能方便地实现室内定位,使其能在紧急救援、汽车导航、智能交通、蜂窝系统优化设计等方面发挥重要作用。但是,由于过分依赖地面基站的分布和密度,在定位精确度、稳定性方面无法与卫星定位技术相比。在实际的定位应用中,主要是将两者结合起来,实现混合定位,在扩大定位覆盖范围的同时,又能提高定位的精度,为定位应用提供更高质量的技术支撑。

5.3.3　基于短距无线的室内定位技术

近年来,室内移动对象管理的研究逐渐成为研究的热点。研究人员期望通过逐步提高室内移动对象定位的精确度,进一步提高室内移动对象管理应用的可用性,为人们的现代生活提供便利。但是,在室内环境中,卫星信号、蜂窝网络信号容易受到墙壁、屋顶等障碍物的遮挡,信号失真严重,因此,在室内环境下,不适合使用卫星、蜂窝网络来定位,但是无线信号可以很好地在室内场景中传输,因此可以应用各种无线技术来实现室内位置的确定。

1. 室内定位的主要方法

室内定位的主要方法包括超声波定位技术、红外线定位技术、RFID 定位技术、ZigBee 定位技术、UWB 定位技术和 WiFi 定位技术等。

(1) 超声波定位技术

超声波定位可以作为一种室内定位技术,其组成部分主要包括信号发射装置、信号接收装置、调节系统。其工作原理如下:将信号发射器安放在待测的目标物体上,在控制系统的控制下,由信号发射器间隔固定时间向信号接收器发射超声波信号,将信号接收器采集到的超声波信号信息发送到控制系统,控制系统利用相关的定位算法计算目标物体的位置信息,定位误差可以达到几厘米。但是当信号发射器与信号接收器之间有阻挡,定位算法就会失效,而且需要严格的时间同步和可靠的底层硬件保证,成本较大,在室内环境下无法推广。

(2) 红外线定位技术

红外线定位技术原理和超声波定位技术原理相同,在非视距的环境下,信号无法到达接收端,定位无法进行,同时光线和温度等因素都会对定位结果产生影响,因此没有被普遍采用。

(3) RFID 定位技术

实施 RFID 定位技术的系统主要是由读卡器(reader)、电子标签(tag)、后台服务器(host)和数据库组成,首先由 tag 向 reader 发送包含标识自身身份的标签的信号,reader 将 tag 发来的信号发送给后台服务器,后台服务器利用匹配算法和数据处理手段实现对 tag 的位置定位。但是 RFID 无线定位技术需要建立无线信号传播模型,而信号模型受多径干扰、建筑物阻挡等环境因素的影响,因此,建立起来是比较困难的,用户隐私安全也无法得到保障,没有大面积推广。

(4) ZigBee 定位技术

ZigBee 定位技术是使用大量的传感器协调工作来实现定位的,其原理是根据无线信号在传播过程中信号强度随传输距离的增加而逐渐衰减的规则,将接收端接收的 RSS 映射为相应的距离,再根据几何知识,估计出未知节点的地理位置。但是使用 ZigBee 定位时,需要在覆盖区域内部署传感器节点,且硬件性能要求高。

(5) UWB 定位技术

UWB 定位技术使用发射节点与未知节点通信所用的脉冲信号所携带的伪随机码的时延来确定发射节点与未知节点的距离,而根据发射处的坐标信息,可以确定出未知处的坐标。但是它没有得到推广使用,原因在于它不仅严格要求参考节点和目标节点的时钟同步,而且在室内环境下,通信距离短,时延太短,不易测量,另外 UWB 定位系统收发装置的投入费用高也是它没有得到推广的原因之一。

比较上面介绍的几种室内定位技术可以看出,由于红外、RFID 信号的覆盖范围小且容易受障碍物干扰,并且在实际应用过程中部署需要比较大的代价,定位误差不理想,在室内场景下不适合使用。超声波在传输过程中如果被阻挡,就会被反射,而室内环境中存在很多障碍物,因此也不适合用来室内定位。

(6) WiFi 定位技术

近年来 WiFi 热点(也称 WiFi 访问点,WiFi AP)的普遍部署,使得利用 WiFi 信号来定位成为可能,并且 WiFi 信号抗衰减能力强,很适合在室内条件下传播,因此,WiFi 定位技术越来越受人们的关注。WiFi 无线定位技术在现有 WiFi 网络的基础上,在不需要安装定位设备的情况下直接进行定位,使用成本低、定位精度高、应用范围广,是提高室内定位精度的有力措施,具有良好的发展前景。

2. 无须测距的定位算法

这类算法不用计算目标点与各 AP 点之间的距离,对设备要求没有那么严格,但是需要更多的测量数据,为了获得足够的数据量,需要花费的人力物力较多,后期对数据处理的工作量比较大,不过定位的误差比较小。

在室内环境下,无须测距定位算法主要包括位置近似法、质心定位算法、三角形内点定位算法、指纹数据库算法等。

(1) 位置近似法

位置近似法通过感知或者和目标节点物理接触等方式,当目标节点接近某一已知节点时或者在已知节点的特定范围内,使用已知节点的坐标近似作为目标节点的坐标,如图 5-21 所示。

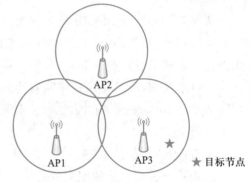

在图中,AP1、AP2、AP3 是已知节点,在其周围是它们覆盖的范围,当目标节点进入到 AP3 所在的领域,即可以利用 AP3 的位置感知目标节点的位置。

图 5-21 位置近似法定位示意图

在 WiFi 网络中,用户通过 AP 从无线网接入到有线网,并且每个 AP 点覆盖一定区域,在 WiFi 网络中,通过无线接入点感知目标节点来确定移动终端,即目标节点的位置。位置近似算法通过部署一定数量的 AP,覆盖定位区域,无须复杂的计算,即可估计出目标的位置,实现起来比较简单,但是算法的性能与 AP 的接入性能、AP 点具体的位置都有很大的关系。

(2) 质心定位算法

质心定位算法取决于各个已知节点之间的连通情况,只需要确定包含定位的目标节点所在的区域,利用该范围中已知的节点的质心作为目标位置处的坐标即可,具体如图 5-22 所示。

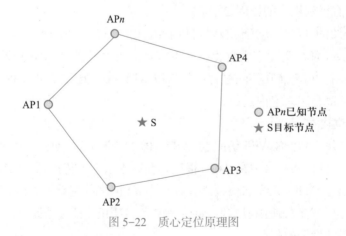

图 5-22 质心定位原理图

图 5-22 中,目标节点区域中有 AP1,AP2,…,APn 个已知接入点,假设 AP1,AP2,…,APn 的坐标分别为 $(x1,y1),(x2,y2),…,(xn,yn)$,目标节点 S 为 (x,y),通过下面的公式可以

计算出目标节点的位置坐标(x,y)。

$$x = (x1 + x2 + \cdots + xn)/n$$
$$y = (y1 + y2 + \cdots + yn)/n$$

（3）三角形内点定位算法

三角形内点定位算法分为四步。第一步,确定定位区域内已知位置的参考节点与目标节点之间的位置关系;第二步,根据这种关系在定位区域中找出含有目标点的所有由参考点组成的三角形集合;第三步,从三角形集合中找出目标节点在三角形内部的所有三角形;第四步,在上述所有三角形中,确定每个三角形的质心,所有的质心点组成了一个多边形区域,再通过计算该区域的质心作为目标节点的坐标,如图 5-23 所示。

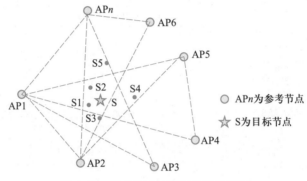

图 5-23 三角形内点定位算法原理图

图 5-23 中,找出含有目标节点 S 的所有三角形集合,随后求出每个三角形的质心 S1,S2,$\cdots$,S5,假设坐标分别为$(x1,y1),(x2,y2),\cdots,(x5,y5)$,则目标节点的位置$(x,y)$可由如下公式计算出来。

$$x = (x1 + x2 + \cdots + x5)/5$$
$$y = (y1 + y2 + \cdots + y5)/5$$

（4）基于指纹数据库的定位算法

位置指纹可以作为某一位置的识别信息。在定位区域内每个位置处都对应着唯一的识别特征,也就是说一个指纹信息对应着一个位置信息,而 WiFi 信号强度 RSS 是可以用来作为位置指纹的最简单和最有效的表征,可以通过 RSS 来实现定位。

指纹数据库定位算法的流程主要包括以下两步。

首先,多次重复测量 RSS,建立指纹数据库。

其次,根据实时测量的 RSS,对 RSS 实施匹配,通过一定的算法估算出当前位置。

下节对指纹数据库定位算法进行具体介绍。

5.3.4 基于指纹数据库定位算法

基于位置指纹的 WiFi 室内定位技术通过建立信号特征和空间的对应关系达到定位的目的。基于位置指纹的 WiFi 室内定位技术最早可以追溯到微软公司开发了一个名为

Radar 的定位系统,该系统使用位置指纹算法,通过将在线阶段的数据与离线阶段的指纹相匹配得到位置估计。该系统首次提出位置指纹定位的概念,将待定位区域进行坐标划分,在网格交点设置参考点。

基于指纹数据库的定位技术原理如图 5-24 所示,其算法可以分为两个阶段:离线阶段和在线阶段。

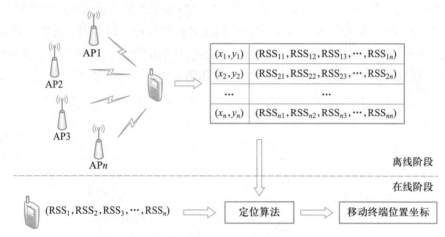

图 5-24　基于指纹数据库原理定位示意图

1. 离线阶段

在定位区域每隔 1 ~ 2 m 处布置参考节点(reference point,RP),此时节点的坐标已知,在每一个节点处,重复多次采集来自各个 AP 点的 RSS,将位置坐标与对应的 RSS 序列存储到数据库中,称为位置指纹,将定位区域中所有参考节点的位置指纹都存储到库中,这样就生成了指纹数据库。这样就建立了该定位区域的无线地图,称为"radio-map",将位置信息和 RSS 序列对应起来。这一步是指纹数据库定位的准备工作,也是耗费时间比较多的一步。

2. 在线阶段

根据用户终端采集到的信号强度 RSS 序列,得到位置信息,即此时用户终端所在的位置。根据 RSS 序列,结合特定的算法,将 RSS 序列和指纹数据库中的数据进行匹配,选取最相近的指纹数据所对应的坐标信息,用来估算最终的位置坐标。在线阶段中所使用的定位算法有基于概率的位置估计法、核函数法、k 近邻法、神经网络法、支持向量回归法等。

在进行位置指纹识别计算时,首先需要确定定位区域内的特征点位置,使特征点位置具有一定的规则性,并收集特征点发出的 AP 信号强度也就是 RSSI 值,建立 AP 位置信号 RSSI 值数据库。在实际定位过程中,通过对定位目标设备收集到的 AP 信号强度进行分析,并与数据库中现有的 AP 信号进行对比,选择与目标设备 AP 信号特征相似度最高的信号位置作为目标设备的最终定位位置。按照其实施过程的不同,又可分为基于 RSSI 测距的理论模型和基于 RSSI 特征的经验模型。

在基于 RSSI 测距技术的定位系统中,已知发射节点的发射信号强度,接收节点根据接收到信号的强度,计算出信号的传播损耗,利用理论模型将传输损耗转化为距离,再利用已有的算法计算出节点的位置。RSSI 与距离的关系如下:

$$\text{RSSI} = -(10n \lg d + A)$$

上式中:A 表示距发射节点 1 m 处的信号强度指示值的绝对值;d 表示发射节点与接收节点之间的距离;n 为与环境相关的路径损耗系数。

在定位区域布设好的 WiFi 网络范围中,按照一定的间隔选取若干个参考点,测试并记录在这些参考点上收集到的各个 AP 发射出的信号强度,并按照数据格式 $(x, y, \text{ss}_1, \cdots, \text{ss}_n)$ 建立各个参考点的坐标值和 RSSI 特征值的离线数据库。实际定位过程中,将定位点实际测量得到的信号强度 $(\text{ss}_1, \cdots, \text{ss}_n)$ 和数据库中记录的信号强度进行比对,此步骤称为数据匹配。将具有最佳匹配对应的一个参考点坐标或者多个参考点坐标的平均值作为待测节点的坐标位置。常用的匹配算法有最近邻法(NN)、KNN、神经网络等。

RSSI 特征值是在参考点处经过多次采样计算得到的平均值,该平均值与定位环境中的位置密切相关。不同位置处具有不同的 RSSI 特征值,来自不同 AP 的 RSSI 特征值共同构成该位置的指纹特征信息。由于指纹信息受环境干扰而产生的不稳定性以及定位区域大、参考点多、采样工作繁重,这些因素都会加大指纹数据库的建立、维护与更新的难度。

5.4 有线通信技术

有线通信技术是局域网、城域网、广域网的常用组网技术,一般统称为互联网(Internet)。在面向物联网的应用中,常使用 Internet 进行互联。这里介绍典型的双绞线和光纤通信技术,并以此为基础详述以太网的概念。

5.4.1 以太网技术

以太网(Ethernet)是指由施乐公司(Xerox)创建并由 Xerox、Intel 和 DEC 公司联合开发的基带局域网规范,是当今局域网采用的最通用的通信协议标准。以太网络使用 CSMA/CD 技术,包括标准的以太网(10 Mbps)、快速以太网(100 Mbps)和 10 G(10 Gbps)以太网,符合 IEEE 802.3 系列标准。

1. 以太网分类

以太网根据其发展历程可以分为:标准以太网、快速以太网、千兆以太网、万兆以太网等。

(1)标准以太网

这种以太网只有 10 Mbps 的吞吐量,使用的是带有冲突检测的载波监听多路访问 CSMA/CD(carrier sense multiple access/with collision detection)的访问控制方法,这种早期的 10 Mbps 以太网称为标准以太网,可以使用粗同轴电缆、细同轴电缆、非屏蔽双绞线、屏蔽双绞线和光纤等多种传输介质进行连接。IEEE 802.3 标准中,为不同的传输介质制定了不同的物理层标准。在这些标准中前面的数字表示传输速率,单位是 Mbps,最后的一个数字表示单段网线长度(基准单位是 100 m),Base 表示"基带"的意思,Broad 代表"宽带"。

(2) 快速以太网

1993 年 10 月,Grand Junction 公司推出了世界上第一台快速以太网集线器 Fastch10/100 和网络接口卡 FastNIC100,快速以太网技术正式得以应用。随后 Intel、SynOptics、3COM、BayNetworks 等公司亦相继推出自己的快速以太网装置。与此同时,IEEE 802 工程组也对 100 Mbps 以太网的各种标准,如 100BASE-TX、100BASE-T4、MII、中继器、全双工等标准进行了研究。1995 年 3 月 IEEE 宣布了 IEEE 802.3u 100BASE-T 快速以太网标准(Fast Ethernet),从而进入了快速以太网的时代。快速以太网的不足其实也是以太网技术的不足,那就是快速以太网仍是基于 CSMA/CD 技术,当网络负载较重时,会造成效率的降低,当然这可以使用交换技术来弥补。

(3) 千兆以太网

千兆以太网(Gigabit Ethernet)技术是最新的高速以太网技术。这种技术的最大优点是继承了传统以太网技术价格便宜的优点。千兆技术仍然是以太网技术,它采用了与百兆标准以太网相同的帧格式、帧结构、网络协议、全/半双工工作方式、流控模式以及布线系统。由于该技术不改变传统以太网的桌面应用、操作系统,因此可与标准或快速以太网很好地配合工作。

(4) 万兆以太网

万兆以太网规范包含在 IEEE 802.3 标准的补充标准 IEEE 802.3ae 中,它扩展了 IEEE 802.3 协议和 MAC 规范,支持 10 Gbps 的传输速率。除此之外,通过 WAN 界面子层 WIS (WAN interface sublayer),万兆太网也能被调整为较低的传输速率,如 9.584 640 Gbps(OC-192),这就允许万兆以太网设备与同步光纤网络(SONET)STS-192c 传输格式相兼容。

2. 以太网拓扑

以太网常见的拓扑结构有总线型拓扑结构和星形拓扑结构两种。

(1) 总线型拓扑结构。总线型结构如图 5-25 所示,所需的电缆较少、价格便宜,但是管理成本高、不易隔离故障点,同时共享访问机制易造成网络拥塞。早期以太网多使用总线型的拓扑结构,采用同轴电缆以及光纤作为传输介质,连接简单,通常在小规模的网络中不需要专用的网络设备。但由于它存在的固有缺陷,已经逐渐被以集线器和交换机为核心的星形网络或者环形光纤网所代替。

(2) 星形拓扑结构。星形拓扑管理方便、容易扩展,但需要专用的网络设备作为网络的核心节点,也需要更多的网线,对核心设备的可靠性要求高。采用专用的网络设备(如

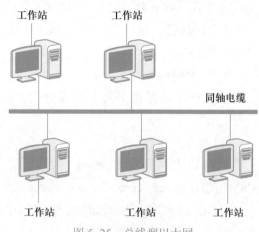

图 5-25　总线型以太网

集线器或交换机)作为核心节点,通过双绞线或光纤将局域网中的各台主机连接到核心节点上,这就形成了星形结构,如图 5-26 所示。星形网络虽然需要的线缆比总线型的多,但布线和连接器比总线型的要便宜。此外,星形拓扑可以通过级联的方式很方便地将网络扩展到很大的规模,因此得到了广泛的应用,被绝大部分的以太网所采用。

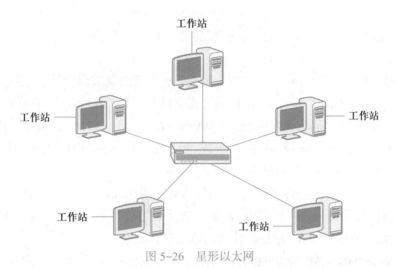

图 5-26　星形以太网

5.4.2　Internet 技术

互联网(Internet)作为一种"信息高速公路",面临着"公路"管理同样的难题。在公路管理中,人、车、路如何协同工作,长期面临挑战。上述挑战,不仅需要通过技术来解决,更要通过法律、法规来疏导和预防。在互联网中也是如此,必须通过各种规程或协议(类似于法律法规)来保证网络安全、稳定、高效运行。其中就包括网络节点身份标识协议(用来对用户违规和网络故障进行追踪和溯源等)、网络数据传输协议(保证网络节点数据正确到达目标节点)、网络资源共享协议(保证不同组织和个人的信息可以共享和共用等)等。表 5-4 给出了公路网与互联网的关联关系一览表。

表 5-4　公路网与互联网的关联关系比较

	公路通行标准	互联网协议	互联网协议类别	互联网协议实例
1	车牌、路标	物理地址、逻辑地址	网络节点身份协议	MAC、IP 等
2	各行其道、限速、禁停	帧管理、流量控制	网络数据传输协议	TCP、UDP 等
3	共享汽车、停车场	文件、网页、图片等	网络资源共享协议	HTTP、HTTPS 等

1. 网络节点身份标识协议

计算机网络的发展是从局域网发展到互联网。为了唯一标识网络中的每个节点,局域网使用了网络硬件地址(即 MAC 地址)来标识网络节点,而由多个局域网互联而成的广域网网络,则使用了逻辑地址(IP 地址)来标识网络节点。

（1）MAC 地址

局域网是计算机网络发展的第一个阶段。为了解决局域网中网络节点的身份标识问题,IEEE 标准规定,网络中每台设备都要有一个唯一的网络硬件标识,这个标识就是 MAC 地址。

MAC 地址的直译为媒体存取控制地址,也称为局域网地址、以太网地址、网卡地址或物理地址,它是用来确认网络节点的身份(或位置),由网络设备制造商生产时写在硬件内部(一般是网卡内部)。

MAC 地址用于在网络中唯一标识一个网卡。一台设备若有多个网卡,则每个网卡都需要并会有一个唯一的 MAC 地址。MAC 地址由 48 位(6 个字节)组成。书写时通常在每个字节之间用 “:” 或 “–” 隔开,如 08-00-20-0A-8C-6D 就是一个 MAC 地址。其中,前 3 个字节是网络硬件制造商的编号,由 IEEE 分配,后 3 字节由制造商自行分配,代表该制造商所生产的某个网络产品(如网卡)的系列号。

在 OSI 参考模型中,数据链路层负责 MAC 地址的管理。由于 MAC 地址固化在网卡里面,理论上讲,除非盗来硬件即网卡,否则一般是不能被冒名顶替的。基于 MAC 地址的这种特点,局域网采用了 MAC 地址来标识具体用户。

查看网络节点的 MAC 地址的流程如下:控制面板→网络和共享中心→本地连接→详细信息→物理地址。这里的物理地址就是 MAC 地址。操作过程的主要截图如图 5-27 所示。

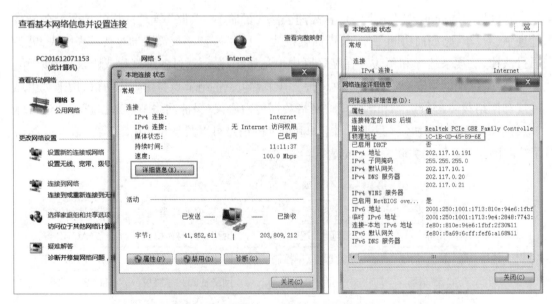

图 5-27　计算机的 MAC 地址查询方法

（2）IP 地址

随着计算机网络的快速发展,不同的局域网络连成一体,出现了互联网。为了屏蔽每个局域网络的差异性,做到不同物理网络的互联和互通,就需要提出一种新的统一编址方法,为互联网上每一个子网、每一个主机分配一个全网唯一的地址。

IP 地址就是为此而制定的。由于有了这种唯一的地址,才保证了用户在联网的计算机上操作时,能够高效而且方便地从千千万万台计算机中选出自己所需的对象来。IP 地址就像是人们的通信住址一样,如果要写信给一个人,就要知道他(她)的通信地址,这样邮递员才能把信送到。计算机发送信息就好比是邮递员,它必须知道唯一的"通信地址"才能不至于把信送错对象。只不过通信地址是用文字来表示的,计算机的地址用二进制数字表示。

IP 地址被用来给网络上的计算机一个编号。大家日常见到的情况是每台联网的 PC 上都需要有 IP 地址,才能正常通信。可以把 PC 比作"一台电话",那么"IP 地址"就相当于"电话号码",而 Internet 中的路由器,就相当于电信局的"程控式交换机"。

IP 地址是一个 32 位的二进制数,通常被分割为 4 字节,书写时用"点分十进制"表示成(a.b.c.d)的形式,其中,a、b、c、d 都是 0 ~ 255 之间的十进制整数。例如,点分十进 IP 地址(128.0.0.9),实际上是 32 位二进制数 10000000.00000000.00000000.00001001。

在 Internet 中,由 NIC 组织统一负责全球 IP 地址的规划、管理,由其下属机构 Inter NIC、APNIC、RIPE 等网络信息中心具体负责美国及全球其他地区的 IP 地址分配。中国申请 IP 地址是通过负责亚太地区事务的 APNIC 进行的。

(3) IP 地址的分类

IP 地址一般包括网络号和主机号两部分。其中网络号的长度决定了整个网络中可包含多少个子网,而主机号的长度决定了每个子网能容纳多少台主机。根据网络号和主机号占用的长度不同,IP 地址可以分为 A、B、C、D 和 E 共 5 类。用二进制代码表示时,A 类地址最高位为 0,B 类地址最高 2 位为 10,C 类地址最高 3 位为 110,D 类地址的最高 4 位等于 1110,E 类地址的最高 5 位等于 11110。由于 D 类地址分配给多播,E 类地址保留,所以实际可分配的 IP 地址只有 A 类、B 类或 C 类,如图 5-28 所示。

图 5-28　三类可分配的 IP 地址

A 类地址由最高位的"0"标志、7 位的网络号和 24 位的网内主机号组成。这样,在一个互联网中最多有 126 个 A 类网络(网络号 1 到 126,号码 0 和 127 保留)。而每一个 A 类网络允许有最多 2^{24} ≈ 1 677 万台主机,如表 5-5 所示。A 类网络一般用于网络规模非常大的地区网。

B 类地址由最高两位的"10"标志、14 位的网络号和 16 位的网内主机号组成。这样,在互连环境下大约有 16 000 个 B 类网络,而每一个 B 类网络可以有 65 634 台主机,如表 5-5 所示。B 类网络一般用于较大规模的单位和公司。

C 类地址由最高 3 位的"110"标志、21 位的网络号和 8 位的网内主机号组成。一个互联网中允许包含约 209 万个 C 类网络,而每一个 C 类网络中最多可有 254 台主机(主机号全 0 和全 1 有特殊含义,不能分配给主机),如表 5-5 所示。C 类网络一般用于较小的单位和公司。

此外,国际 NIC 组织对 IP 地址还有如下规定:32 位全"1"表示网络的广播地址,32 位全"0"表示网络本身;高 8 位为 1000000 表示回送地址(loopback address),用于网络软件测试以及本地机进程间通信。无论什么程序,一旦使用回送地址发送数据,协议软件立即将其回送,不进行任何网络传输。最常用的回送地址是 127.0.0.1。

此外,NIC 还为每类地址保留了一个地址段用作私有地址(private address)。所谓私有地址属于非注册地址,专门为组织机构内部使用。三类地址保留的私有地址范围如表 5-5 所示。这些私有地址主要用于企业内部网络之中。

表 5-5　三类地址的网络数、IP 地址范围和主机数

类别	最大网络数	IP 地址范围	单个网段最大主机数	私有 IP 地址范围
A	126(2^7-2)	1.0.0.1 ~ 127.255.255.254	16 777 214	10.0.0.0 ~ 10.255.255.255
B	16 384(2^14)	128.0.0.1 ~ 191.255.255.254	65 534	172.16.0.0 ~ 172.31.255.255
C	2 097 152(2^21)	192.0.0.1 ~ 223.255.255.254	254	192.168.0.0 ~ 192.168.255.255

私有网络由于不与外部互连,因此可以使用任意的 IP 地址。保留这样的地址供其使用是为了避免以后接入 Internet 时引起的地址混乱。使用私有地址的私有网络在接入 Internet 时,要使用地址翻译协议(NAT),将私有地址翻译成公用合法 IP 地址。在 Internet 上,这类私有地址是不能出现的。

(4) IP 地址和 MAC 地址的异同

由于 IP 地址只是逻辑上的标识,不受硬件限制,容易修改(如某些网络节点用户可能基于各种原因使用他人 IP 地址登录网络),从而出现 IP 地址盗用问题。例如,人们可以根据需要给一台主机指定任意的 IP 地址。例如,可以给局域网上的某台计算机分配 IP 地址 202.117.10.191,也可分配 202.117.10.192。修改网络节点的 IP 地址的具体流程如下:控制面板→网络和共享中心→本地连接→属性→ Internet 协议版本 4(TCP/IPv4)属性→ IP 地址。部分截图如图 5-29 所示。

为了解决 IP 地址任意修改或盗用问题,网络管理者可以将 IP 地址与 MAC 地址进行绑定。IP 地址和 MAC 地址最大的相同点就是地址都具有唯一性,主要差异如下。

① 可修改性不同:IP 地址是基于网络拓扑设计的,在一台网络设备或计算机上,改动 IP 地址是非常容易;而 MAC 地址则是网卡生产厂商烧录好的,一般不能改动。除非这个计算

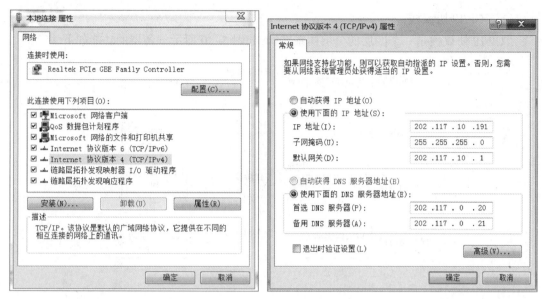

图 5-29　IP 地址查询与修改方法

机的网卡坏了,在更换网卡之后,该计算机的 MAC 地址就变了。

② 地址长度不同:IP 地址长度为 32 位,MAC 地址长度为 48 位。

③ 分配依据不同:IP 地址的分配是基于网络拓扑的,MAC 地址的分配是基于网卡制造商的。

④ 寻址协议层不同:IP 地址应用于 OSI 的网络层,而 MAC 地址应用在数据链路层。

⑤ 传输过程不同:数据链路层通过 MAC 地址将数据从一个节点传输到相同链路的另一个节点;网络层协议可以通过 IP 地址将数据从一个网络传递到另一个网络上,传输过程中可能需要经过路由器等中间节点。

2. 网络节点数据传输协议

实现数据安全、可靠和高效传输是互联网的核心目标。在局域网内部,主要通过数据链路层协议来保障数据可靠传输;在广域网中,主要通过传输层协议来进一步提高数据传输的可靠性,防止链路拥堵。下面重点介绍其中的 TCP 协议。

（1）TCP 的概念

TCP（transmission control protocol）是一种面向连接的、可靠的、基于字节流的传输层通信协议。为了使 TCP 协议能够独立于特定的网络,TCP 对报文长度有一个限定,即 TCP 传送的数据报长度要小于 64 KB。这样,对长报文需要进行分段处理后才能进行传输。

TCP 协议不支持多播,但支持同时建立多条连接。TCP 协议的连接服务采用全双工方式。在数据传输之前,TCP 协议必须在两个不同主机的传输端口之间建立一条连接,一旦连接建立成功,在两个进程间就建立了两条相反方向的数据传输通道,可同时在两个相反方向传输字节流。TCP 建立的端到端的连接是面向应用进程的,对中间节点（如路由器）是透明的。

（2）TCP/IP 协议栈

TCP/IP 协议栈是一个四层的分层体系结构，如图 5-30 所示。各层的功能如下。

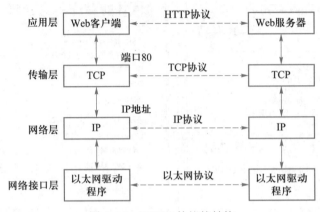

图 5-30 TCP/IP 协议栈结构

① 网络接口层。通常包括操作系统中的设备驱动程序和计算机中对应的网络接口卡，用来处理与电缆（或其他任何传输媒介）的物理接口细节。常见的接口层协议有 Ethernet 802.3、Token Ring 802.5、X.25、Frame relay、HDLC、PPP ATM 等。

② 网络层。也称作互联网层，处理分组在网络中的活动，主要功能为：

a. 处理来自传输层的分组发送请求，收到请求后，将分组装入 IP 数据报，填充报头，选择去往目标机的路径，然后将数据报发往适当的网络接口。

b. 处理输入数据报，先检查其合法性，然后进行寻径。假如该数据报已到达目标机，则去掉报头，将剩下部分交给适当的传输协议；假如该数据报尚未到达目标机，则转发该数据报。

c. 处理路径、流控、拥塞等问题。

③ 传输层。主要为两台主机上的应用程序提供端到端的通信。它包含 TCP（传输控制协议）和 UDP（用户数据报协议）。TCP 为两台主机提供高可靠性的数据通信，包括把应用程序交给它的数据分成合适的小块交给下面的网络层，确认接收到的分组，设置发送最后确认分组的超时时钟等。由于传输层提供了高可靠性的端到端的通信，因此应用层可以忽略所有这些细节。UDP 则只是把称作数据报的分组从一台主机发送到另一台主机，但并不保证该数据报能到达另一端。任何必需的可靠性必须由应用层来提供。

④ 应用层。应用层一般是面向用户的服务，如 FTP、Telnet、DNS、SMTP、POP3 等。FTP（file transmision protocol）是文件传输协议。一般上传、下载用 FTP 服务，数据端口是 20，控制端口是 21；Telnet 服务是用户远程登录服务，使用 23 端口，因为使用明码传送，保密性差，但简单、方便；DNS（domain name service）是域名解析服务，提供域名到 IP 地址之间的转换；SMTP（simple mail transfer protocol）是简单邮件传输协议，用来控制信件的发送、中转；POP3（post office protocol 3）是邮局协议第 3 版本，用于接收邮件。

（3）TCP/IP 协议的数据封装

假设某个以太网内的主机想访问位于另一个以太网内的 Web 服务器，客户机与服务器上必须要配置有应用协议（如 HTTP 协议）、TCP 协议、IP 协议、以太网协议，才能实现两机器间的通信，如图 5-31 所示。

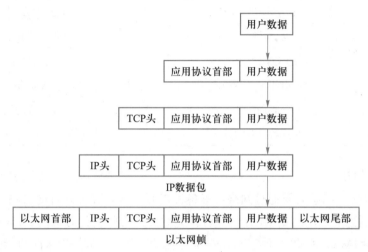

图 5-31　数据封装过程

具体数据发送过程如下。

① 在应用层，用户数据添加上一些控制信息（如用户数据大小、用户数据校验码等）后，形成应用数据。如果需要，将应用数据的格式转换为标准格式（如英文的 ASCII 或标准的 Unicode 码），或进行应用数据压缩、加密等。然后发往传输层。

② 传输层接收到应用数据后，根据流量控制需要，分解为若干数据段，并在发送方和接收方主机之间建立一条可靠的连接，将数据段封装成**报文**后依次传给网络层。每个报文均包括一个数据段及这个数据段的控制信息（如端口号、数据大小、序列号等）。

③ 在网络层，来自传输层的每个报文首部被添加上逻辑地址（如 IP 地址）和一些控制信息后，构成一个网络数据包，然后发送到数据链路层。每个数据包增加逻辑地址后，都可以通过互联网络找到其要传输的目标主机。

④ 在网络接口层，来自网络层的数据包的头部附加上物理地址（即网卡标识，以 MAC 地址呈现）和控制信息（如长度、校验码、类型等），构成一个数据帧，然后发往物理层。需要注意的是，在本地网段上，数据帧使用网卡标识（即硬件地址）可以唯一标识每一台主机，防止不同网络节点使用相同逻辑地址（即 IP 地址）而带来的通信冲突。

最后，在物理层，数据帧通过卡硬件单元增加链路标志（如 01111110B）后转换为比特流发送到物理链路。比特流的发送需要按照预先规定的数字编码方式和时钟频率进行控制。

3. 网络资源共享协议

计算机网络的主要目标就是实现资源共享。可共享的资源主要包括存储资源、设备资源（如打印机）和程序资源等。针对不同的资源共享模式，由于历史原因和技术差异，导致存在多种协议共存的局面。表 5-6 给出了几种常用的网络资源共享协议的概要信息，本节只介绍其中部分协议。

表 5-6　网络资源共享协议的概要信息

协议名称	协议内涵	协议应用背景
HTTP	超文本传输协议	资源搜索
FTP	文件传输协议	用于文件上传和下载
HTML	超文本标记语言	用于网页制作
SMTP	简单电子邮件传输协议	用于电子邮件的发送和邮箱间投递
POP	邮局协议	用于电子邮件的接收
Telnet	远程登录协议	用于用户登录远程主机系统

（1）HTTP 协议

在信息时代，人们总需要通过网络搜索各种资源。这就离不开百度、谷歌等网络资源搜索引擎。那么，搜索引擎是如何工作的呢？首先需要了解的就是万维网（WWW）。

万维网又称 Web 网，是一种基于超文本传输协议 HTTP 的、全球性的、动态交互的、跨平台的分布式图形信息系统。该系统为用户在 Internet 上查找和浏览信息提供了图形化的、易于访问的直观界面。万维网使用了一种全新的浏览器 / 服务器（B/S）模型，如图 5-32 所示。它是对客户机 / 服务器（C/S）模型的一种改进。在 B/S 模型中，用户通过浏览器和 Internet 访问 WWW 应用服务器，应用服务器通过"数据库访问网关"请求数据库服务器的数据服务，然后再由应用服务器把查询结果返回给用户浏览器显示出来。

浏览器 / 服务器模型（B/S 模型）是对客户机 / 服务器模型的一种改进，图 5-32 给出了一个最常见的 B/S 模型。在 B/S 模型中，客户主机上的用户访问接口是通过 WWW 浏览器实现的。当客户机有请求时，向 Web 服务器提出请求服务，Web 通过某种机制请求数据库服务器的数据服务，然后再由 Web 服务器把查询结果返回浏览器显示出来，形成所谓三层结构。

图 5-32　B/S 模型

使用浏览器搜索资源时，就包括一次 Web 服务的资源请求过程。具体步骤如下。

① 在浏览器中输入域名（如 www.xjtu.edu.cn）。

② 使用 DNS（domain name service）对域名进行解析，得到对应的 IP 地址。

③ 根据这个 IP，找到对应的 Web 应用服务器，发起 TCP 的三次握手。

④ 建立 TCP 连接后，发起 HTTP 请求报文。

⑤ 服务器响应 HTTP 请求，浏览器得到包括 HTML 代码的响应文档。

⑥ 浏览器先对返回的 HTML 代码进行解析，再请求 HTML 代码中的资源，如 js、css、图片等（这些资源是二次加载）。

⑦ 浏览器对 HTML 代码及其资源进行渲染,呈现给用户。

⑧ 服务器释放 TCP 连接,一次访问结束。

在一次 Web 服务的资源请求过程,使用的主要协议就是超文本传输协议(HTTP)。HTTP 是一个客户端和服务器端请求和应答的标准。通常由 HTTP 客户端发起一个请求,建立一个到服务器指定端口(默认是 80 端口)的连接。HTTP 服务器则在指定端口监听客户端发送过来的请求,一旦收到请求,服务器向客户端发回一个响应的消息。消息体可能是请求的文件、错误消息或者其他一些信息。客户端接收服务器所返回的信息通过浏览器显示在用户的显示屏上,然后客户机与服务器断开连接。

(2) DNS 协议

为了能够正确地定位到目的主机,HTTP 协议中需要指明 IP 地址。但这种 4 个字节的 IP 地址很难记忆,因此,Internet 提供了域名系统(DNS)。DNS 可以有效地将 IP 地址映射到一组用 "." 分隔的域名(domain name,DN)。比如,124.200.114.117 对应的域名是 www.moe.gov.cn。DNS 最早于 1983 年由保罗·莫卡派乔斯(Paul Mockapetris)发明,原始的技术规范在 RFC 882 中发布。

Internet 中的域名空间为树状层次结构,如图 5-33 所示。最高级的节点称为 "根",根以下是顶级域名,再以下是二级域名、三级域名,以此类推。每个域名对它下面的子域名或主机进行管理。Internet 的顶级域名分为两类:组织结构域名和地理结构域名。按照组织结构分,有 com、edu、net、org、gov、mil、int 等顶级域名,分别代表商业组织、大学等教育机构、网络组织、非商业组织、政府机构、军事单位和国际组织;按照地理结构分,美国以外的顶级域名,一般是以国家或地区的英文名称中的两字母缩写表示,如 cn 代表中国、uk 代表英国、jp 代表日本等。一个网站的域名的书写顺序是由低级域到高级域依次通过点 "." 连接而成,如 http://www.moe.gov.cn 等。

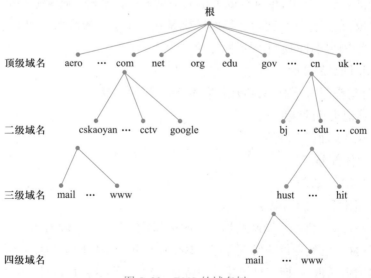

图 5-33 DNS 的域名树

相比 IP 地址,域名便于记忆,且 IP 地址和域名之间是一一对应的。DNS 查询有递归和迭代两种方式,一般主机向本地域名服务器的查询采用递归查询,即当客户机向本地域名服务器发出请求后,若本地域名服务器不能解析,则会向它的上级域名服务器发出查询请求,以此类推,最后得到结果后转交给客户机。而本地域名服务器向根域名服务器的查询通常采用迭代查询,即当根域名服务器收到本地域名服务器的迭代查询请求报文时,如果本地域名服务器中存在映射,会直接给出所要查询的 IP 地址;否则,它仅告诉本地域名服务器下一级需要查找的 DNS 服务器,然后让本地域名服务器进行后续的查询。

(3) HTML 协议

Web 服务的基础是将 Internet 上丰富的资源以超文本(hypertext)的形式组织起来。1963 年,Ted Nelson 提出了超文本的概念。超文本的基本特征是在文本信息之外还能提供超链接,即从一个网页指向另一个目标的连接关系,这个目标可以是另一个网页,也可以是图片、电子邮件地址或文件,甚至是一个应用程序。当浏览者单击已经链接的文字或图片后,链接目标将显示在浏览器上,并根据目标的类型来打开或运行。

超文本标记语言(HTML)就是通过各种各样的“标记”来描述 Web 对象的外观、格式、多媒体信息属性位置和超链接目标等内容,将各种超文本链接在一起的语言。HTML 是目前网络上应用最为广泛的语言,也是构成网页文档的主要语言。一个 HTML 文档由一系列的元素(element)和标签(tag)组成,用于组织文件的内容和指导文件的输出格式。

一个元素可以有多个属性,HTML 用标签来规定元素的属性和它在文件中的位置。浏览器只要读到 HTML 的标签,就会将其解释成网页或网页的某个组成部分。HTML 标签从使用内容上通常可分为两种:一种用来识别网页上的组件或描述组件的样式,如网页的标题 <title>、网页的主体 <body> 等;另一种用来指向其他资源,如 <img> 用来插入图片、<applet>用来插入 JavaApplets、<a> 用来识别网页内的位置或超链接等。

HTML 提供数十种标签,可以构成丰富的网页内容和形式。通常标签由一对起始标签和结束标签组成,结束标签和起始标签的区别是在小于字符的后面要加上一个斜杠字符。下面是一个网页中使用到的基本网页标签。

<html> 标记网页的开始

　<head> 标记头部的开始:头部元素描述,如文档标题等

　</head> 标记头部的结束

　<body> 标记页面正文开始

　　　页面实体部分

　</body> 标记正文结束

</html> 标记该网页的结束

早期,使用 HTML 语言开发网页是一项困难和费时的工作。随着各种网页开发工具的出现,现在设计网页已经变得非常轻松了。Dreamweaver 是集网页制作和管理网站于一身的所见即所得网页编辑器,拥有可视化编辑界面,支持代码、拆分、设计、实时视图等多种方式来创作、编写和修改网页。对于初学者来说,无须编写任何代码就能快速创建 Web 页面。

5.5 本章小结

本章对物联网的通信技术进行了描述,主要涉及近距离无线通信技术、远距离无线通信技术、空间定位技术、有线通信技术和 Internet 技术。近距离无线通信技术和有线通信技术被用在感知设备以及客户机、服务器等计算设备的局域网络互联;在此基础上,利用有线通信技术(光纤)或者远距离无线通信技术与 Internet 实现互联。因此,Internet 可被比喻为物联网的骨干,有线通信技术(光纤)或者远距离无线通信技术被比喻为四肢,近距离无线通信技术和有线通信技术可被看作前端构建技术。通过本章学习,能够对物联网中典型的通信手段和组网方式、无线空间定位有一个系统的了解和常规的认识。

习题

一、选择题

1. WiFi 和 4G 这两种技术的关系本质上是( )。

A. 互补   B. 竞争   C. 兼容   D. 无关

2. 802.11b 最大的数据传输速率可以达到( )。

A. 108 Mbps   B. 54 Mbps   C. 24 Mbps   D. 11 Mbps

3. 802.11g 最大的数据传输速率可以达到( )。

A. 108 Mbps   B. 54 Mbps   C. 24 Mbps   D. 11 Mbps

4. 802.11n 可以加入的标准不包括( )。

A. 802.11a   B. 802.11b   C. 802.11g   D. 前面都不对

5. 接入点 AP 的主要功能为( )。

A. 提供无线覆盖   B. 鉴权   C. 计费   D. 存储

6. WLAN 的连接方式为( )。

A. 光纤   B. 无线   C. 同轴电缆   D. 双绞线

7. 在 ZigBee 技术中,PHY 层和 MAC 层采用( )协议标准。

A. IEEE 802.15.4   B. IEEE 802.11b

C. IEEE 802.11a   D. IEEE 802.12

8. 在 ZigBee 技术中,物理层的数据传输速率为( )。

A. 100 kbps   B. 200 kbps   C. 250 kbps   D. 350 kbps

9. 通过抽样可以使模拟信号实现( )。

A. 时间和幅值的离散   B. 幅值上的离散

C. 时间上的离散   D. 频谱上的离散

10. 空间定位系统的设计方案中通常包括( )部分、地面监控部分和用户接收部分。

A. 移动基站   B. 空间卫星

C. 手机　　　　　　　　　　　　　　　　D. 汽车导航系统

11. 移动终端实施 GPS 空间定位最少需要接收(　　)导航卫星的信号。

A. 2 颗　　　　　　　B. 3 颗　　　　　　C. 4 颗　　　　　　D. 5 颗

12. GPS 卫星星座配置有(　　)颗在轨卫星。

A. 21　　　　　　　　B. 12　　　　　　　C. 18　　　　　　　D. 24

13. GPS 定位中,信号传播过程中引起的误差主要包括大气折射的影响和(　　)影响。

A. 多路径效应　　　　B. 对流层折射　　　C. 电离层折射　　　D. 卫星中差

14. 在 GPS 测量中,观测值都是以接收机的(　　)位置为准的,所以天线的相位中心应该与其几何中心保持一致。

A. 几何中心　　　　　　　　　　　　　　　B. 相位中心

C. 点位中心　　　　　　　　　　　　　　　D. 高斯投影平面中心

15. 我国自行建立的第一代卫星导航定位系统"北斗导航系统"是全天候、全天时提供卫星导航信息的区域导航系统,它由(　　)组成了完整的卫星导航定位系统。

A. 两颗工作卫星　　　　　　　　　　　　　B. 两颗工作卫星和一颗备份星

C. 三颗工作卫星　　　　　　　　　　　　　D. 三颗工作卫星和一颗备份星

16. 192.168.1.1 代表的是(　　)地址。

A. A 类　　　　　　　B. B 类　　　　　　C. C 类　　　　　　D. D 类

17. 对于一个没有见过子网划分的传统 C 类网络来说,允许安装的最多主机数为(　　)。

A. 1 024　　　　　　 B. 65 025　　　　　 C. 254　　　　　　　D. 16

E. 48

18. IP 地址 219.55.23.56 的默认子网掩码有(　　)位。

A. 8　　　　　　　　　B. 16　　　　　　　C. 24　　　　　　　D. 32

19. 保留给用户自测试的 I 类地址是(　　)。

A. 127.0.0.0　　　　 B. 127.0.0.1　　　　C. 224.0.0.9　　　　D. 126.0.0.1

20. 在 TCP/IP 协议栈的数据发送过程中,报文是由(　　)组装完成的。

A. 应用层　　　　　　B. 传输层　　　　　 C. 网络层　　　　　 D. 网络接口层

二、简答题

1. 简述近距离无线通信技术的种类,各有什么特点?

2. 简述 WiFi 常用的组网方式。

3. 简述蓝牙的组网特点。

4. 简述 ZigBee 的组网特点。

5. 简述卫星的工作方式及常用频段。

6. 简述 5G 与 4G 的主要区别。

7. 简述以太网的特点及组网方式。

8. 简述基于 TCP/IP 协议栈的数据发送过程。

9. 简述常用的网络设备的工作原理和适用场景。

10. 简述 IP 地址的类型,说明 202.196.96.5 属于哪类 IP。

11. 分析 BDS 或 GPS 导航误差的来源。

12. 192.168.2.16/28 子网中,每个子网最多可以容纳多少台主机?

三、应用题

1. 已知质心定位算法中,目标节点区域中 AP1、AP2、AP3、AP4 这个接入点的坐标为 (200,230)、(210,200)、(210,252)、(220,236),计算出目标节点的位置坐标。

2. 写出 172.16.22.38/27 地址的子网掩码、广播地址,计算该子网可以容纳的主机数。

第6章
物联网数据处理技术

随着越来越多的政府和企业完成物联网的部署,每天都有成千上万的新设备接入互联网,物联网产生和收集到的数据爆发式增长,对这些数据存储、分析和合理利用面临巨大挑战。根据麦肯锡全球研究所的报告,到 2025 年物联网产业的年产值将达到 11.1 万亿美元,而其中 60% 将产生自对数据的整合和分析。本章讲述物联网数据的存储、分析和检索方法。

6.1   物联网数据的 5V 特征

什么是大数据,至今都没有一个被业界广泛认同的明确定义,对"大数据"概念认识可谓"仁者见仁,智者见智"。

根据麦肯锡全球研究所的定义,大数据(big data)是一种规模大到在获取、存储、管理、分析方面大大超出了传统数据库软件工具能力范围的数据集合,具有海量的数据规模、快速的数据流转、多样的数据类型和价值密度低四大特征。

根据 Gartner 给出的定义,大数据是需要应用新处理模式才能具有更强的决策力、洞察发现力和流程优化能力来适应海量、高增长率和多样化的信息资产。

根据 IBM 公司的观点,大数据是指所涉及的资料量规模巨大到无法透过目前主流软件工具,在合理时间内达到撷取、管理、处理,并整理成为帮助企业经营决策更积极目的的资讯,并认为大数据正在呈现出 5V 特征,即 Volume(海量)、Velocity(高速)、Variety(多样)、Value(低价值密度)、Veracity(真实性)。

物联网的出现,特别是智能手机的广泛应用,导致了大量数据的生产。物联网数据正在呈现出大数据的 5V 特征,即海量、多样、实时、真实和价值挖掘等。

下面根据物联网的应用特点,分析物联网数据的大数据特征,剖析物联网数据与大数据的关联关系,给出物联网数据的 5V 特征。

1. 物联网数据的多样性

物联网涉及的应用范围广泛,从智慧城市、智慧交通、智慧物流、商品溯源,到智能家居、智慧医疗、安防监控等,无一不是物联网应用范畴。在不同领域、不同行业,需要面对不同类型、不同格式的应用数据,因此物联网中数据多样性更为突出。例如,文本、状态、音频、视频、图片、地理位置等都是物联网数据。另外,在物联网系统中,由于存在不同来源的传感器、标签、读写器、摄像头等,它们的数据结构也不可能遵循统一模式,具有明显的异构特征。这些数据包含文本、图像等静态数据以及音频、视频等动态数据。

2. 物联网数据的海量性

一方面,物联网上部署了数量庞大的感知设备,这些设备的持续感知以前所未有的速度产生数据,导致数据规模急剧膨胀,形成海量数据。首先,物联网除了包括计算机、手机、服务器之外,物品、设备、传感网等都是物联网的组成节点,其数量规模远大于互联网;其次,物联网节点分布广、大部分在全时工作,数据流源源不断,数据生成频率远高于互联网。

另一方面,随着物联网的视频感知设备的快速发展,图片和视频的分辨率不断提升,数据量呈现指数增长,导致物联网数据从 GB、TB 级别快速跃升到 PB 级。此外,在一些用来应急处理的实时监控系统中,数据是以视频流(video stream)的形式实时、高速、源源不断地产生的,这也愈发加剧了物联网数据的海量性。

例如,当图片分辨率从 800×600 上升到 $3\,840 \times 2\,160$ 时,一张 24 位色彩的图片的存储空间从 $(800 \times 600 \times 24)/(1\,024 \times 8)=1\,406$ KB 上升到 24 300 KB。而同样情况下 10 分钟的视频(假设每秒 25 帧)的存储空间从 $(800 \times 600 \times 24 \times 25 \times 10 \times 60)/(1\,024 \times 8)= 2\,109\,375$ KB $= 2\,059$ MB 上升到 355 957 MB。

3. 物联网数据的真实性

物联网由于感知的是真实物理世界的各种信息,如果没有受到人工干扰和系统故障影响,所获取的信息是真实和可信的。特别是基于视频监控的物联网数据,通常用来作为法律判断的依据,更是对真实世界的现实反映。

4. 物联网数据的高速性

由于物联网中数据的海量性,必然要求骨干网能够汇聚更多的数据,从各种类型的数据中快速获取高价值的信息。例如,在智能交通的应用中,既要保障车辆的畅通行驶,又要通过保持车距来保证车辆的安全,这就需要在局部空间的车辆之间实时通信和及时决策,需要数据的高速传输和处理。在这样对实时高的物联网应用中,数据的传输、存储都要求有较好的实时性。

5. 物联网数据的低价值密度性

物联网应用中存在采样频率过高以及不同的感知设备对同一个物体同时感知等情况,这类情况导致了大量的冗余数据,所以相对来说数据的价值密度较低,但是只要合理利用并准确分析,将会带来很高的价值回报。尽管物联网数据种类繁多、内容海量,但物联网数据在时间、空间上存在潜在关联和语义联系,通过挖掘关联性就会产生丰富的语义信息。如何有效地理解并挖掘出物联网数据的真实语义信息,是物联网智能化体现的一个重要标识。

6.2 物联网数据的存储方法

由于物联网感知的数据种类较多,有文本、图片、语音、视频等,而不同的类型数据如果采用相同的存储方法,将会导致数据存储效率和检索性能快速下降。因此,需要采用差异化的数据存储技术,即关系数据库技术和云存储技术等。例如,对于文本类数据,采用关系数据库存储效率更高;对于图片特别是视频信息,可能使用云存储架构更加高效。

6.2.1 关系数据库存储 ·· ▫

物联网数据是反映客观事物存在方式和运动状态的记录,是信息的载体。数据表现信息的形式是多种多样的,不仅有数字、文字符号,还可以有图形、图像和音频视频文件等。

根据物联网数据的不同特征,可以把物联网数据分为结构化数据和非结构化数据。

结构化数据也称作行数据,是由二维表结构来逻辑表达和实现的数据,严格地遵循数据格式与长度规范,主要通过关系型数据库进行存储和管理。

非结构化数据是数据结构不规则或不完整,没有预定义的数据模型,不方便用数据库二维逻辑表来表现的数据,包括所有格式的办公文档、XML、HTML、各类报表、图片和音频、视频信息等。

非结构化数据其格式非常多样,标准也是多样性的,而且在技术上非结构化信息比结构化信息更难标准化和理解。所以存储、检索、发布以及利用需要更加智能化的 IT 技术,比如海量存储、智能检索、知识挖掘等。

1. 数据库及其分类

所谓数据库(database,DB),就是以一定的组织方式将相关的数据组织在一起,长期存放在计算机内,可为多个用户共享,与应用程序彼此独立,统一管理的数据集合。

数据库如何组织,或说怎样将数据集合在一起,是依赖严格的数学模型而定的,是在数据模型的支撑下,进行数据存储和操纵。

数据模型的主要特征在于其所表现的数据逻辑结构,因此确定数据模型就等于确定了数据间的关系,即数据库的“框架”。有了数据间的关系框架,再把表示客观事物具体特征的数据按逻辑结构输入到“框架”中,就形成了有组织结构的“数据”的“容器”。

数据库的性质是由数据模型决定的,数据的组织结构如果支持关系模型的特性,则该数据库为关系数据库。

数据库类似于人们日常生产中使用的表格,以行、列的二维表的形式呈现数据,但存储时却是以一维字符串的方式存储。根据存储方式的不同,可以分为行数据库和列数据库两种。

行式数据库是以行相关存储架构进行数据存储的数据库。行式数据库把一行中的数据值串在一起存储起来,然后再存储下一行的数据,以此类推。对应如表 6-1 所示表格,使用行数据库的存储方式为,1,Smith,F,3 400 ;2,Jones,M,3 500 ;3,Johnson,F,3 600。行数据库常用于联机事务型的小批量的数据处理,主要数据库包括 MySQL、Sybase 和 Oracle 等。

表 6-1　一种基于表格的数据表示

用户号	用户名	性别	工资
1	Smith	F	3 400
2	Jones	M	3 500
3	Johnson	F	3 600

列式数据库是以列相关存储架构进行数据存储的数据库。列式存储以流的方式在列中存储所有的数据,列式数据库把一列中的数据值串在一起存储起来,然后再存储下一列的数据,以此类推。针对表 6-1 中的数据,使用列式数据库的存储方式为,1,2,3 ;Smith,Jones,Johnson;F,M,F;3 400,3 500,3 600。列式数据库的特点是查询快、数据压缩比高,主要适合于批量数据处理和即时查询。典型的列式数据库包括 Sybase IQ、C-Store、Vertica、Hbase 等。

2. 数据库管理系统

数据库管理系统(database management system,DBMS)是位于用户与数据库之间,具有数据管理和操纵功能的软件集合,是一种负责数据库的定义、建立、操作、管理和维护的软件系统。其目的是保证数据安全可靠,提高数据库应用的简明性和方便性。

数据库管理系统通常由以下三部分组成。

第一,数据描述语言。为了对数据库中的数据进行存取,必须正确地描述数据以及数据之间的联系,DBMS 根据这些数据定义从物理记录导出全局逻辑记录,从而导出应用程序所需的记录。

第二,数据操纵语言(data manipulation language,DML)。DML 是 DBMS 中提供用来存储、检索、修改、删除数据库中数据的工具,又称数据子语言(DSL)。

第三,数据库例行程序。从应用程序的角度看,DBMS 是由许多程序组成的一个软件系统,每个程序都有自己的功能,它们互相配合完成 DBMS 的工作,这些程序就是数据库管理例行程序。

数据库管理系统提供对数据库资源进行统一管理和控制的功能,使数据与应用程序隔离,数据具有独立性;使数据结构及数据存储具有一定的规范性,减少了数据的冗余,并有利于数据共享;提供安全性和保密性措施,使数据不被破坏,不被窃用;提供并发控制,在多用户共享数据时保证数据库的一致性;提供恢复保障机制,当出现故障时,数据恢复到一致性状态。

目前受广大用户欢迎的数据库管理系统很多,如 Access、SQL Server、MySQL、Oracle、GuassDB、KingbaseES 和 PolarDB 等。

3. 数据库系统

数据库系统(database system,DBS)是实现有组织地、动态地存储大量关联数据、方便多用户访问的计算机软件、硬件和数据资源组成的系统。一个典型的数据库系统包括数据库、数据库管理系统和数据库应用系统3个部分,三者之间的关系如图6-1所示。其中,数据库负责数据存储,数据库管理系统负责管理和操作数据库,数据库应用系统通过数据库管理系统使用数据库中的数据,为具体的应用目标服务。

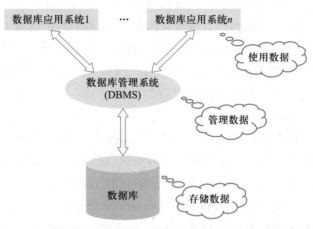

图 6-1　数据库、数据库管理系统与数据库应用系统的关系

在数据库系统中,除了数据库之外,还包括支持数据库的硬件环境和软件环境(如操作系统、数据库管理系统软件、应用开发工具和应用程序等)、使用和管理数据库应用系统的人员等。

与文件系统进行数据存储和管理相比,数据库系统具有以下特点。

(1) 采用复杂的数据模型表示数据结构,数据冗余小,易扩充,实现了数据共享。

(2) 具有较高的数据和程序独立性,数据库的独立性有物理独立性和逻辑独立性。

(3) 数据库的管理系统为用户提供了方便的用户接口,增加了访问数据的灵活性。

(4) 数据库系统可以提供4个方面的数据控制功能,分别是并发控制、恢复、完整性和安全性。

4. 数据库的关系运算

数据库的关系运算有三类:一类是传统的集合运算(并、差、交等),另一类是专门的关系运算(选择、投影、连接等),再一类是查询运算,通常是几个运算的组合,要经过若干步骤才能完成。下面简单介绍三种专门的关系运算。

(1) 选择运算。从关系中找出满足给定条件的那些元组称为选择。其中的条件是以逻辑表达式给出的,值为真的元组将被选取。这种运算是从水平方向抽取元组。

在关系数据库中,关系是一张表,表中的每行(即数据库中的每条记录)就是一个元组(tuple),每列就是一个属性。在二维表里,元组也称为行。

在 FoxPro 中,短语 FOR 和 WHILE 均相当于选择运算。例如:

LIST　FOR　出版单位 = '高等教育出版社'　AND　单价 <= 51.5

(2) 投影运算。从关系模式中挑选若干属性组成新的关系称为投影。这是从列的角度进行的运算,相当于对关系进行垂直分解。

在 FoxPro 中,短语 FIELDS 相当于投影运算。例如:

LIST　FIELDS　单位,姓名

(3) 连接运算。**连接运算**是从两个关系的广义笛卡儿积中选取属性间满足一定条件的元组形成一个新关系。在关系代数中,连接运算是由一个笛卡儿积运算和一个选取运算构成的。首先用笛卡儿积完成对两个数据集合的乘运算,然后对生成的结果集合进行选取运算。确保只把分别来自两个数据集合并且具有重叠部分的行合并在一起。连接的全部意义在于在水平方向上合并两个数据集合(通常是表),并产生一个新的结果集合。其方法是将一个数据源中的行与另一个数据源中和它匹配的行组合成一个新元组。

5. 数据库的操作语句

虽然关系型数据库有很多,但是大多数都遵循结构化查询语言(structured query language,SQL)标准。在标准 SQL 语言中,常见的操作有查询、新增、更新、删除、求和、排序等。

(1) 查询语句:SELECT param FROM table WHERE condition

该语句可以理解为从 table 中查询出满足 condition 条件的字段 param。

(2) 新增语句:INSERT INTO table(param1,param2,param3)VALUES(value1,value2,value3)

该语句可以理解为向 table 中的 param1、param2、param3 字段中分别插入 value1、value2、value3。

(3) 更新语句:UPDATE table SET param=new_value WHERE condition

该语句可以理解为将满足 condition 条件的字段 param 更新为 new_value 值。

(4) 删除语句:DELETE FROM table WHERE condition

该语句可以理解为将满足 condition 条件的数据全部删除。

(5) 去重查询:SELECT DISTINCT param FROM table WHERE condition

该语句可以理解为从表 table 中查询出满足条件 condition 的字段 param,但是 param 中重复的值只能出现一次。

(6) 排序查询:SELECT param FROM table WHERE condition ORDER BY param1

该语句可以理解为从表 table 中查询出满足 condition 条件的 param,并且要按照 param1 升序的顺序进行排序。

总体来说,数据库的 INSERT、DELETE、UPDATE、SELECT 对应了常用的增、删、改、查4 种操作。

6. 高级数据库技术

高级数据库技术的主要标志是分布式数据库系统和面向对象数据库系统的出现。

分布式数据库系统的主要特点是数据在物理上分散存储,在逻辑上是统一的。分布式数据库系统的多数处理就地完成,各地的计算机由数据通信网络相联系。

分布式数据库技术将数据库技术与分布式技术有机结合,把那些在地理意义上分散开的,但在计算机系统逻辑上又是属于同一个系统的数据结合起来。它既有着数据库间的协调性,也有着数据的分布性。分布式数据库系统并不注重系统的集中控制,而是注重每个数据库节点的自治性,此外,为了让程序员能够在编写程序时减轻工作量以及系统出错的可能性,一般都是完全不考虑数据的分布情况,这样的结果就使得系统数据的分布情况一直保持着透明性。

数据独立性在分布式数据库系统中十分重要,其作用是让数据进行转移时使程序正确性不受影响,就像数据并没有在编写程序时被分布一样,这也称为分布式数据库系统管理的透明性。和集中式数据库系统不同,分布式数据库系统里的数据一般会通过备份引入冗余,目的是保证分布节点故障时数据检索的正确率。将集中存储转换为分布存储有很多方法,包括分类分块存储和字段拆分存储等方式,如图 6-2 所示。

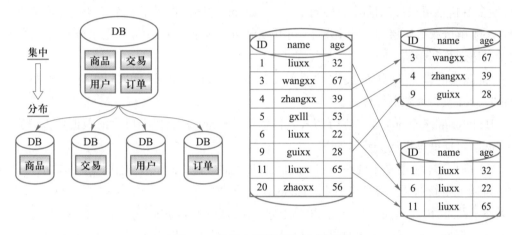

图 6-2   从集中存储到分布式存储

面向对象数据库系统是面向对象的程序设计技术与数据库技术相结合的产物。面向对象数据库系统的主要特点是具有面向对象技术的封装性和继承性,提高了软件的可重用性。

6.2.2   数据云存储

云存储是在云计算概念上延伸和发展出来的一个新的概念,是指通过集群应用、网格技术或分布式文件系统等功能,将网络中大量各种不同类型的存储设备通过应用软件集合起来协同工作,共同对外提供数据存储和业务访问功能的一个系统。

云存储的发展推动了 NoSQL 发展。传统的关系数据库具有较好的性能,稳定性高,久经历史考验,而且使用简单,功能强大,同时也积累了大量的成功案例,为互联网的发展做出了卓越的贡献。但是到了最近几年,Web 应用快速发展,数据库访问量大幅上升,存取愈发频繁,几乎大部分使用 SQL 架构的网站在数据库上都开始出现了性能问题,需要复杂的技术来对 SQL 扩展。新一代数据库产品应该具备分布式的、非关系型的、可以线性扩展以及开源 4 个特点。因此,云存储成为一种新的数据存储方式。

云存储技术并非特指某项技术,而是一大类技术的统称,具有以下特征的数据库都可以被看作应用云存储技术:首先是具备几乎无限的扩展能力,可以支撑几百 TB 直至 PB 级的数据；然后是采用了并行计算模式，从而获得海量运算能力；其次，是高可用性，也就是说，在任何时候都能够保证系统正常使用，即便有机器发生故障。

云存储不是一种产品，而是一种服务，它的概念始于亚马逊公司提供的简单存储服务（S3），同时还伴随着亚马逊公司的弹性计算云（EC2），在亚马逊公司的 S3 的服务背后，它还管理着多个商业硬件设备，并捆绑着相应的软件，用于创建一个存储池。

目前常见的符合这样特征的系统，有谷歌公司的 GFS（Google file system）以及 BigTable，Apache 基金会的 Hadoop（包括 HDFS 和 HBase），此外还有 Mongo DB、Redis 等。

1. Hadoop 的概念与特点

Hadoop 是具有可靠性和扩展性的一个开源分布式系统的基础框架，被部署到一个集群上，使多台机器可彼此通信并能协同工作。Hadoop 为用户提供了一个透明的生态系统，用户在不了解分布式底层细节的情况下，可开发分布式应用程序，充分利用集群的威力进行数据的高速运算和存储。

Hadoop 的核心是分布式文件系统 HDFS 和 MapReduce。HDFS 支持大数据存储，MapReduce 支持大数据计算。

Hadoop 最核心的功能是在分布式软件框架下处理 TB 级以上巨大的数据业务，具有可靠、高效、可伸缩等特点。具体如下。

（1）高可靠性：主要体现在 Hadoop 能自动地维护多个工作数据副本，并且在任务失败后能自动地重新部署计算任务，因为 Hadoop 采用的是分布式架构，多副本备份到一个集群的多态机器上，因此，只要有一台服务器能够工作，理论上 HDFS 仍然可以正常运转。

（2）高效性：主要体现在 Hadoop 以并行的方式处理大规模数据，能够在节点之间动态地迁移数据，并保证各节点的动态平衡，数据处理速度非常快。

（3）成本低：主要体现在 Hadoop 集群可以由廉价的服务器组成，只要一般等级的服务器就可搭建出高性能、高容量的集群，由此可以方便地组成数以千计的节点集簇。

（4）高可扩展性：Hadoop 利用计算机集簇分配存储数据并计算，通过添加节点或者集群，存储容量和计算虚拟可以得到快速提升，使得性价比得以最大化。

（5）高容错性：Hadoop 因为采用分布式存储数据方式，数据通常有多个副本，加上采用备份、镜像等方式保证了节点出故障时能够进行数据恢复，确保数据的安全准确。

（6）支持多种编程语言：Hadoop 提供了 Java 以及 C/C++ 等编程方式。

2. Haddop 生态系统

Hadoop 是在分布式服务器集群上存储海量数据并运行分布式分析应用的一个开源的软件框架，具有可靠、高效、可伸缩的特点。先后经历了 Hadoop1 时期和 Hadoop2 时期。

图 6-3 和图 6-4 给出 Hadoop1 和 Hadoop2 的生态系统。从中可以看出，Hadoop2 相比较于 Hadoop1 来说，HDFS 的架构与 MapReduce 的都有较大的变化，且速度上和可用性上都有了很大的提高，Hadoop2 中有两个重要的变更：HDFS 的名称节点（NameNodes）可以以集群的方式部署，增强了名称节点的水平扩展能力和可用性；MapReduce 被拆分成两个独立的组件，即 YARN（yet another resource negotiator）和 MapReduce。

图 6-3　Hadoop 生态系统 1.0

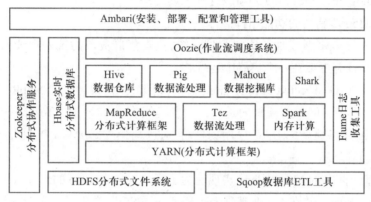

图 6-4　Hadoop 生态系统 2.0

下面首先介绍 Hadoop1 主要组件,然后对 Hadoop2 新增的组件进行说明。

MapReduce 是一种分布式计算框架。它的特点是扩展性、容错性好,易于编程,适合离线数据处理,不擅长流式处理、内存计算、交互式计算等领域。MapReduce 源自谷歌公司的 MapReduce 论文(发表于 2004 年 12 月),是 Google MapReduce 克隆版。

Hive 定义了一种类似 SQL 的查询语言——HQL,但与 SQL 相比差别很大。Hive 是为方便用户使用 MapReduce 而在外面包了一层 SQL。由于 Hive 采用了 SQL,它的问题域比 MapReduce 更窄,因为很多问题 SQL 表达不出来,比如一些数据挖掘算法、推荐算法、图像识别算法等,这些仍只能通过编写 MapReduce 完成。

Pig 是一个分析大型数据集的平台,它由支撑数据分析的程序设计语言层和评估这些程序的基础设施层组成。Pig 的程序设计语言层由一种名为 Pig Latin 的文本语言组成,它具有实现简单、易于编程、可扩展性强等特点。Pig 的基础设施层由一个编译器组成,它可以产生 MapReduce 程序序列,支持大规模的并行化实现。

Mahout 是数据挖掘库,是基于 Hadoop 的机器学习和数据挖掘的分布式计算框架,实现了三大类算法,即推荐(recommendation)、聚类(clustering)、分类(classification)。

Hbase 是一种分布式数据库,源自谷歌公司的 Bigtable 论文(2006 年 11 月),是 Google Bigtable 的克隆版。

Zookeeper 提供分布式协作服务,源自谷歌公司的 Chubby 论文(2006 年 11 月),是 Chubby 的克隆版。它负责解决分布式环境下的数据管理问题,包括统一命名、状态同步、集群管理、配置同步等。

Sqoop 是一款开源的工具，主要用于在 Hadoop(Hive)与传统的数据库(如 MySQL、PostgreSQL 等)间进行数据的传递，可以将一个关系型数据库(如 MySQL、Oracle、PostgreSQL 等)中的数据导进到 Hadoop 的 HDFS 中，也可以将 HDFS 的数据导进到关系型数据库中。

Flume 是一个高可用的、高可靠的分布式海量日志采集、聚合和传输的系统。

Apache Ambari 是一种基于 Web 的工具，支持 Apache Hadoop 集群的供应、管理和监控。Ambari 已支持大多数 Hadoop 组件，包括 HDFS、MapReduce、Hive、Pig、Hbase、Zookeeper、Sqoop 和 Hcatalog 等，是 Hadoop 的顶级管理工具之一。

下面是 Hadoop2 新增的功能组件。

YARN 是 Hadoop2 新增加的资源管理系统，负责集群资源的统一管理和调度。YARN 支持多种分布式计算框架在一个集群中运行。

Tez 是一个 DAG(directed acyclic graph)计算框架，该框架可以像 MapReduce 一样用来设计 DAG 应用程序。但需要注意的是，Tez 只能运行在 YARN 上。Tez 的一个重要应用是优化 Hive 和 Pig 这种典型的 DAG 应用场景，它通过减少数据读写 I/O，优化 DAG 流程，使得 Hive 速度大幅提高。

Spark 是基于内存的 MapReduce 实现。为了提高 MapReduce 的计算效率，加州大学伯克利分校开发了 Spark，并在 Spark 基础上包裹了一层 SQL，产生了一个新的类似 Hive 的系统 Shark。

Oozie 是作业流调度系统。目前计算框架和作业类型繁多，包括 MapReduce Java、Streaming、HQL 和 Pig 等。Oozie 负责对这些框架和作业进行统一管理和调度，包括分析不同作业之间存在的依赖关系(DAG)、定时执行的作业、对作业执行状态进行监控与报警(如发邮件、短信等)。

3. HDFS 的体系结构

HDFS 是一种高度容错的分布式文件系统模型，由 Java 语言开发实现。HDFS 可以部署在任何支持 Java 运行环境的普通机器或虚拟机上，而且能够提供高吞吐量的数据访问。HDFS 采用主从式(master/slave)架构，由一个名称节点(NameNode)和一些数据节点(DataNode)组成。其中，名称节点作为中心服务器控制所有文件操作，是所有 HDFS 元数据的管理者，负责管理文件系统的命名空间(namespace)和客户端访问文件。数据节点则提供存储块，负责本节点的存储管理。HDFS 公开文件系统的命名空间，以文件形式存储数据。

HDFS 将存储文件分为一个或多个数据单元块，然后复制这些数据块到一组数据节点上。名称节点执行文件系统的命名空间操作，负责管理数据块到具体数据节点的映射。数据节点负责处理文件系统客户端的读写请求，并在名称节点的统一调度下创建、删除和复制数据块，如图 6-5 所示。

HDFS 支持层次型文件组织结构。用户可以创建目录，并在该目录下保存文件。名称节点负责维护文件系统的命名空间，任何对 HDFS 命名空间或属性的修改都将被名称节点记录。DHFS 通过应用程序设置存储文件的副本数量，称为文件副本系数，由名称节点管

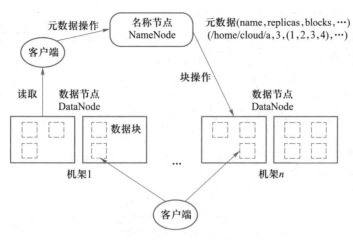

图 6-5 HDFS 的体系结构

理。HDFS 命名空间的层次结构与现有大多数文件系统类似,即用户可以创建、删除、移动或重命名文件。区别在于,HDFS 不支持用户磁盘配额和访问权限控制,也不支持硬连接和软连接。

4. HDFS 的数据组织与操作

与磁盘的文件系统采用分块的思想类似,HDFS 中的文件被分割成单元块大小为 64 MB 的区块,而磁盘文件系统的单元块大小为 512 B。需要注意的是,如果 HDFS 中的文件小于单元块大小,该文件并不会占满该单元块的存储空间。HDFS 采用大单元块的设计目的是尽量减少寻找数据块的开销。如果单元块足够大,数据块的传输时间会明显大于寻找数据块的时间。因此,HDFS 中文件传输时间基本由组成它的每个单元块的磁盘传输速率决定。例如,假设寻块时间为 10 ms,数据传输速率为 100 MBps,那么当单元块为 100 MB 时,寻块时间是传输时间的 1%。

下面通过对文件读取和写入操作的分析介绍基于 HDFS 的文件系统的文件操作流程。

(1) Hadoop 文件读取

HDFS 客户端向名称节点发送读取文件请求,名称节点返回存储文件的数据节点信息,然后客户端开始读取文件信息。具体操作步骤如图 6-6 所示。

① 打开文件:HDFS 客户端调用 FileSyste 对象的 open()方法,打开要读取的文件。

② 获得数据块位置:分布式文件系统 DFS 通过远程过程调用(RPC)来访问名称节点(NameNode),以获取文件的位置。对于每一个块,NameNode 返回该副本的数据节点的地址。这些数据节点根据它们与客户端的距离来排序(主要根据集群的网络拓扑)。如果客户端本身就是一个数据节点,那么会从保存相应数据块副本的本地数据节点读取数据。

③ 读数据:分布式文件系统 DFS 返回一个 FSDataInputStream 对象(该对象是支持文件定位的数据流)给客户端以便读取数据。FSDataInputStream 转而封装 DFSInputStream 对象,它管理数据节点和名称节点的 I/O。接着客户端对这个数据流调用 read()方法进行读取。

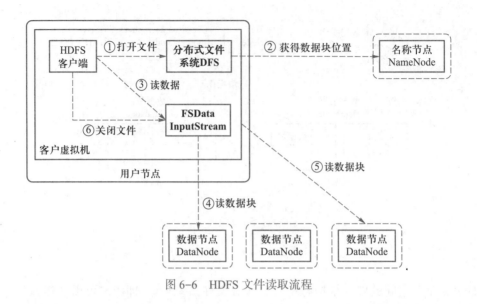

图 6-6　HDFS 文件读取流程

④ 读数据块：存储着文件的数据块的数据节点地址的 DFSInputStream 会连接距离最近的文件中第一个块所在的数据节点，并反复调用 read（）方法将数据从数据节点传输到客户端。

⑤ 读数据块：读到块的末尾时，DFSInputStream 关闭与前一个数据节点的连接，然后寻找下一个块的最佳数据节点。

⑥ 关闭文件：客户端的读写顺序是按打开的数据节点的顺序读的，一旦读取完成，就对 FSDataIputStream 调用 close（）方法进行读取关闭。

在读取数据时，数据节点一旦发生故障，DFSInputStream 会尝试从这个块邻近的数据节点读取数据，同时也会记住那个故障的数据节点，并把它通知给名称节点。客户端还可以验证来自数据节点的单元块数据的校验和，如果发现单元块损坏就通知名称节点，然后从其他数据节点中读取该单元块副本。

在名称节点的管理下，HDFS 允许客户端直接连接最佳数据节点读取数据，数据传输相对均匀地分布在所有数据节点上，名称节点只负责处理单元块位置信息请求，使得 HDFS 可以扩展大量并发的客户端请求。这种处理方案不会因为客户端请求的增加出现访问瓶颈。

（2）Hadoop 文件写入

HDFS 客户端向名称节点发送写入文件请求，名称节点根据文件大小和文件块配置情况，向客户端返回所管理数据节点信息。客户端将文件分割成多个单元块，根据数据节点的地址信息，按顺序写入到每一个数据节点中。文件写入的具体操作步骤如图 6-7 所示。

① 创建文件：客户端通过调用分布式文件系统 DFS 的 create（）方法新建文件。

② 创建文件：分布式文件系统 DFS 对名称节点创建远程调用 RPC，在文件系统的命名空间新建一个文件，此时该文件还没有相应的数据块。

③ 写数据块：名称节点执行各种检查以确保这个文件不存在，并有在客户端新建文件的

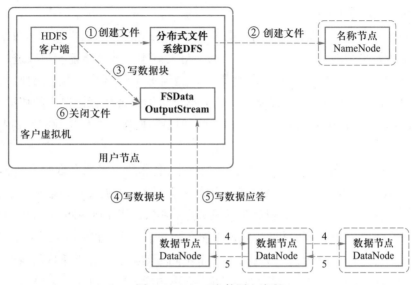

图 6-7 HDFS 文件写入流程

权限。如果各种检查都通过,就创建这个文件;否则抛出 IO 异常。这时,分布式文件系统 DFS 向客户端返回一个 FSDataOutputStream 对象,由此客户端开始写入数据;FSDataOutput Stream 会封装一个 DFSOutputStream 对象,负责名称节点和数据节点之间的通信。

④ 写数据块:DFSOutputStream 将数据分成一个个的数据包(packet),并写入内部队列,即数据队列(data queue);DataStreamer 处理数据队列,并选择一组数据节点,据此要求名称节点重新分配新的数据块。这一组数据节点构成管道,假设副本数是 3,说明管道有 3 个节点。DataStreamer 将数据包以流的方式传输到第一个数据节点,该数据节点存储数据包并发送给第二个数据节点,依次类推,直到最后一个数据节点。

⑤ 写数据应答:DFSOutputStream 维护一个数据包确认队列(ack queue),每一个数据节点收到数据包后都会返回一个确认回执,然后放到这个 ack queue,等所有的数据节点确认信息后,该数据包才会从队列 ack queue 删除。

⑥ 关闭文件:完成数据写入后,对数据流调用 close()方法关闭写入过程。

在写入过程中,如果数据节点发生故障,将执行以下操作。

① 关闭管道,把队列的数据报都添加到队列的最前端,以确保故障节点下游的数据节点不会漏掉任何一个数据包。

② 为存储在另一个正常的数据节点的当前数据块指定一个新的标识,并把标识发送给名称节点,以便在数据节点恢复正常后可以删除存储的部分数据块。

③ 从管道中删除故障数据节点,基于正常的数据节点构建一条新管道。余下的数据块写入管道中正常的数据节点。名称节点注意到块副本数量不足时,会在另一个节点上创建一个新的副本。后续的数据块正常接受处理。

只要写入了副本数(默认 1),写操作就会成功,并且这个块可以在集群中异步复制,直到达到其目的的副本数(默认值 3)。

（3）Hadoop 数据副本策略

HDFS 跨机存储文件，文件被分割为很多大小相同的数据块，文件的每个数据块都有副本，并且数据块大小和副本系数可以灵活配置。好的副本存放策略能有效改进数据的可靠性、可用性和利用率。最简单的策略是将副本存储到不同机架的机器上，副本大致均匀地分布在整个集群中。其优点是可以有效防止因整个机架出现故障而造成的数据丢失，并且可以在读取数据时充分利用机架自身网络带宽。但是写操作需要传送数据块到多个不同机架，开销较大。

HDFS 采用机架感知策略。在机架感知过程中，名称节点可以获取每个数据节点所属机架的编号。HDFS 的默认副本系数为 3。首先副本 1 优先存放在客户端节点上，如果客户端没有运行在集群内，就选择任意机架的随机节点；副本 2 存放到另外一个机架的随机节点上；副本 3 和副本 2 存放在同一机架，但是不能在同一节点上，如图 6-8 所示。三个副本的数据块分别存放在两个不同机架，比存放到三个不同机架减少了数据读取所需的网络带宽。因为机架的故障率远远低于节点故障率，所以不会影响到数据的可靠性和可用性。

在该策略中，副本并非均匀分布，1/3 的副本在一个机架，2/3 的副本在另一个机架，这样能够有效减少机架间数据传输，既不破坏数据的可靠性和读取性能，同时改进了写入性能。HDFS 尽量读取客户机距离最近的节点副本，以降低读取时延。

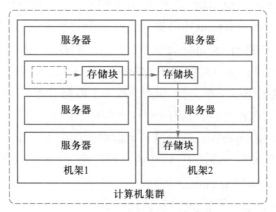

图 6-8　HDFS 的数据副本策略

（4）Hadoop 数据去重技术

云环境中大量的重复数据会消耗巨大的存储资源，如何节约存储资源成为一个研究热点和技术挑战。数据去重技术是云存储中的一种消除冗余数据的技术，可以节约大量存储空间，优化数据存储效率。目前的消除冗余数据的主要技术有数据压缩和冗余数据删除技术。

传统的数据压缩技术就是对原始信息进行重新编码，力求用最少的字节数来表示原始数据。这类标准压缩技术虽然可以有效地减少数据体积，但无法检测到数据文件之间的相同数据，压缩后的数据体积与压缩前仍然呈线性关系，并且压缩过程需要大量的计算为代价。

冗余数据删除技术通过删除系统中冗余的文件或数据块,使得全局系统中只保存少量的文件或数据块备份,从而达到节省存储资源的目的。随着数据量的增长,去重后数据所占的存储空间大幅降低。

数据去重方法主要分为在线和离线两种。离线去重方法将所有数据先存入一级存储中心,在系统不忙碌时再将一级存储中心中的数据进行去重并存入二级存储中心。离线去重方法的内存消耗和计算消耗过大,需要额外的磁盘空间来存储备份数据。在线去重方法在数据写入存储系统时就进行去重操作,不需要额外的磁盘空间消耗,但去重操作会降低存储系统的 I/O 性能。

6.3 物联网数据分析

通过物联网传感器获取的数据种类繁多、结构复杂、冗余性大,通常需要进行预处理、分析加工甚至可视化。本节介绍几种典型的物联网数据预处理技术及分析技术。

6.3.1 物联网数据预处理

不管是通过什么方式获取数据,在进行存储和分析之前,一般都需要进行预处理,取其精华,去其糟粕,目标是为减少存储空间、提高存储与服务效率。

数据预处理方法有很多,主要包括数据清洗、数据集成、数据转换和数据归约等。

1. 数据清洗

数据清洗是删去数据中重复的记录,消除数据中的噪声数据,纠正不完整和不一致数据的过程。在这里,噪声数据是指数据中存在着错误或异常(偏离期望值)的数据;不完整(incomplete)数据是指数据中缺乏某些属性值;不一致数据则是指数据内涵出现不一致情况(如作为关键字的同一部门编码出现不同值)。

数据清洗处理过程通常包括填补遗漏的数据值,平滑有噪声数据,识别或除去异常值(outlier)以及解决不一致问题。数据的不完整、有噪声和不一致对现实世界的大规模数据库来讲是非常普遍的情况。

不完整数据的产生大致有以下几个原因:① 有些属性的内容有时没有,如参与销售事务数据中的顾客信息;② 有些数据当时被认为是不必要的;③ 由于误解或检测设备失灵导致相关数据没有被记录下来;④ 与其他记录内容不一致而被删除;⑤ 历史记录或对数据的修改被忽略了。遗失数据(missing data),尤其是一些关键属性的遗失或许需要被推导出来。

噪声数据的产生原因有① 数据采集设备有问题;② 数据录入过程发生了人为或计算机错误;③ 数据传输过程中发生错误;④ 由于命名规则(name convention)或数据代码不同而引起的数据不一致。

2. 数据集成

数据集成是指将来自多个数据源的数据合并到一起构成一个完整的数据集。由于描述同一个概念的属性在不同数据库取了不同的名字,在进行数据集成时就常常会引起数据的不一致或冗余。例如,在一个数据库中一个顾客的身份编码为 custom id,而在另一个数据库则为 cust id;又如,在一个数据库中一个人取名 Bill,而在另一个数据库中则取名为 B。命名的不一致常常会导致同一属性值的内容不同。相同属性的名称不一致,会给数据集成带来困难。因此,数据集成前,先要对同一属性的名称进行归一化处理,然后再将同一属性名称的各类数据进行合并处理。

3. 数据转换

数据转换是指将一种格式的数据转换为另一种格式的数据。数据转换主要是对数据进行规格化(normalization)操作。在正式进行数据挖掘之前,尤其是使用基于对象距离的挖掘算法时,如神经网络、最近邻分类等,必须进行数据的规格化。也就是将其缩至特定的范围之内(如 [0,10])。例如,对于一个顾客信息数据库中的年龄属性或工资属性,由于工资属性的取值比年龄属性的取值要大许多,如果不进行规格化处理,基于工资属性的距离计算值显然将远超过基于年龄属性的距离计算值,这就意味着工资属性的作用在整个数据对象的距离计算中被错误地放大了。

4. 数据归约

数据归约是指在尽可能保持数据原貌的前提下,最大限度地精简数据量(完成该任务的必要前提是理解挖掘任务和熟悉数据本身内容)。数据归约也称为数据消减,它主要有两个途径:属性选择和数据采样,分别针对原始数据集中的属性和记录,目的就是缩小所挖掘数据的规模,但却不会影响(或基本不影响)最终的挖掘结果。

现有的数据归约包括:① 数据聚合,如构造数据立方(cube);② 消减维数,如通过相关分析消除多余属性;③ 数据压缩,如采用编码方法(如最小编码长度或小波)来减少数据处理量;④ 数据块消减,如利用聚类或参数模型替代原有数据。

需要强调的是,以上所提及的各种数据预处理方法并不是相互独立的,而是相互关联的。如消除数据冗余既可以看成是一种形式的数据清洗,也可以认为是一种数据归约。

由于现实世界的数据常常是含有噪声、不完全的和不一致的,数据预处理能够帮助改善数据的质量,进而帮助提高数据挖掘进程的有效性和准确性。

6.3.2 物联网数据分析常用算法

数据分析也称为数据挖掘,是指从大量的数据中挖掘出令人感兴趣的知识。令人感兴趣的知识是指有效的、新颖的、潜在有用的和最终可以理解的知识。

数据分析的具体过程分为以下四步。

(1) 数据集成:收集数据,构建目标数据集。

(2) 数据预处理:对数据进行清理、归约(如归一化)。

(3) 数据挖掘:选择数据挖掘算法,执行数据挖掘算法,寻找数据模式,自动发现实现分类、预测。

(4) 分析评估:分析数据挖掘结果,使用可视化和知识表现技术,向用户提供所挖掘的知识,并通过用户反馈,进行数据挖掘质量评估。

实际应用中,数据分析过程是融合为一体化实现的。具体分析手段包括关联分析算法、分类分析算法以及聚类分析算法。

1. 关联分析算法

首先通过一个有趣的"尿布与啤酒"的故事来了解关联分析。在一家超市里,有一个有趣的现象:尿布和啤酒赫然摆在一起出售。但是这个奇怪的举措却使尿布和啤酒的销量双双增加了。这是发生在美国沃尔玛连锁超市的真实案例。

沃尔玛数据仓库里集中了其各门店的详细原始交易数据,在这些原始交易数据的基础上,沃尔玛利用数据挖掘方法对这些数据进行分析。一个意外的发现是,跟尿布一起购买最多的商品竟是啤酒!

经过大量实际调查和研究,揭示了隐藏在"尿布与啤酒"背后的美国人的一种行为模式:在美国,一些年轻的父亲下班后经常要到超市去买婴儿尿布,而他们中有30% ~ 40% 的人同时也为自己买一些啤酒。产生这一现象的原因是,美国的太太们常叮嘱她们的丈夫下班后为小孩买尿布,而丈夫们在买尿布后又随手带回了他们喜欢的啤酒。

虽然尿布与啤酒风马牛不相及,但正是借助数据挖掘技术对大量交易数据进行分析,使得沃尔玛发现了隐藏在数据背后的这一有价值的规律。

(1) 关联规则建立

1993 年,Agrawal 等首先提出了挖掘顾客交易数据库中相关项集间的关联规则问题。按照不同情况,关联规则可以分为如下几类。

① 基于规则中处理的变量类别,关联规则可以分为布尔型和数值型。

布尔型关联规则处理的值都是离散的、种类化的,它显示了这些变量之间的关系;而数值型关联规则可以和多维关联或多层关联规则结合起来,对数值型字段进行处理,将其动态分割或者直接对原始数据进行处理。当然,数值型关联规则中也可以包含种类变量。

例如,如果"年龄 = 18 岁"→"职业 = 学生",是布尔型关联规则;"年龄 = 65"→"平均收入 < 10 000 元",涉及的收入是数值类型,所以是一个数值型关联规则(这里→表示"可推测")。

② 基于规则中数据的抽象层次,可以分为单层关联规则和多层关联规则。

在单层的关联规则中,所有的变量都没有考虑现实的数据是具有多个不同的层次的;而在多层的关联规则中,对数据的多层性已经进行了充分的考虑。例如,IBM 台式机 =>HP 打印机,是一个细节数据上的单层关联规则;台式机 =>HP 打印机,是一个较高层次和细节层次上的多层关联规则。

③ 基于规则中涉及的数据的维数,关联规则可以分为单维的和多维的。

在单维的关联规则中,只涉及数据的一个维,如用户购买的物品;而在多维的关联规则中,要处理的数据将会涉及多个维。换句话说,单维关联规则是处理单个属性中的一些关系;多维关联规则是处理各个属性之间的某些关系。例如,啤酒 => 尿布,这条规则只涉及用户购买的物品;年龄 = "20" => 职业 = "大学生",这条规则就涉及两个字段的信息,是两个维上的一条关联规则。

（2）关联规则的挖掘过程

关联规则挖掘过程主要包含两个阶段：从资料集合中找出所有的高频项目组、从高频项目组中产生关联规则。

关联规则挖掘的第一阶段必须从原始资料集合中找出所有高频项目组。高频项目组的意思是指某一项目组出现的频率相对于所有记录而言，必须达到某一水平。一项目组出现的频率称为支持度（support）。以一个包含 A 与 B 两个项目的 2-itemset 为例，可以求得包含 {A,B} 项目组的支持度，若支持度大于或等于所设定的最小支持度门槛值，则 {A,B} 称为高频项目组。一个满足最小支持度的 k-itemset，则称为高频 k- 项目组（frequent k-itemset），一般表示为 Large k 或 Frequent k。算法从 Large k 的项目组中再产生 Large k+1，直到无法再找到更长的高频项目组为止。

关联规则挖掘的第二阶段是要产生关联规则（association rules）。从高频项目组产生关联规则就是利用前一步骤得到的高频 k- 项目组来产生规则。在最小信赖度的条件门槛下，若一规则所求得的信赖度满足最小信赖度，称此规则为关联规则。例如，由高频 k- 项目组 {A,B} 所产生的规则 AB，可求得其信赖度，若信赖度大于或等于最小信赖度，则称 AB 为关联规则。

就沃尔玛案例而言，使用关联规则挖掘技术对交易资料库中的记录进行资料挖掘，首先必须要设定最小支持度与最小信赖度两个门槛值。在此假设最小支持度 min_support = 5% 且最小信赖度 min_confidence = 70%。因此符合该超市需求的关联规则必须同时满足以上两个条件。若经过挖掘过程，发现尿布、啤酒两件商品满足关联规则所要求的两个条件，即经过计算发现其 Support（尿布，啤酒）≥ 5% 且 Confidence（尿布，啤酒）≥ 70%。其中，Support（尿布，啤酒）≥ 5% 所代表的意义为，在所有的交易记录资料中，至少有 5% 的交易呈现尿布与啤酒这两项商品被同时购买的交易行为；Confidence（尿布，啤酒）≥ 70% 所代表的意义为，在所有包含尿布的交易记录资料中，至少有 70% 的交易会同时购买啤酒。

由此可见，今后若有某消费者出现购买尿布的行为，超市可推荐该消费者同时购买啤酒。这个商品推荐的行为就是根据 { 尿布，啤酒 } 关联规则来确定的，因为该超市就过去的交易记录而言，支持了"大部分购买尿布的交易，会同时购买啤酒"的消费行为。

（3）基于关联规则的数据分析算法

基于关联规则挖掘的数据分析方法有很多种，下面介绍几种典型的关联规则数据挖掘算法。

① Apriori 算法。Apriori 算法是一种挖掘布尔关联规则频繁项集的算法，其核心是基于两阶段频集思想的递推算法。该关联规则在分类上属于单维、单层、布尔关联规则。在这里，所有支持度大于最小支持度的项集称为频繁项集，简称频集。

该算法的基本思想是，首先，找出所有的频繁项集，这些频繁项集出现的频繁程度至少和预定义的最小支持度一样；其次，由频繁项集产生强关联规则，这些规则必须满足最小支持度和最小可信度；然后，使用第一步找到的频繁项集产生期望的规则，产生只包含集合的项的所有规则,其中每一条规则的右部只有一项。一旦这些规则被生成,那么只有那些大于用户给定的最小可信度的规则才被留下来。为了生成所有频繁项集,使用了递推的方法。但是,可能产生大量的候选集以及可能需要重复扫描数据库是 Apriori 算法的两大缺点。

② 基于划分的算法。Savasere 等设计了一种基于划分的算法。这个算法先把数据库从逻辑上分成几个互不相交的块,每次单独考虑一个分块并对它生成所有的频繁项集,然后把产生的频繁项集合并,用来生成所有可能的频繁项集(可简称为频集),最后计算这些项集的支持度。这里分块的大小选择要使得每个分块可以被放入主存,每个阶段只需被扫描一次。而算法的正确性是由每一个可能的频繁项集至少在某一个分块中来保证的。该算法是可以高度并行的,可以把每一分块分别分配给某一个处理器生成频集。产生频集的每一个循环结束后,处理器之间进行通信来产生全局的候选 $k-$ 项集。通常这里的通信过程是算法执行时间的主要瓶颈;而另一方面,每个独立的处理器生成频集的时间也是一个瓶颈。

③ FP- 树频繁项集算法。针对 Apriori 算法的固有缺陷,J.Han 等提出了不产生候选挖掘频繁项集的方法:FP- 树频繁项集算法。它采用分而治之的策略,在经过第一遍扫描之后,把数据库中的频繁项集压缩进一棵频繁模式树(FP-tree)中,同时依然保留其中的关联信息,随后再将 FP-tree 分化成一些条件库,每个库和一个长度为 1 的频繁项集相关,然后再对这些条件库分别进行挖掘。当原始数据量很大时,也可以结合划分的方法,使得一个 FP-tree 可以放入主存中。实验表明,FP- 树频繁项集算法对不同长度的规则都有很好的适应性,同时在效率上较 Apriori 算法有巨大的提高。

2. 数据分类算法

分类是一种已知分类数量的数据分析方法。它使用类标签已知的样本建立一个分类函数或分类模型(也常常称作分类器)。应用分类模型,能把数据库中的类标签未知的数据进行归类。若要构造分类模型,则需要有一个训练样本数据集作为输入,该训练样本数据集由一组数据库记录或元组构成,还需要一组用以标识记录类别的标记,并先为每个记录赋予一个标记(按标记对记录分类)。一个具体的样本记录形式可以表示为 $(V1, V2, \cdots, Vi, C)$,其中,Vi 表示样本的属性值,C 表示类别。对同类记录的特征进行描述有显式描述和隐式描述两种。显式描述如一组规则定义;隐式描述如一个数学模型或公式。

分类分析有两个步骤,即构建模型和模型应用。

(1) 构建模型就是对预先确定的类别给出相应的描述。该模型是通过分析数据库中各数据对象而获得的。先假设一个样本集合中的每一个样本属于预先定义的某一个类别,这可由一个类标号属性来确定。这些样本的集合称为训练集,用于构建模型。由于提供了每个训练样本的类标号,故称为有指导的学习。最终的模型即是分类器,可以用决策树、分类规则或者数学公式等来表示。

(2) 模型应用就是运用分类器对未知的数据对象进行分类。先用测试数据对模型分类准确率进行估计,例如,使用保持方法进行估计。保持方法是一种简单估计分类规则准确率的方法。在保持方法中,把给定数据随机地划分成两个独立的集合——训练集和测试集。

通常,2/3 的数据分配到训练集,其余 1/3 的数据分配到测试集。使用训练集导出分类器,然后用测试集评测准确率。如果学习所获模型的准确率经测试被认为是可以接受的,那么就可以使用这一模型对未知类别的数据进行分类,产生分类结果并输出。

3. 数据聚类算法

聚类是一种根据数据对象的相似度等指标进行数据分析的方法。俗话说:"物以类聚,人以群分"。所谓类,通俗地说就是指相似元素的集合。聚类分析又称集群分析,它是研究(样品或指标)分类问题的一种统计分析方法。聚类是将物理或抽象对象的集合分成由类似的对象组成的多个类的过程。由聚类所生成的簇是一组数据对象的集合,这些对象与同一个簇中的对象彼此相似,与其他簇中的对象相异。

传统的聚类分析计算方法主要有如下几种。

(1) 划分方法

给定一个有 N 个元组或者记录的数据集,划分法将构造 K 个分组,每一个分组就代表一个聚类,$K < N$。而且这 K 个分组满足下列条件:① 每一个分组至少包含一个数据记录;② 每一个数据记录属于且仅属于一个分组(注意:这个要求在某些模糊聚类算法中可以放宽);③ 对于给定的 K,算法首先给出一个初始的分组方法,然后通过反复迭代的方法改变分组,使得每一次改进之后的分组方案都较前一次好。而所谓好的标准就是,同一分组中的记录越近越好,而不同分组中的记录越远越好。使用这个基本思想的算法有 K-MEANS 算法、K-MEDOIDS 算法、CLARANS 算法。

(2) 层次方法

这种方法对给定的数据集进行层次式的分解,直到某种条件满足为止。具体又可分为"自底向上"和"自顶向下"两种方案。例如,在"自底向上"方案中,初始时每一个数据记录都组成一个单独的组,在接下来的迭代中,它把那些相互邻近的组合并成一个组,直到所有的记录组成一个分组或者某个条件满足为止。使用这个基本思想的算法有 BIRCH 算法、CURE 算法、CHAMELEON 算法等。

(3) 基于密度的方法

基于密度的方法与其他方法的一个根本区别是,它不是基于各种各样的距离,而是基于密度的。这样就能克服基于距离的算法只能发现"类圆形"聚类的缺点。这个方法的指导思想就是,只要一个区域中的点的密度大过某个阈值,就把它加到与之相近的聚类中去。使用这个基本思想的算法有 DBSCAN 算法、OPTICS 算法、DENCLUE 算法等。

(4) 基于网格的方法

这种方法首先将数据空间划分成有限个单元(cell)的网格结构,所有的处理都是以单个的单元为对象的。这样处理的一个突出的优点就是处理速度很快,通常这是与目标数据库中记录的个数无关的,只与把数据空间分为多少个单元有关。代表算法有:STING 算法、CLIQUE 算法、WAVE-CLUSTER 算法。

(5) 基于模型的方法

基于模型的方法给每一个聚类假定一个模型,然后去寻找能够很好地满足这个模型的数据集。这样一个模型可能是数据点在空间中的密度分布函数或者其他函数。它的一个潜在的假定就是,目标数据集是由一系列的概率分布所决定的。通常有两种尝试方向:统计的方案和神经网络的方案。

其他的聚类方法还有传递闭包法、最大树聚类法、布尔矩阵法、直接聚类法等。下面以最大树聚类法和 K 均值分类算法为例介绍数据聚类分析的具体过程。

6.3.3　数据聚类算法的编程实践

下面讨论最大树聚类算法和 K 均值分类算法的原理,并给出利用 Python 语言对物联网数据集合进行分类的程序。

1. 最大树聚类算法

最大树聚类法是模糊聚类方法的一种,首先需要规格化,然后通过标准步骤建立相似系数构成的相似矩阵。该方法的具体步骤如下。

(1) 数据规格化并建立相似矩阵。设被分类的 n 样本集为 $(X1, X2, X3, \cdots, Xn)$;每个样本 i 有 m 个指标 $(Xi1, Xi2, \cdots, Xim)$。对每个样本的各项指标(注:可以先规格化)选取适当的公式(如海明距离、欧氏距离)计算 n 个样本中全部样本对之间的相似系数(注:也可以这时候规格化),建立包含 n 行 n 列的相似关系矩阵 $\boldsymbol{R}$。

(2) 利用关系矩阵构建最大树。将每个样本看作图的一个顶点,当关系矩阵 $\boldsymbol{R}$ 中的元素 $r_{ij} \neq 0$ 时,样本 i 与样本 j 就可以连一条边,但是否进行连接这条边,遵循下述规则:先画出样本集中的某一个样本 i 的顶点,然后按相似系数 r_{ij} 从大到小的顺序依次将样本 i 和样本 j 的顶点连成边,如果连接过程出现了回路,则删除该边;以此类推,直到所有顶点连通为止。这样就得到了一棵最大树(最大树不是唯一的,但不影响分类的结果)。

(3) 利用 λ– 截集进行分类。选取 λ 值 $(0 \leqslant \lambda \leqslant 1)$,去掉权重低于 λ 的连线,即把图中 $r_{ij} < \lambda$ 的连线去掉,互相连通的样本就归为一类,即可将样本进行分类。这里,聚类水平 λ 大小表示把不同样本归为同一类的严格程度。当 $\lambda = 0$ 时,表示聚类非常严格,n 个样本各自成为一类;当 $\lambda = 1$ 时,表示聚类很宽松,n 个样本成为一类。

【例 6-1】已知 5 个样本,每个样本有 6 个指标,如表 6-2 所示。请利用最大树方法进行聚类。

表 6-2　5 个样本的 6 个指标一览表

样本	指标 1	指标 2	指标 3	指标 4	指标 5	指标 6
样本 X1	2	3	5	6	2	1
样本 X2	4	6	6	7	9	2
样本 X3	3	4	5	1	1	4
样本 X4	5	5	5	5	5	5
样本 X5	7	6	5	4	3	2

问题分析:首先利用海明距离,来度量 n 个样本中任意两个样本 i 和 j 之间的相似度 S_{ij},其中 x_{ik} 是第 i 个样本的第 k 个指标,y_{jk} 是第 j 个样本的第 k 个指标。具体计算公式如下:

$$S_{ij} = \sum_{k=1}^{m} \left| x_{ik} - y_{jk} \right|$$

5 个样本间的相似度计算结果如下:

$$\begin{bmatrix} \mathbf{0}, 15, 11, 13, 12, \\ 15, \ \mathbf{0}, 20, 12, 13, \\ 11, 20, \ \mathbf{0}, 12, 13, \\ 13, 12, 12, \ \mathbf{0}, \ 9, \\ 12, 13, 13, \ 9, \ \mathbf{0} \end{bmatrix}$$

然后,对海明距离进行归一化处理(即将数据统一映射到 $[0,1]$ 上),归一化处理方法有多种,主要包括"均值方差法""极值"处理法等。其中,最容易理解的、使用最多的是"极值"处理法,在"极值"处理法中,又包括"标准型""极大型""极小型"等不同类型。具体思路是,针对所有相似度指标,求出其中的最大值或最小值。

例如,设 $S_{\max} = \max\limits_{i,j=1}^{n}\{S_{ij}\}$,$S_{\min} = \min\limits_{i,j=1}^{n}\{S_{ij}\}$,$S'_{ij}$ 为归一化后的指标值,则

标准型归一化方法为

$$S'_{ij} = \frac{S_{ij}}{S_{\max}} \ (i, j = 1, 2, \cdots, n)$$

极大型归一化方法为

$$S'_{ij} = \frac{S_{ij} - S_{\min}}{S_{\max} - S_{\min}} \ (i, j = 1, 2, \cdots, n)$$

极小型归一化方法为

$$S'_{ij} = \frac{S_{\max} - S_{ij}}{S_{\max} - S_{\min}} \ (i, j = 1, 2, \cdots, n)$$

这里采用标准型"极值"方法进行归一化,即用每个值除以它们中的最大值。将归一化后的计算结果构造为一个模糊相似矩阵,如下所示。

$$\boldsymbol{R} = \begin{bmatrix} 1 & 0.25 & 0.45 & 0.35 & 0.40 \\ 0.25 & 1 & 0.0 & 0.4 & 0.35 \\ 0.45 & 0.0 & 1 & 0.4 & 0.35 \\ 0.35 & 0.4 & 0.4 & 1 & 0.55 \\ 0.40 & 0.35 & 0.35 & 0.55 & 1 \end{bmatrix}$$

其次,用最大树法把矩阵中的 5 个样本进行分类,即按照模糊相似矩阵 $\boldsymbol{R}$ 中的 r_{ij} 值由大到小的顺序依次把这些元素用直线连接起来,并标上 r_{ij} 的数值,如图 6-9(a)所示。当取 $0.4 < \lambda \leqslant 0.45$ 时,得到聚类图(如图 6-9(b)所示),即 X 分成三大类:{X1,X3},{X4,X5},{X2}。

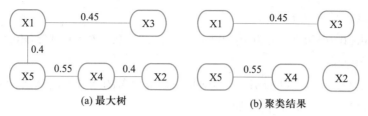

图 6-9　最大树聚类方法示意图

最大树聚类算法很容易使用 Python 程序代码进行实现，如下所示。

程序 6-1　最大树聚类算法的 Python 程序

```
# 已知样本 1、2、3、4、5 的 6 个指标，将其放在列表 sample 中
sample=[ [2,3,5,6,2,1], [4,6,6,7,9,2], [3,4,5,1,1,4], [5,5,5,5,5,5], [7,6,5,4,3,2] ]
result =[]                      # 设置空列表 result，用来存储相似度
for i in range(5):
    s1 = sample[i]              # 取出样本 i 的 6 个指标
    for j in range(5):
        s2 = sample[j]          # 取出样本 j 的 6 个指标
        sum1= 0
        for k in range(6):
            p = abs(s1[k] − s2[k])
            sum1 += p
        result.append(sum1)
max1 = max(result)             # 求海明距离的最大值
for i in range(len(result)):
    result[i] = 1 − result[i]/max1   # 求相似度
print(result)                  # 显示聚类前结果
lamuta= 0.41                   # 给出阈值为 0.41
for i in range(len(result)):
    if result[i]<lamuta:
        result[i]=0
matrix = []; temp = []
for i in range(len(result)):
    temp.append(result[i])
    if (i+1)%5 == 0:
        matrix.append(temp)
        temp=[]
print(matrix)                  # 显示聚类后最终矩阵
```

该程序的运行结果如下：

[[1.0, 0, 0.45, 0, 0], [0, 1.0, 0, 0, 0], [0.45, 0, 1.0, 0, 0], [0, 0, 0, 1.0, 0.55], [0, 0, 0, 0.55, 1.0]]

2. K 均值聚类算法

K 均值聚类（K-means clustering algorithm）是最著名的划分聚类算法，简洁和高效使其成为所有聚类算法中最为广泛使用的。

给定一个数据点集合和需要的聚类数目 K，K 由用户指定，K 均值算法根据某个距离函数反复把数据分入 K 个聚类中。

K 均值聚类算法是一种迭代求解的聚类分析算法，其步骤如下。

先随机选取 K 个对象作为初始的聚类中心。然后计算每个对象与各个种子聚类中心之间的距离，把每个对象分配给距离它最近的聚类中心。聚类中心以及分配给它们的对象就代表一个聚类。一旦全部对象都被分配了，每个聚类的聚类中心会根据聚类中现有的对象被重新计算。这个过程将不断重复直到满足某个终止条件。终止条件可以是以下任何一个。

（1）没有（或最小数目）对象被重新分配给不同的聚类。

（2）没有（或最小数目）聚类中心再发生变化。

（3）误差平方和局部最小。

算法的伪代码如下。

（1）选择 k 个点作为初始质心。

（2）repeat

　　　将每个点指派到最近的质心，形成 k 个簇，重新计算每个簇的质心

　　　until 质心不发生变化

根据这一思想，可构造 K 均值聚类算法的 Python 程序如下。

程序 6-2　K 均值聚类算法的 Python 程序

```python
import numpy as np
import pandas as pd
import random
import sys
import time
class KMeansClusterer:
    def __init__(self,ndarray,k):
        self.ndarray = ndarray      # n 维数组
        self.k = k                  # 聚类数
        self.points=self.__pick_start_point(ndarray,k)

    def cluster(self):                      # 聚类函数
```

```
        result = []
        for i in range(self.k):                 # 每个聚类初始化为空 '[]'
            result.append([])
        for obj in self.ndarray:                 # 在 n 维数据中找距离中心最小元素
            distance_min = sys.maxsize
            index = -1
            for i in range(len(self.points)):  # 聚类数
                distance = self.__distance(obj, self.points[i])  # 计算距离
                if distance < distance_min:  # 找出最小距离及其点的编号
                    distance_min = distance
                    index = i
            result[index] = result[index] + [obj.tolist()]       # 更新聚类结果
        new_center=[]
        for obj in result:
            new_center.append(self.__center(obj).tolist())      # 计算新聚类中心
        if (self.points==new_center).all(): # 聚类中心点未改变,结束递归
            return result
        print(" 新的聚类中心 =", new_center)
        self.points=np.array(new_center)
        return self.cluster()                     # 递归调用


def __center(self,list):
    return np.array(list).mean(axis=0)  # 对各列求均值返回 1×n 矩阵


def __distance(self,p1,p2):                     # 计算两点间距间的欧氏距离
    tmp=0
    for i in range(len(p1)):
        tmp += pow(p1[i]-p2[i],2)           # 求平方和
    return pow(tmp, 0.5)
# 随机选取 k 个对象,作为初始聚类分组
def __pick_start_point(self,ndarray,k):
    if k <0 or k > ndarray.shape[0]:
        raise Exception(" 组数设置有误 ")
    lst1= np.arange(0,ndarray.shape[0],step=1).tolist()  # 将阵列转为列表
    indexes = random.sample(lst1, k)    # 随机选取 k 个对象
```

```
            print(indexes)
            points=[]
            for i in indexes:
                points.append(ndarray[i].tolist())
            return np.array(points)


# 主程序
if __name__ == '__main__':
    sample=[ [2,3,5,6,2,1], [4,6,6,7,9,2],
             [3,4,5,1,1,4], [5,5,5,5,5,5], [7,6,5,4,3,2] ]
    a = np.array(sample)                    # 列表转换为数组
    art = KMeansClusterer(a, 3)             # 将 5 个对象分为 3 组
    res = art.cluster()
    print(" 分类结果如下 :")
    for i in range(len(res)):
        print(" 第 ", i, " 组 :", res[i])
```

第一次运行的分类结果如下：

第 0 组：[[7, 6, 5, 4, 3, 2]]

第 1 组：[[2, 3, 5, 6, 2, 1], [4, 6, 6, 7, 9, 2], [0, 5, 5, 8, 5, 5]]

第 2 组：[[3, 4, 5, 1, 1, 4]]

第二次运行的分类结果如下：

第 0 组：[[4, 6, 6, 7, 9, 2]]

第 1 组：[[2, 3, 5, 6, 2, 1], [3, 4, 5, 1, 1, 4]]

第 2 组：[[5, 5, 5, 5, 5, 5], [7, 6, 5, 4, 3, 2]]

从上面的结果可以看出，K 均值聚类算法由于采用了"随机方式"选择三个初始数据对象，导致每次初始对象不同，所以通过聚类后，得到的聚类结果是有差异的。

6.3.4 物联网数据并行处理

传统的并行处理算法的设计者必须对目标问题有明确的理解，并能够识别出该目标问题中的并行计算部分，且能够将并行计算部分分解成若干可求解的任务，并为每个任务构建计算时所需的关键数据结构。上述过程导致开发并行计算的程序代码相对复杂。因此，选择一种能够屏蔽并行计算细节的数据并行处理方法十分重要。Hadoop 中的 MapReduce（映射–归约）计算模型将这些公共细节部分抽象为一个库，由公共引擎统一处理，并行编程者不用过多考虑程序本身的分布式存储和并行处理细节，相应的容错处理、数据分布、负载均衡等也由公共引擎完成。因此，基于 MapReduce 的分布式并行计算模型是目前处理数据密

集型应用问题的典型模型。

1. MapReduce 总体架构

MapReduce 是一种面向大数据处理的并行编程模型,用于大规模数据集(大于 1 TB)的并行运算。MapReduce 主要反映了"Map"(映射)和"Reduce"(归约)两个概念,分别完成映射操作和归约操作。映射操作按照需求操作独立元素组中的每个元素,这个操作是独立的,然后新建一个元素组保存刚生成的中间结果。因为元素组之间是独立的,所以映射操作基本上是高度并行的。归约操作对一个元素组的元素进行合适的归并。虽然有可能归约操作不如映射操作并行度那么高,但是求得一个简单答案,大规模的运行仍然可能相对独立,所以归约操作同样具有并行的可能。

MapReduce 是一种非机器依赖的并行编程模型,可基于高层的数据操作编写并行程序,MapReduce 框架的运行时系统自动处理调度和负载均衡问题。MapReduce 把并行任务定义为两个步骤:"Map"阶段把输入的数据划分为若干块,并将每一块通过"Map 函数"生成中间结果 <key, value> 偶对;"Reduce"阶段将具有相同 key 的偶对通过"Reduce 函数"合并成最终结果。

映射归约模型的核心是 Map 和 Reduce 两个函数,由用户自定义,它们的功能是按一定的映射规则将输入的 <key, value> 对转换成一组 <key, value> 对输出,如表 6-3 所示。表中的 k_1、k_2、k_3 和 v_1、v_2、v_3 是 key 和 value 的实例。

表 6-3 Map 和 Reduce 操作

函数名称	输入实例	输出实例	功能说明
Map	$<k_1, v_1>$	$List(<k_2, v_2>)$	映射函数将输入实例 $<k_1, v_1>$ 转换为键值列表 $<k_2, v_2>$
Reduce	$<k_2, List(v_2)>$	$<k_3, v_3>$	归约函数将相同键 k_2 的值的列表 $List(v_2)$ 归并为 $<k_3, V_3>$

在表 6-3 中,映射函数 Map 将 $<k_1, v_1>$ 映射为 $<k_2, v_2>$ 列表,存储在本地磁盘;归约函数 Reduce 从磁盘上按照 k_2 的值读取 v_2 的值,形成列表,然后将列表合并为 $<k_3, v_3>$。

2. MapReduce 的工作流程

MapReduce 具有唯一的主节点(master node),实现对从节点群(slave nodes)的管理。存储在分布式文件系统上的输入文件被分割为可复制的块来解决容错问题。Hadoop 把每个 MapReduce 作业划分为一组任务集合。对每个输入块,首先由映射任务处理,并输出一个键值对列表。映射函数由用户定义。当所有的映射任务完成时,归约任务对按键组织的映射输出列表进行归约操作。

Hadoop 在每个从节点上同时运行一些映射任务和归约任务,映射和归约任务之间的计算和 I/O 操作重叠进行。一旦从属节点的任务区有空位,它就通知主节点,然后调度器就分配任务给它。用户程序调用 Map、Reduce 函数时,Hadoop 模型 Map、Reduce 的数据流的具体操作细节如图 6-10 所示。

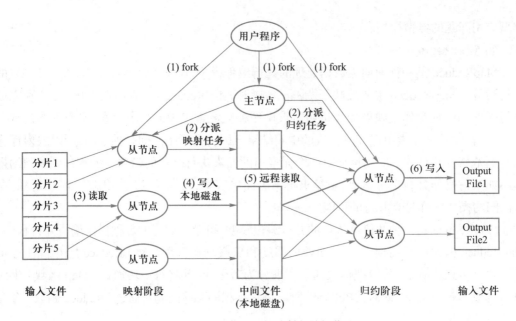

图 6-10   MapReduce 的映射归约操作流程

(1) 派生（fork）：用户程序利用**派生（fork）**进程生成主节点和从节点，调用 MapReduce 引擎将输入文件分成 M 块（如 5 块），每块大概 16 MB 到 64 MB（可自定义参数）。

(2) 分派映射任务：主节点分派映射任务和归约任务。假设有 M 个映射任务和 R 个归约任务，选择空闲的从节点分配这些任务。

(3) 读取分片：分配了映射任务的从节点从输入文件读取并处理相关的分片，解析出中间结果 <key, value>，传递给用户自定义的映射函数；映射函数生成的中间结果 <key, value> 暂时缓冲到内存中。

(4) 写入本地磁盘：缓冲在内存中的中间结果 <key, value> 周期性地写入本地磁盘。这些数据通过分区函数（partition）划分为 R 个区块。从节点将中间结果 <key, value> 在本地磁盘的位置信息发送到主节点，然后统一由主节点传送给后续执行"归约"操作的从节点。

(5) 远程读取：当执行归约任务的从节点收到主节点所通知的中间结果 <key, value> 的位置信息时，该从节点通过远程调用读取存储在映射任务节点的本地磁盘上的中间数据。从节点对读取的所有的中间数据按照中间结果中的"key"进行排序，使得"key"相同的"value"集中在一起。如果中间结果集合过大，可能需要使用外排序。

(6) 写入：执行"归约"任务的从节点根据中间结果中的"key"来遍历所有排序后的中间结果 <key, value>，并且把"key"和相关的中间结果集合传递给用户自定义的归约函数，由归约函数将本区块输出到一个最终输出文件，该文件存储到 HDFS 中。

当所有的映射和归约任务完成时，主节点通知用户程序，返回用户程序的调用点，MapReduce 操作执行完毕。

3. MapReduce 的应用

使用 Python 写 MapReduce 的"诀窍"是利用 Hadoop 流的 API，通过 STDIN（标准输

入)、STDOUT(标准输出)在 Map 函数和 Reduce 函数之间传递数据。读者需要做的是利用 Python 的 sys.stdin 读取输入数据,并把输出传送给 sys.stdout。Hadoop 流将会帮助处理别的任何事情。由于需要涉及 Hadoop 系统的安装问题,读者可以通过网络学习完成上述工作。

6.4 物联网数据检索

物联网通过各种传感器感知大量数据,这些数据具有多样性,包括文本、图片、语音和视频等,下面介绍物联网数据中的文本、图片、语音和视频检索方法。

6.4.1 文本检索

传统的文本检索是围绕相关度(relevance)这个概念展开的。在信息检索中,相关度通常指用户的查询和文本内容的相似程度或者某种距离的远近程度。根据相关度的计算方法,可以把文本检索分成基于文字的检索、基于结构的检索和基于用户信息的检索。

1. 基于文字的检索

基于文字的检索主要根据文档的文字内容来计算查询和文档的相似度。这个过程通常包括查询和文档的表示及相似度计算,两者构成了检索模型。学术界最经典的检索模型有布尔模型、向量空间模型、概率检索模型和统计语言检索模型。

(1) 在布尔模型中,用户将查询表示为由多个词组成的布尔表达式,如查询"计算机 and 文化"表示要查找包含"计算机"和"文化"这两个词的文档。文档被看成文中所有词组成的布尔表达式。在进行相似度计算时,布尔模型实际就是将用户提交的查询请求和每篇文档进行表达式匹配。在布尔模型中,满足查询的文档的相关度是 1,不满足查询的文档的相关度是 0。

(2) 在向量空间模型中,用户的查询和文档信息都表示成关键词及其权重构成的向量,如向量 < 信息,3,检索,5,模型,1> 表示由 3 个关键词"信息""检索"和"模型"构成的向量,每个词的权重分别是 3、5、1。然后,通过计算向量之间的相似度便可以将与用户查询最相关的信息返回给用户。向量空间模型的研究内容包括关键词的选择,权重的计算方法和相似度的计算方法。

(3) 概率检索模型通过概率的方法将查询和文档联系起来。同向量空间模型一样,查询和文档也都是用关键词表示。概率检索模型需要计算查询中的关键词在相关及不相关文档中的分布概率,然后在查询和文档进行相似度计算时,计算整个查询和文档的相关概率。相对于向量空间模型而言,概率模型具有更深的理论基础,因为它可以利用概率学中许多成熟的理论来诠释信息检索中的许多概念,比如"相关"可以解释成一种后验概率,"相似度"可以解释成两个后验概率的比值。概率模型中最关键的问题是计算关键词在与查询相关及不相关文档中的概率。由于对每个查询而言,无法事先预知文档的相关与不相关,因此在计算时往往基于某种假设。

（4）统计语言检索模型通过语言的方法将查询和文档联系起来。这种思想诞生了一系列的模型。最原始的统计语言检索模型是查询似然模型。简单地说，查询似然模型首先认为每篇文档是在某种"语言"下生成的。在该"语言"下生成查询的可能性便可看成文档和查询之间的相似度。所谓"语言"，是指可以通过统计语言模型来刻画，即某个词、短语、语句的分布概率。因此，查询似然模型通常包括两个步骤：先对每个文档估计其统计语言模型，然后利用这个统计语言模型计算其生成查询的概率。

2. 基于结构的检索

和基于文字的检索不同，基于结构的检索要用到文档的结构信息。文档的结构包括内部结构和外部结构。所谓内部结构，是指文档除文字之外的格式、位置等信息；所谓外部结构，是指文档之间基于某种关联构成的"关系网"，如可以根据文档之间的引用关系形成"引用关系网"。基于结构的检索通常不会单独使用，可以和基于文字的检索联合使用。

在基于内部结构的检索中，可以利用文字所在的位置、格式等信息来更改其在文字检索中的权重。举例来说，各级标题、句首、html 文件中的锚文本可以被赋予更高的权重。基于外部结构的检索可以是基于 Web 网页之间的链接关系以及"链接分析"技术。实际上它或多或少地沿袭了图书情报学中的文献引用思想——被越重要的文献引用、引用次数越多的文献越具价值。

3. 基于用户信息的检索

不论是基于文字还是基于结构的检索，都是从查询或者文档出发来计算相似度的。实际上，用户是信息检索最重要的一个组成成分。就查询来说，是为了表示用户的真正需求；就检索结果来说，用户的认可才是检索的目的。因此，在信息检索过程中不能忽略用户这个重要因素。利用用户本身的信息及参与过程中的行为信息的检索称为基于用户信息的检索。

从理论上说，用户的很多信息都可以用于提高信息检索的质量。比如，用户的性别、年龄、职业、教育背景、阅读习惯等都可以用于信息检索。但实际上，一方面这些信息不易获得，另一方面，即使能获得这些信息，这些信息能不能适用于所有用户的信息检索还值得怀疑。所以，目前的信息检索通常仅根据用户的访问行为来获取信息，这个过程称为用户建模。这些信息常常包括用户的浏览历史、用户的单击行为、用户的检索历史等，这些信息常常称为检索的上下文信息（context）。由于这类检索常常通过分析用户的访问行为得到，因此，这种方法也被称为基于用户行为的检索方法。

基于用户行为的检索又可以分为基于单个用户个体访问行为的检索和基于群体用户访问行为的检索。顾名思义，基于单个用户个体访问行为主要通过分析当前检索用户的访问习惯来提高信息检索的质量；而基于群体用户访问行为则主要是通过用户之间的相似性来指导信息检索，它假设具有相似兴趣的用户会访问同一网页。因此，可以通过分析群体用户的访问习惯，获得那些用户具有相同兴趣的信息。

6.4.2 图像检索

关于图像检索的研究可以追溯到 20 世纪 70 年代,当时主要是基于文本的图像检索技术 TBIR(text-based image retrieval),即利用文本描述的方式表示图像的特征,这时的图像检索实际是文本检索。到 20 世纪 90 年代以后,出现了基于内容的图像检索 CBIR(content-based image retrieval),即对图像的视觉内容,如图像的颜色、纹理、形状等进行分析和检索,并有许多 CBIR 系统相继问世。但实践证明,TBIR 和 CBIR 这两种技术远不能满足人们对图像检索的需求。为了使图像检索系统更加接近人对图像的理解,研究者们又提出了基于语义的图像检索(semantic-based image retrieval,SBIR),试图从语义层次解决图像检索问题。

图 6-11 给出了一个图像内容的层次模型。第 1 层为原始数据层,即图像的原始像素点;第 2 层为物理特征层,反映了图像内容的底层物理特征,如颜色、纹理、形状和轮廓等,CBIR 正是利用了这一层的特征;第 3 层为语义特征层,是人们对图像内容概念级的反映,一般是对图像内容的文字性描述,SBIR 是在这一层上进行的检索。下面分别介绍 CBIR 和 SBIR 技术。

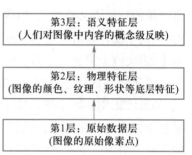

图 6-11　图像内容层次模型

1. 基于内容的图像检索

基于内容的图像检索(CBIR),即把图像的视觉特征,如颜色、纹理结构和形状等,作为图像内容抽取出来,并进行匹配、查找。迄今已有许多基于内容的图像检索系统问世,如 QBIC、MARS、WebSEEK 和 Photobook 等。

(1) 特征提取。特征提取是 CBIR 系统的基础,在很大程度上决定了 CBIR 系统的成败。目前,对 CBIR 系统的研究都集中在特征提取上。图像检索中用得较多的视觉特征,包括颜色、纹理和形状。

颜色是一幅图像最直观的属性,因此颜色特征也最早被图像检索系统采用。最常用的表示颜色特征的方法是颜色直方图。颜色直方图描述了不同色彩在整幅图中所占的比例,但不关心每种色彩所处的位置,即无法具体描述图像中的对象或物体。除了颜色直方图之外,常用的颜色特征表示方法还有颜色矩和颜色相关图。颜色矩采用颜色的一阶矩、二阶矩、三阶矩来表示图像的颜色分布。颜色相关图不但可以刻画某一颜色的像素数量占整个图像的比例,还能够反映不同颜色对之间的空间距离相关性。纹理是一种不依赖于颜色或亮度的、反映图像中同质现象的视觉特征,它包含了物体表面结构组织排列的重要信息以及它们与周围环境的联系。主要的视觉纹理有粗糙度、对比度、方向度、线像度、规整度和粗略度。图像检索中用到的纹理特征表示方法主要有 Tamura 法、小波变换和自回归纹理模型。图像中物体和区域的形状是图像表示和图像检索中经常用到的另一类重要特征。通常形状可以分为两类,即基于边界的形状和基于区域的形状。前者是指物体的外边界,而后者则关系到整个形状区域。描述这两类特征的最典型的方法分别是傅里叶描述符和形状无关矩。

（2）查询方式。CBIR 系统向用户提供的查询方式与其他检索系统有很大的区别，一般有示例查询和草图查询两种方式。示例查询就是由用户提交一个或几个图例，然后由系统检索出特征与之相似的图像。这里的"相似"，是指上述的颜色、纹理和形状等几个视觉特征上的相似。草图查询是指用户简单地画一幅草图，比如在一个蓝色的矩形上方画一个红色的圆圈来表示海上日出，由系统检索出视觉特征上与之相似的图像。

2. 基于语义的图像检索

虽然图像的视觉特征在一定程度上能代表图像包含的信息，但事实上，人们判断图像的相似性并非仅仅建立在视觉特征的相似性上。更多的情况下，用户主要根据图像表现的含义，而不是颜色、纹理、形状等特征，来判别图像满足自己需要的程度。这些图像的含义就是图像的高层语义特征，它包含了人对图像内容的理解。基于语义的图像检索（SBIR）的目的，就是要使计算机检索图像的能力接近人的理解水平。在图 6-11 所示的图像内容层次模型中，语义位于第 3 层。第 2 层和第 3 层之间的差别被许多学者称为"语义鸿沟"。

语义鸿沟的存在是目前 CBIR 系统还难以被普遍接受的原因。在某些特殊的专业领域，如指纹识别和医学图像检索中，将图像底层特征和高层语义建立某种联系是可能的，但是在更加广泛的领域内，底层视觉特征与高层语义之间并没有很直接的联系。如何最大限度地减小图像简单视觉特征和丰富语义之间的鸿沟问题，是语义图像检索研究的核心，其中的关键技术就是如何获取图像的语义信息。如图 6-12 所示，三个虚线框分别表示图像语义的三种获取方法——利用系统知识的语义提取、基于系统交互的语义生成和基于外部信息的语义提取。

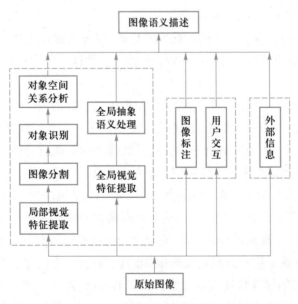

图 6-12 图像语义提取模型

（1）利用系统知识的语义提取。利用系统知识的语义提取又可分为两类，即基于对象识别的处理方法和全局处理方法。

基于对象识别的处理方法有三个关键的步骤,即图像分割、对象识别和对象空间关系分析,前一个步骤都是下一个处理步骤的基础。该方法可以在特定的应用领域获得很好的效果,前提是需要预先给系统提供该领域的必要知识。一个典型的例子是判断男士西服的类别,系统首先通过图像分割技术,划分出衣服上的纽扣、领带等区域,然后根据西服是单排纽扣还是双排纽扣、扣子的数量、领带的图案和衬衫的颜色来判断西服样式是属于正式的、休闲的还是传统的。一般而言,只有通过图像分割,才能有效地获取图像的语义信息。

(2) 基于系统交互的语义生成。完全从图像的视觉特征中自动抽取出图像的语义,还存在许多难以克服的困难。通过人工交互的方式来生成图像语义,是许多检索系统都公认的行之有效的方法。人工交互的语义生成,主要包括图像预处理和反馈学习两个方面。预处理就是事先对图像进行标注,可以是人工标注或自动标注。反馈机制则用来修正这些标注,使之不断趋于准确。微软研究院开发的 iFind 系统就是一个典型的例子。iFind 系统提出了一种利用用户的检索和随后的反馈机制来获取图像关键词的方法:首先,用户输入一些关键词,系统通过计算查询关键词和图像上所标注的关键词之间的相似度,来得到最符合查询条件的图像集合;然后,用户在返回的查询结果中选择他所认为的相关或不相关的图像,反馈学习机制据此修改每幅图像对应的关键词及其权重。这个反馈过程将使得那些能够描述对应图像的关键词得到更大的权重,从而使图像的语义信息更加准确。

(3) 基于外部信息的语义提取。外部信息是指图像来源处的相关信息。例如,在Internet 环境下,图像资源与一般独立图像不同,它们是嵌入在 Web 文档中随之发布的,与Web 网页有着千丝万缕的联系,其中关系较大的包括 URL 中的文件名、IMG 的 ALT 域和图像前后的文本等,可以从这些信息中抽取出图像的语义信息。

6.4.3 音频检索

原始音频数据除了含有采样频率、量化精度、编码方法等有限的注册信息外,其本身仅仅是一种不含语义信息的非结构化的二进制流,因而音频检索受到极大的限制。相对于日益成熟的文本和图像检索,音频检索显得相对滞后。直到 20 世纪 90 年代末,基于内容的音频检索才成为多媒体检索技术的研究热点。

1. 音频检索的系统结构

图 6-13 给出了音频检索的系统结构。原始音频数据的预处理模块包括语音处理、音频分割、特征提取和分类;用户的查询模块包括用户查询接口和检索引擎;元数据库由结构关系、文本库、索引和特征库等组成。

如果原始音频是一段长音频,那么在特征提取之前需要进行分割处理,把长音频分割为多个小的音频区段。通过分割处理,可以获得音频录音的结构关系,然后对分割好的音频片段进行特征提取。音频经过样本的训练和分类,建立分类目录;语音识别把语音信号转换为文本,存入文本库;提取的声音特征保存在特征数据库中,并将元数据库中的记录与音频数据库中的媒体记录关联起来。

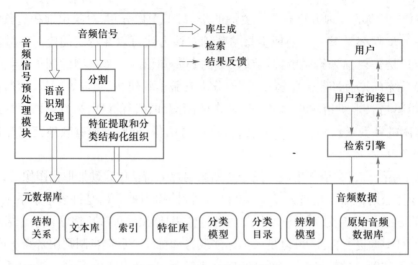

图 6-13　音频检索系统结构

　　用户通过用户查询接口检索音频信息。用户查询接口主要有两个功能：① 把用户提供的待检索音频信号提交到图左边的音频信号预处理模块进行预处理，再向检索引擎提交预处理结果；② 接收检索返回结果并反馈给用户。用户可以查询音频信息或浏览分类目录。对于长段的音频，可以进行基于内容的浏览，即根据音频的结构进行非线性浏览。检索引擎利用相似性和相关度来搜索用户要求的信息。查询矢量和库中音频矢量之间的相似性由距离测度决定。每类特征都可以有不同的距离测度方法，以便在特定应用或实现中更为有效。

　　2. 音频特征提取及分类

　　在音频自动分类中常用的特征一般有能量、基频、带宽等物理特征以及响度、音调、亮度和音色等感觉特征，还有过零率等特征。下面简要介绍几种音频特征。

　　(1) 带宽(bandwidth)是指取样信号的频率值范围，它在音频处理上有重要意义。

　　(2) 响度(loudness)是判断声音数据有声或无声的基本依据，它是用分贝表示的短时傅里叶变化，计算出信号的平方根，还可以用音强求和模型来对音强时间序列进行进一步处理。

　　(3) 过零率(zero-crossing rate)是指在一个短时帧内，离散采样信号值由正到负和由负到正变化的次数，这个量大概能够反映信号在短时帧里的平均频率。

　　3. 音频信号流的分割

　　下面介绍三种音频分割算法，它们分别是分层分割算法、压缩窗域分割算法和模板分割算法。

　　(1) 分层分割算法。当一种音频转换成另外一种音频时，主要的几个特征会发生变换。每次选取一个发生变换最大的音频特征，从粗到细，逐步将音频分割成不同的音频片段。

　　(2) 压缩窗域分割算法。随着 MPEG 压缩格式成为多媒体编码主流，直接对 MP3 格式的音频信号提取特征，基于提取的压缩域特征实现音频分割。

（3）模板分割算法。为一段音频流建立一个模板,使用这个模板去模拟音频信号流的时序变化,达到音频数据流分割目的。

对分割出来的音频进行分类属于模式识别问题,其任务是通过相似度匹配算法将相似音频归属到一类。基于隐马尔可夫链模型和支持向量机模型,能够尽可能地对分割出来的音频进行归类。

4. 音频内容的描述和索引

国际标准化组织(ISO)从 1996 年开始制定多媒体内容描述的标准——多媒体内容描述接口(multimedia content description interface),简称 MPEG-7,其目标是制定多媒体资源的索引、搜索和检索的互操作性接口,以支持基于内容的检索和过滤等应用。经由 MPEG-7 的描述符和描述模式可以描述音频的特征空间、结构信息和内容语义,并且建立音频内容的结构化组织和索引,从而为具有互操作性的音频检索和过滤等服务提供支持。

5. 音频检索方法

基于内容的音频检索是指通过音频特征分析,对不同音频数据赋以不同的语义,查找出具有相同语义(在听觉上相似)的音频。目前用户检索音频的方法主要有主观描述查询(query by description)、示例查询(query by example)、拟声查询(query by onomatopoeia)、表格查询(query by table)和浏览(browsing)。

（1）主观描述查询是提交一个语义描述,例如,"摇滚音乐"或"噪声"等这样的关键词,然后把包含了这些语义标注的音频或歌曲寻找出来,反馈给用户。用户也可以通过描述音频的主观感受,例如,"欢快"或"舒缓",来说明其所要检索的音频的主观(感觉)特性。

（2）示例查询是提交一个音频范例,然后提取出这个音频范例的特征,如飞机的轰鸣声,按照音频范例识别方法判断其属于哪一类,然后把属于该类的音频返回给用户。

（3）拟声查询是指用户发出与要查找的声音相似的声音来表达检索要求。例如,人们并不知道某首歌曲的名字和演唱者,但是对某些歌曲的旋律和风格非常熟悉,于是人们可以将其熟悉的旋律"哼"出来,把这些旋律通过麦克风数字化后输入给计算机,计算机就可以使用搜索引擎去寻找一些歌曲,使反馈给用户的歌曲中包含用户所"哼"的旋律或风格。

（4）表格查询是指用户选择一些音频的声学物理特征并且给出特征值的模糊范围来描述其检索要求,例如,音量、基音频率等。

（5）浏览也是用户进行查询的重要手段。但是,浏览需要事先建立音频的结构化的组织和索引,例如,音频的分类和摘要等,否则浏览的效率将会非常低下。

上述几种查询方法并不是孤立的,它们可以组合使用,以取得最佳的检索效果。

6.4.4　视频检索

视频数据作为一种动态、直观、形象的数字媒体,以其稳定性、扩展性和易交互性等优势,应用越来越广泛。视频数据包括幕、场景、镜头和帧,是一个二维图像流序列,是非结构化的、最复杂的多媒体信息。视频检索(video retrieval)指根据用户提出的检索请求,从视频数据库中快速地提取出相关的图像或图像序列的过程。20 世纪 90 年代以来已有许多在视频内容的分析、结构化以及语义理解方面的研究,并取得了一些实验性的成果。目前,国内外已研发出了多个基于内容的视频检索系统,例如,IBM 公司的 QBIC 系统、哥伦比亚大学的 VisualSeek 系统和 VideoQ 系统、清华大学的 TV-FI 系统等。

1. 视频检索的分类

从检索形式可将视频检索分为两种类型:基于文本(关键字)的检索,其检索效率取决于对视频的文本描述,难点在于如何对视频进行全面、自动或半自动的描述;基于示例(视频片段／帧)的检索,其优点是可以通过自动地提取视听特征进行检索,难点在于相似性如何计算以及用户难以找到合适的示例。

2. 视频检索的关键技术

视频检索的关键技术主要有关键帧提取、图像特征提取、图像特征的相似性度量、查询方式以及视频片段匹配等。

(1) 关键帧提取。关键帧是用于描述一个镜头的关键图像帧,它反映一个镜头的主要内容。关键帧的选取一方面必须能够反映镜头中的主要事件,另一方面要便于检索。关键帧的选取方法很多,比较经典的有帧平均法和直方图平均法。

(2) 图像特征提取。特征提取可以针对图像内容的底层物理特征进行提取,如颜色、图像轮廓特征等。特征的表示方式有三种:数值信息、关系信息和文字信息。目前,多数系统采用的都是数值信息。

(3) 相似性度量。早期的工作主要是从视频中提取关键帧,把视频检索转化为图像检索。例如,通常情况下,图像的特征向量可看作多维空间中的一点,因此很自然的想法就是用特征空间中点与点之间的距离来代表其匹配程度。距离度量是一个比较常用的方法,此外还有相关性计算、关联系数计算等。在片段检索上,研究方法可以分为两类:① 把视频片段分为片段、帧两层考虑,片段的相似性利用组成它的帧的相似性来直接度量;② 把视频片段分为片段、镜头、帧三层考虑,帧的相似性通过什么来度量。

(4) 查询方式。由于图像特征本身的复杂性,对查询条件的表达也具有多样性。使用的特征不同,对查询的表达方式也不一样。目前查询方式基本上可归纳为以下几种:底层物理特征查询、自定义特征查询、局部图像查询和语义特征查询。

(5) 视频片断的匹配。同一镜头连续图像帧的相似性,使得经常出现同一样本图像的多个相似帧,因而需要在查询到的一系列视频图像中,找出最佳的匹配图像序列。已经有研究提出了最优匹配法、最大匹配法和动态规划算法等。

6.5 本 章 小 结

本章概述了物联网的数据存储与分析技术,包括物联网数据的 5V 特征、物联网数据的关系数据库存储和云存储方法,物联网数据预处理和分析方法,基于 MapReduce 框架的物联网数据并行处理技术,物联网的文本、图像、音频和视频检索方法。通过技术介绍和案例分析,旨在为物联网海量感知数据的实时处理提供各种解决思路。

习 题

一、选择题

1. 下列选项中,不属于大数据的特征是(　　)。

A. 海量　　　　　　B. 高速　　　　　　C. 多样　　　　　　D. 实时

2. 下列选项中,(　　)是结构化数据。

A. 图像　　　　　　B. 符号　　　　　　C. 声音　　　　　　D. 网页

3. 当图片的分辨率为 1 024×768,色彩为 16 位时,该图片占用的存储空间为(　　)。

A. 1 536 KB　　　　B. 1 536 MB　　　　C. 12 288 KB　　　　D. 以上都不是

4. 下面属于结构化的数据为(　　)。

A. 图片　　　　　　B. 姓名　　　　　　C. 视频　　　　　　D. 音频

5. 从关系模式中找出满足给定条件的那些元组称为(　　)。

A. 选择　　　　　　B. 投影　　　　　　C. 连接　　　　　　D. 查询

6. 从关系模式中挑选若干属性组成新的关系称为(　　)。

A. 选择　　　　　　B. 投影　　　　　　C. 连接　　　　　　D. 查询

7. SQL 中创建基本表的命令是(　　)。

A. ALTER　　　　　B. GRANT　　　　　C. CREATE　　　　　D. DELETE

8. SQL 中完成数据编辑功能的命令不包括(　　)。

A. CREATE　　　　B. INSERT　　　　　C. UPDATE　　　　　D. DELETE

9. 分类的方法不包括(　　)。

A. 决策树分类　　　　　　　　　　B. 最近邻分类

C. 基于规则的分类　　　　　　　　D. 基于密度的分类

10. 下列聚类方法中,(　　)属于分裂的层次聚类。

A. AGNES　　　　　B. DIANA　　　　　C. ROCK　　　　　　D. K-means

二、简答题

1. 什么是大数据?简要说明物联网大数据的 5V 特征。

2. 什么是关系数据库?

3. 什么是云存储?举例说明两种典型的云存储方式。

4. 什么是数据预处理?预处理包括哪几个过程?

5. 简要说明分类和聚类的主要区别和联系。

6. 数据预处理的目的是什么?数据预处理常用的方法有哪些?

7. 常用的分类方法有哪些?简述各种方法的优缺点。

三、应用题

1. 构建 HDFS 文件系统,并编写代码实现文件的上传与下载。

2. 构建 MapReduce 运行环境,编写代码实现数据去重。

3. 在 HDFS 中,假设寻块时间为 10 ms,数据传输率为 100 MBps,那么当单元块为 100 MB 时,分析寻块时间与传输时间的关系。

4. 使用最大树方法和 K 均值聚类方法,将 5 个数据集 $[2,3,5,6,2,1]$,$[4,6,6,7,9,2]$,$[3,4,5,1,1,4]$,$[5,5,6,5,7,5]$,$[7,6,5,4,3,2]$ 分成 3 类。利用程序 6-1 和程序 6-2,给出分类结果。

第 7 章

物联网信息安全技术

电子教案

物联网是一个包含传感、标识、定位、传输和数据处理的分布式大系统,在物联网大系统的各个层面都面临各种安全挑战。本章首先介绍物联网的安全体系,然后讲解物联网的接入安全技术、数据安全技术、区块链技术和隐私保护技术等。

7.1 物联网信息安全体系

信息安全(information security)是一个广泛而抽象的概念。从信息安全发展来看,在不同的时期,信息安全具有不同的内涵。即使在同一时期,由于所站的角度不同,对信息安全的理解也不尽相同。国际、国内对信息安全的论述,大致可分为两大类:一类是指具体的信息系统的安全;另一类是指某一特定行业体系的信息系统(如一个国家的银行信息系统、军事指挥系统等)的安全。但也有观点认为这两类定义都不够全面,还应该包括一个国家的社会信息化状态不受外来的威胁与侵害,一个国家的信息技术体系不受外来威胁和侵害。主要理由是信息安全首先是一个国家宏观的社会信息化状态是否处于自主控制之下,是否稳定的问题,其次才是信息技术安全的问题。国际标准化组织和国际电工委员会在 ISO/IEC l7799 : 2005 标准中对信息安全的定义是这样描述的:"保持信息的保密性、完整性、可用性;另外,也可能包含其他的特性,如真实性、可核查性、抗抵赖和可靠性等"。

图 7-1 给出了一种信息安全体系架构。其中,信任管理与信任计算是信息安全的理论基石,身份认证、访问控制和安全协议是保证物联网节点可信接入的核心,数据加密是保证物联网数据传输安全和可靠性的关键,数字签名是防止数据篡改的方式,病毒查杀是保证物联网系统安全稳定运行的保障,区块链是实施数据存证取证和责任追溯的基础。

信息安全概念经常与计算机安全、网络安全、数据安全等互相交叉笼统地使用。在不严格要求的情况下,这几个概念几乎可以通用。这是由于随着计算机技术、网络技术发展,信息的表现形式、存储形式和传播形式都在变化,最主要的信息都是在计算机内进行存储处

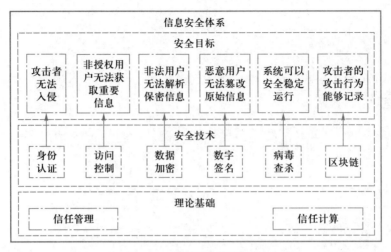

图 7-1　信息安全体系架构

理,在网络上传播。因此计算机安全、网络安全以及数据安全都是信息安全的内在要求或具体表现形式,这些因素相互关联,关系密切。信息安全概念与这些概念有相同之处,也存在一些差异,主要区别在于达到安全所使用的方法、策略以及应用领域,信息安全强调的是数据的机密性、完整性、可用性,不管数据是以电子方式存在还是以印刷或其他方式存在。

　　物联网信息安全是指物联网系统中的信息安全技术,包括物联网各层的信息安全技术和物联网系统整体的信息安全技术。从层次上看,物联网感知层、传输层、数据处理层和应用层都面临各种安全问题,这些安全问题大部分可以通过现有的各种信息安全技术的聚合进行解决。图 7-2 给出了一种物联网的三层安全体系架构,该结构由感知层安全、传输层安全及应用层安全构成。

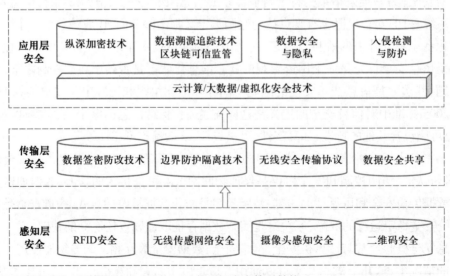

图 7-2　物联网安全体系结构

下面将逐层分析物联网各层次所面临的安全威胁并介绍相应的信息安全技术。

1. 物联网感知层安全

物联网感知层安全主要分为 RFID 系统安全和无线传感器网络安全。对于 RFID 系统所面临的非法复制、非法跟踪等安全问题，相关安全人员提出了包括信息加密、身份隐私保护等安全技术。而对于无线传感器网络则又存在着更多的安全威胁，相应的安全技术有节点认证、数据签名、密钥管理和抗拒绝服务攻击等。在无线传感器网络中，基站和节点之间通过加/解密及认证技术保护信息安全。然而，当网络中一个节点或者更多节点被妥协时，许多基于密码技术的算法的安全性将会降低。此外，智能摄像头和二维条形码也存在一定的安全风险，需要通过数据加密技术、身份认证技术、区块链技术等来解决。

2. 物联网传输层安全

物联网中的网络层介于感知层与应用层之间，负责两个层次之间的数据交互。物联网对网络层的要求不单单是互联网功能，其要求网络层能把感知层采集到的数据无障碍、高可靠、高安全性地传输。传输层的安全可分为端到端的机密性和节点到节点的机密性。对于端到端的机密性，需要建立端到端认证机制、端到端密钥协商机制、密钥管理机制和机密性算法选取机制等。在这些安全机制中，根据需要可以增加数据完整性验证。综合来说，网络层安全主要涉及加密机制、数据签名机制、数据完整性机制、实体认证机制、访问控制机制、信息过滤机制、路由控制机制、公证机制、主动防御、节点认证等。

3. 物联网应用层安全

物联网系统中，应用层需要处理的信息是海量且多种多样的，需要大量存储空间，进行在海量数据处理过程中，可能面临云存储安全和大数据隐私安全问题。比如，可能会出现数据一致性不足，可靠性不足等系统自身问题，也可能会遭受网络攻击，内部人员恶意倒卖，最终导致物联网数据隐私泄露、数据篡改甚至数据丢失等一系列问题，将严重影响物联网网络的正常使用并阻碍物联网的发展及其应用领域的拓展。对于物联网应用层的信息安全防护技术相对成熟，无论是系统自身安全还是抵御非法入侵的手段上都有一定的成果。比较著名且常用的有数据冗余备份、可靠的消息认证机制及密钥管理方案、安全审计、抗网络攻击、入侵检测和病毒检测等安全技术。

总体来看，物联网系统要求其信息安全技术具有去中心化、去信任化的特点，同时应该降低成本，尽可能地不引入额外的安全防护设备，而是充分利用物联网系统中的网络节点本身的富余算力开展研究，利用这些算力提升物联网网络本身的健壮性和抗攻击能力。区块链技术恰好符合这些特点，分布式的设计使得区块链本身就是一个由多方维护的弱中心化的网络系统，其特有的共识机制则能够利用网络节点的多余算力做一些安全验证工作。因此，研究如何使用区块链相关技术设计实现物联网信息安全技术是一项最新挑战。

在物联网的安全体系中，使用最多的安全技术主要包括身份认证、访问控制、安全协议、数据加密和区块链等。下面重点对这些安全技术进行介绍，其他安全技术读者可以参考《网络与信息安全》或《物联网信息安全》等教材。

7.2　物联网接入安全

网络安全的根本目的就是防止通过计算机网络传输的信息被非法使用,涉及认证、授权及检测等几个核心概念。

(1) 认证(authentication): 在做任何动作之前必须要有方法来识别动作执行者的真实身份。认证又称为鉴别、确认。身份认证主要是通过标识和鉴别用户的身份,防止攻击者假冒合法用户获取访问权限。

(2) 授权(authorization): 授权是指当用户身份被确认合法后,赋予该用户进行文件和数据等操作的权限。这种权限包括读、写、执行及从属权等。

(3) 检测(detecting): 检测包括对网络系统的检测和对用户行为的审查(auditing)。

7.2.1　身份认证 ···□

身份认证在网络安全中占据十分重要的位置。身份认证是安全系统中的第一道防线,用户在访问安全系统之前,首先经过身份认证系统识别身份,然后访问控制根据用户的身份和授权数据库决定用户是否能够访问某个资源。

身份认证又称"验证""鉴权",是指通过一定的手段,完成对用户身份确认的过程。身份认证包括用户向系统出示自己的身份证明和系统查核用户的身份证明的过程,它们是判明和确定通信双方真实身份的两个重要环节。

认证又称为鉴别,主要包括身份认证和信息认证两个方面。前者用于鉴别用户身份,后者用于保证通信双方信息的完整性和抗否认性。身份认证分为单向认证和双向认证。如果通信的双方只需要一方被另一方鉴别身份,这样的认证过程就是一种单向认证。在双向认证过程中,通信双方需要互相认证对方的身份。

进行身份认证的方法有很多,基本上可分为基于密钥的、基于行为的和基于生物学特征的身份认证。图 7-3 给出了几种典型的身份认证方式。

(a) 用户名口令登录　　　(b) 短信验证码登录　　　(c) 微信扫码登录　　(d) 手机图案解锁

图 7-3　几种典型的用户身份认证方式

1. 用户名/密码

用户名/密码是最简单也是最常用的身份认证方法,是一种静态的密钥方式。每个用户的密码是由用户自己设定的,只有用户自己才知道。只要能够正确输入密码,计算机就认为操作者就是合法用户。实际上,许多用户为了防止忘记密码,经常采用诸如生日、电话号码等容易被猜测的字符串作为密码,或者把密码抄在纸上放在一个自认为安全的地方,这样很容易造成密码泄漏。

2. 短信验证

短信验证是一种动态密钥方式。用户通过申请,发送验证码到手机作为用户登录系统的一种凭证。手机成为认证的主要媒介,安全性比用户名、口令方式高。

3. 微信扫码登录

通过手机微信进行扫码登录,现在成为一种典型的身份认证方式。其核心思想是利用用户的微信账号作为身份认证的依据,从而实现用户对其他系统的身份认证。

4. 图案锁

图形解锁是通过预设好解锁图案之后,在解锁时输入正确的图形的一种解锁方式。图形解锁是利用九宫格中的点与点之间连成图形来解锁的,所以其图形的组合方式有 38 万种之多,从解锁组合方式多少上来看图形解锁要比密码解锁安全,但大部分用户为了节约解锁的时间或者为了方便记忆,通常都会使用较简单的解锁图案,如 “Z” 状的图案。所以安全性也不够高。

5. USB Key

基于 USB Key 的身份认证方式是一种方便、安全的身份认证技术。它采用软硬件相结合、一次一密的强双因子认证模式,很好地解决了安全性与易用性之间的矛盾。USB Key 是一种 USB 接口的硬件设备,它内置单片机或智能卡芯片,可以存储用户的密钥或数字证书,利用 USB Key 内置的密码算法实现对用户身份的认证。

6. 生物特征识别

传统的身份认证技术一直游离于人类体外。以 **USB Key** 方式为例,首先需要随时携带 **USB Key**,其次容易丢失或失窃,补办手续烦琐冗长。因此,利用生物特征进行的身份识别成为目前的一种趋势。

生物特征识别主要是利用人类特有的个体特征(包括生理特征和行为特征)来验证个体身份。每个人都有独特又稳定的生物特征,目前,比较常用的人类生物特征主要有指纹、人脸、掌纹、虹膜、DNA、声音和步态等。其中,指纹、人脸、掌纹、虹膜、DNA 属于生理特征,声音和步态属于行为特征。这两种特征都能较稳定地表征一个人的特点,但是后者容易被模仿,例如,近年来出现的越来越多的模仿秀节目,很多人的声音和步态都能形象地被人模仿出来,这就使得仅利用行为特征识别身份的可靠性大大降低。

利用生理特征进行身份识别时,虹膜和 DNA 识别的性能最稳定,而且不易被伪造,但是提取特征的过程不容易让人接受;指纹识别的性能比较稳定,但指纹特征较易伪造;掌纹识别与指纹识别类似;人脸识别虽然属于个体的自然特点,但也存在被模仿和隐私需求问题,如双胞胎的人脸识别问题。

7.2.2　访问控制

访问控制(access control)就是在身份认证的基础上,依据授权对提出的资源访问请求加以控制。访问控制是网络安全防范和保护的主要策略,它可以限制对关键资源的访问,防止非法用户的侵入或合法用户的不慎操作所造成的破坏。

1. 访问控制系统的构成

访问控制系统一般包括主体、客体、安全访问策略。

(1) 主体:发出访问操作、存取要求的发起者,通常指用户或用户的某个进程。

(2) 客体:被调用的程序或欲存取的数据,即必须进行控制的资源或目标,如网络中的进程等活跃元素、数据与信息、各种网络服务和功能、网络设备与设施。

(3) 安全访问策略:一套规则,用以确定一个主体是否对客体拥有访问能力,它定义了主体与客体可能的相互作用途径。例如,授权访问有读、写、执行。

访问控制根据主体和客体之间的访问授权关系,对访问过程做出限制。从数学角度来看,访问控制本质上是一个矩阵,行表示资源,列表示用户,行和列的交叉点表示某个用户对某个资源的访问权限(读、写、执行、修改、删除等)。

2. 访问控制的分类

访问控制按照访问对象不同可以分为网络访问控制和系统访问控制。

(1) 网络访问控制限制外部对网络服务的访问和系统内部用户对外部的访问,通常由防火墙实现。网络访问控制的属性有源 IP 地址、源端口、目的 IP 地址、目的端口等。

(2) 系统访问控制为不同用户赋予不同的主机资源访问权限,操作系统提供一定的功能实现系统访问控制,如 UNIX 的文件系统。系统访问控制(以文件系统为例)的属性有用户、组、资源(文件)、权限等。

访问控制按照访问手段还可以分为自主访问控制和强制访问控制两类。

(1) 自主访问控制(DAC)

DAC 是一种最普通的访问控制手段,它的含义是由客体自主地来确定各个主体对它的直接访问权限。自主访问控制基于对主体或主体所属的主体组的识别来限制对客体的访问,并允许主体显式地指定其他主体对该主体所拥有的信息资源是否可以访问以及可执行的访问类型,这种控制是自主的。

(2) 强制访问控制(MAC)

在 MAC 中,用户与文件都有一个固定的安全属性,系统利用安全属性来决定一个用户是否可以访问某个文件。安全属性是强制性的,它是由安全管理员或操作系统根据限定的规则分配的,用户或用户的程序不能修改安全属性。在强制访问控制中,每一个数据对象被标以一定的密级,每一个用户也被授予某一个级别的许可证。对于任意一个对象,只有具有合法许可证的用户才可以存取。强制访问控制因此相对比较严格。它主要用于多层次安全级别的应用中,预先定义用户的可信任级别和信息的敏感程度安全级别,当用户提出访问请求时,系统对两者进行比较以确定访问是否合法。

根据用户对系统访问控制权限的不同,用户可以分为如下几个级别。

（1）系统管理员

系统管理员具有最高级别的特权，可以对系统任何资源进行访问并具有任何类型的访问操作能力，负责创建用户、创建组、管理文件系统等所有的系统日常操作，授权修改系统安全员的安全属性。

（2）系统安全员

系统安全员负责管理系统的安全机制，按照给定的安全策略，设置并修改用户和访问客体的安全属性；选择与安全相关的审计规则。安全员不能修改自己的安全属性。

（3）系统审计员

系统审计员负责管理与安全有关的审计任务。这类用户按照制定的安全审计策略负责整个系统范围的安全控制与资源使用情况的审计，包括记录审计日志和对违规事件的处理。

（4）普通用户

普通用户就是系统的一般用户。他们的访问操作要受一定的限制。系统管理员对这类用户分配不同的访问操作权限。

3. 访问控制的基本原则

为了保证网络系统安全，用户授权应该遵守访问控制的以下三个基本原则。

（1）最小特权原则

所谓最小特权，指的是"在完成某种操作时所赋予网络中每个主体（用户或进程）必不可少的特权"。最小特权原则，则是指"应限定网络中每个主体所必需的最小特权，确保可能的事故、错误、网络部件的篡改等原因造成的损失最小"。

（2）授权分散原则

对于关键的任务必须在功能上进行授权分散划分，由多人来共同承担，保证没有任何个人具有完成任务的全部授权或信息。

（3）职责分离原则

职责分离是指将不同的责任分派给不同的人员以期达到互相牵制，消除一个人执行两项不相容的工作的风险。例如，收款员、出纳员、审计员应由不同的人担任。计算机环境下也要有职责分离，为避免安全上的漏洞，有些许可不能同时被同一用户获得。

4. BLP 访问控制模型

BLP（Bell-La Padula）模型是由 David Bell 和 Leonard La Padula 于 1973 年创立，是一种典型的强制访问模型。在该模型中，用户、信息及系统的其他元素都被认为是一种抽象实体。其中，读和写数据的主动实体被称为"主体"，接收主体动作的实体被称为"客体"。BLP 模型的存取规则是给每个实体都赋予一个安全级，系统只允许信息从低级流向高级或在同一级内流动。

BLP 强制访问策略将每个用户及文件赋予一个访问级别，例如，最高秘密级（top secret），秘密级（secret），机密级（confidential）及无级别级（unclassified），系统根据主体和客体的敏感标记来决定访问模式。访问模式有以下几种。

（1）下读（read down）：用户级别大于文件级别的读操作。

（2）上写（write up）：用户级别小于文件级别的写操作。

（3）下写（write down）：用户级别等于文件级别的写操作。

（4）上读（read up）：用户级别小于文件级别的读操作。

依据 BLP 安全模型所制定的原则是利用不上读 / 不下写来保证数据的保密性。既不允许低信任级别的用户读高敏感度的信息，也不允许高敏感度的信息写入低敏感度区域，禁止信息从高级别流向低级别。强制访问控制通过这种梯度安全标签实现信息的单向流通。关于 BLP 模型更多的细节可参考有关文献。

5. 基于角色的安全访问控制

基于角色的访问控制（RBAC）的基本思想是将用户划分成与其在组织结构体系相一致的角色，通过将权限授予角色而不是直接授予主体，主体通过角色分派来得到客体操作权限。由于角色在系统中具有相对于主体的稳定性，并更便于直观地理解，从而大大减少了系统授权管理的复杂性，降低了安全管理员的工作复杂性和工作量。

图 7-4 给出了基于 RBAC 的用户集合、角色集合和资源集合之间的多对多的关系。理论上，一个用户可以通过多个角色，访问不同资源。但是，在实际应用系统中，通常给一个用户授予一个角色，只允许访问一种资源，这样就可以更好地保证资源的安全性。

在图 7-4 中，用户 1 和用户 n 授予角色 3，可以使用资源 s；用户 2 授予角色 1，可以访问资源 1 和资源 3；用户 3 授予角色 m，可以访问资源 2。

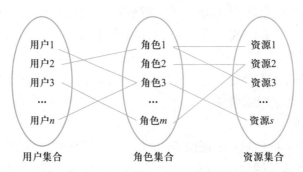

图 7-4　RBAC 中用户、角色和资源的关系图

7.2.3　网络安全协议

为了提高物联网接入的安全效能，可以使用国际标准化组织制定的多个网络安全协议。具体包括安全外壳协议（SSH）、安全电子交易协议（SET）、安全套接层协议（SSL）、安全 IP 协议（IPSec）、安全 HTTP 协议（HTTPS）等。由于篇幅原因，下面仅介绍其中的 IPSec、HTTPS 两种协议，其他的网络安全协议，有兴趣的读者可以参考网络资源。

1. IPSec 协议

IP 包本身没有任何安全特性，攻击者很容易伪造 IP 包的地址、修改包内容、重播以前的包以及在传输途中拦截并查看包的内容。因此，人们收到的 IP 数据报源地址可能不是来自真实的发送方、包含的原始数据可能遭到更改、原始数据在传输中途可能被其他人看过。

IPSec 是 IETF(因特网工程任务组)于 1998 年 11 月公布的 IP 安全标准,其目标是为 IPv4 和 IPv6 提供透明的安全服务。IPSec 在 IP 层上提供数据源地验证、无连接数据完整性、数据机密性、抗重播和有限业务流机密性等安全服务,可以保障主机之间、网络安全网关(如路由器或防火墙)之间或主机与安全网关之间的数据包的安全。

使用 IPSec 可以防范以下几种网络攻击。

(1) Sniffer:IPSec 对数据进行加密对抗 Sniffer,保持数据的机密性。

(2) 数据篡改:IPSec 用密钥为每个 IP 包生成一个消息验证码(MAC),密钥为数据的发送方和接收方共享。对数据包的任何篡改,接收方都能够检测,保证了数据的完整性。

(3) 身份欺骗:IPSec 的身份交换和认证机制不会暴露任何信息,依赖数据完整性服务实现了数据起源认证。

(4) 重放攻击:IPsec 防止了数据包被捕获并重新投放到网上,即目的地会检测并拒绝老的或重复的数据包。

(5) 拒绝服务攻击:IPSec 依据 IP 地址范围、协议甚至特定的协议端口号来决定哪些数据流需要受到保护,哪些数据流可以允许通过,哪些数据流需要拦截。

IPsec 是通过对 IP 协议的分组进行加密和认证来保护 IP 协议的网络传输协议族,用于保证数据的机密性、来源可靠性、无连接的完整性并提供抗重播服务。

2. HTTPS 协议

HTTPS 是以安全为目标的 HTTP 通道,是 HTTP 的安全版。HTTPS 应用了 Netscape 的安全套接字层(SSL)作为 HTTP 应用层的子层,HTTPS 使用端口 443,而不是像 HTTP 那样使用端口 80 来和 TCP/IP 进行通信。

如果利用 HTTPS 协议来访问某大学个人网页,其步骤如下。

(1) 用户:在浏览器的地址栏里输入 https://gr.***.edu.cn/web/xlgui。

(2) HTTP 层:将用户需求翻译成 HTTP 请求,如 GET/index.htm HTTP/1.1。

(3) SSL 层:借助下层协议的信道,安全地协商出一份加密密钥,并用此密钥来加密 HTTP 请求。

(4) TCP 层:与 Web Server 的 443 端口建立连接,传递 SSL 协议处理后的数据。接收端与此过程相反。

7.3　物联网数据安全

数据安全需求随着应用对象不同而不同,需要有一个统一的数据安全标准。这个标准就是数据安全三原则,即数据机密性(confidentiality)、完整性(integrity)和可用性(availability)三原则(简称 CIA 原则)。

1. 数据机密性

数据机密性是指通过加密,保护数据免遭泄漏,防止信息被未授权用户获取,包括防分析。例如,加密一份工资单可以防止没有掌握密钥的人无法读取其内容。如果用户需要查看其内容,必须通过解密。只有密钥的拥有者才能够将密钥输入解密程序。然而,如果密钥输入解密程序时,被其他人读取到该密钥,则这份工资单的机密性就被破坏。

2. 数据完整性

数据完整性是指数据的精确性和可靠性。通常使用"防止非法的或未经授权的数据改变"来表达完整性,即完整性是指数据不因人为的因素而改变其原有的内容、形式和流向。完整性包括数据完整性(即信息内容)和来源完整性(即数据来源,常通过认证来确保)。例如,某媒体刊登了从某部门泄露出来的数据,却声称数据来源于另一个信息源。显然该媒体虽然保证了数据完整性,但破坏了来源完整性。

3. 数据可用性

数据可用性是指期望的数据或资源的使用能力,即保证数据资源能够提供既定的功能,无论何时何地,只要需要即可使用,而不因系统故障或误操作等使资源丢失或妨碍对资源的使用。可用性是系统可靠性与系统设计中的一个重要方面,因为一个不可用的系统所发挥的作用还不如没有这个系统。可用性之所以与安全相关,是因为有恶意用户可能会蓄意使数据或服务失效,以此来拒绝用户对数据或服务的访问。

7.3.1 数据加密模型

加密是保证数据安全的主要手段。加密之前的信息是原始信息,称为明文(plaintext);加密之后的信息,看起来是一串无意义的乱码,称为密文(ciphertext)。把明文伪装成密文的过程称为加密(encryption),该过程使用的数学变换就是加密算法;将密文还原为明文的过程称为解密(decryption),该过程使用的数学变换称为解密算法。

加密与解密通常需要参数控制,该参数称为密钥,有时也称密码。加、解密密钥相同称为对称性或单钥型密钥,不同时就成为不对称或双钥型密钥。

图 7-5 给出了一种传统的保密通信机制的数据加密模型。该模型包括一个用于加解密的密钥 K,一个用于加密变换的数学函数 E_K,一个用于解密变换的数学函数 D_K。已知明文消息 m,发送方通过数学函数 E_K 得密文 C,即 $C = E_K(m)$,这个过程称为加密;加密后的密文 C 通过公开信道(不安全信道)传输,接收方通过解密变化 D_K 得到明文 m,即 $m = D_K(C)$。为了防止密钥 K 泄露,需要通过其他秘密信道对密钥 K 进行传输。

图 7-5　数据加密模型

7.3.2 置换加密算法

置换密码(transposition ciphers)又称换位密码,是根据一定的规则重新排列明文,以便打破明文的结构特性。置换密码的特点是保持明文的所有字符不变,只是利用置换打乱了明文字符的位置和次序。也就是说,改变了明文的结构,不改变明文的内容。

置换密码有点像拼图游戏。在拼图游戏中,所有的图块都在这里,但排列的位置不正确。置换加密法设计者的目标是,设计一种方法,使用户在知道密钥的情况下,能将图块很容易地正确排序;而如果没有这个密钥,就不可能解决。而密码分析者的目标是在没有密钥的情况下重组拼图,或从拼图的特征中发现密钥。然而这两种目标都很难实现。

置换只不过是一个简单的换位,每个置换都可以用一个置换矩阵 E_K 来表示。每个置换都有一个与之对应的逆置换 D_K。下面介绍两种典型的置换密码。

1. 移位变换加密方法

最早出现的移位变换密码是恺撒密码,其原理是每一个字母都用其前面的第三个字母代替,如果到了最后那个字母,则又从头开始算。字母可以被在它前面的第 n 个字母所代替,在恺撒的密码中 n 就是 3。例如:

明文:meet me after the toga party

密文:phhw ph diwhu wkh wrjd sduwb

如果已知某给定密文是恺撒密码,穷举攻击是很容易实现的,因为只要简单地测试所有25 种可能的密钥即可。

恺撒密码可以形式化成如下定义:假设 m 是原文,c 是密文,则加密函数为 $c = (m + 3) \bmod 26$,解密函数为 $m = (c - 3) \bmod 26$。

根据恺撒密码的特征,不失一般性,可以定义移位变换加解密方法如下:假设 m 是原文,c 是密文,K 是密钥,则加密函数为 $c = (m + K) \bmod 26$,解密函数为 $m = (c - K) \bmod 26$。显然,如果 $K = 3$ 就是恺撒密码。

2. 仿射变换加密方法

仿射变换是恺撒密码和乘法密码的结合。假设 m 是原文,c 是密文,a 和 b 是密钥。则加密函数为 $c = E_{a,b}(m) = (am + b) \bmod 26$,解密函数为 $m = D_{a,b}(c) = a^{-1}(c - b) \bmod 26$。这里,$a^{-1}$ 是 a 的逆元,$a \cdot a^{-1} = 1 \bmod 26$。

例如,已知 $a = 7, b = 21$,对"security"进行加密,对"vlxijh"进行解密。

首先,依次对 26 个字母用 0 ~ 25 进行编号,则 s 对应的编号是 18,代入公式可得:$7 \times 18 + 21 (\bmod 26) = 147 \bmod 26 = 17$,对应字母"r",以此类推,"ecurity"加密后分别对应字母"xjfkzyh"。所以"security"的密文为"rxjfkzyh"。

同理,查表可得字母"v"的编号为 21,则代入解密函数后得:$7^{-1}(21 - 21) = 0$,对应字母 a;查表可得字母"l"的编号为 11,则代入解密函数后得:$7^{-1}(11 - 21) \bmod 26 = 7^{-1}(-10) \bmod 26 = -150 \bmod 26 = 6$,对应字母"g"。以此类推,"vlxijh"进行解密后为"agency"。

仿射变换加密的 Python 程序如下。

程序 7-1　仿射变换加密的 Python 程序

```
# 仿射变换加密
#plainstring = "computer"
#print(" 明文 =", plainstring)
plainstring = input(" 请输入一个英文字符串 :")
cipstring = ""
for i in range(len(plainstring)):
    m = ord(plainstring[i])−ord('a')
    cipno = (7*m + 5) % 26
    print(m, "=>", cipno, end=" ")
    cipstring += chr(cipno + ord('a'))
print("\n 密文 =", cipstring)
```

程序输出结果如下:

请输入一个英文字符串:hellowodgui

7 => 2 4 => 7 11 => 4 11 => 4 14 => 25 22 => 3 14 => 25 3 => 0 6 => 21 20 => 15 8 => 9

密文 = cheezdzavpj

7.3.3　对称加密算法 DES

DES 是 data encryption standard 的缩写,即数据加密标准。该标准中的算法是第一个并且是最重要的现代对称加密算法,是美国国家安全标准局于 1977 年公布的由 IBM 公司研制的加密算法,主要用于与国家安全无关的信息加密。在公布后的二十多年中,数据加密标准在世界范围内得到了广泛的应用,经受了各种密码分析和攻击,体现出了令人满意的安全性。世界范围内的银行普遍将它用于资金转账安全,而国内的 POS、ATM、磁卡及智能卡、加油站、高速公路收费站等领域曾主要采用 DES 来实现关键数据的保密。

DES 是一种对称加密算法,其加密密钥和解密密钥相同。密钥的传递务必保证安全可靠而不泄露。DES 采用分组加密方法,待处理的消息被分为定长的数据分组。以待加密的明文为例,将明文按 8 个字节为一个分组,而 8 个二进制位为一个字节,即每个明文分组为 64 位二进制数据,每组单独加密处理。在 DES 加密算法中,明文和密文均为 64 位,有效密钥长度为 56 位。也就是说 DES 加密和解密算法输入 64 位的明文或密文消息和 56 位的密钥,输出 64 位的密文或明文消息。DES 的加密和解密算法相同,只是解密子密钥与加密子密钥的使用顺序刚好相反。

1. DES 的加密流程

DES 算法加密过程的整体描述如图 7-6 所示,主要包括三步。

第一步:对输入的 64 位的明文分组进行固定的"初始置换"(initial permutation,IP),即按固定的规则重新排列明文分组的 64 位二进制数据,再重排后的 64 位数据前后 32 位分为独立的左右两个部分,前 32 位记为 L_0,后 32 位记为 R_0。可以将这个初始置换写为 $(L_0, R_0)\leftarrow IP$(64 位分组明文)。

因初始置换函数是固定且公开的,故初始置换并无明显的密码意义。

第二步:进行 16 轮相同函数的迭代处理。将上一轮输出的 R_{i-1} 直接作为 L_i 输入,同时将 R_{i-1} 进与第 i 个 48 位的子密钥 K_i 经"轮函数 f"转换后,得到一个 32 位的中间结果,再将此中间结果与上一轮的 L_{i-1} 做异或运算,并将得到的新的 32 位结果作为下一轮的 R_i。如此往复,迭代处理 16 次。每次的子密钥不同,16 个子密钥的生成与轮函数 f,后面单独阐述。可以将这一过程写为 $L_i\leftarrow R_{i-1}$, $R_i\leftarrow L_{i-1}\oplus f(R_{i-1},K_i)$。

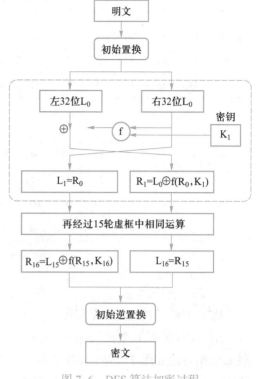

图 7-6　DES 算法加密过程

这个运算的特点是交换两个半分组,一轮运算的左半分组输入是上一轮的右半分组的输出,交换运算是一个简单的换位密码,目的是获得很大程度的"信息扩散"。显而易见,DES 的这一步是置换密码和换位密码的结合。

第三步:将第 16 轮迭代结果左右两半组 L_{16}、R_{16} 直接合并为 64 位 (L_{16},R_{16}),输入到初始逆置换来消除初始置换的影响。这一步的输出结果即为加密过程的密文。可将这一过程写为输出 64 位密文 $\leftarrow IP\text{-}1(L_{16},R_{16})$。

需要注意的是,最后一轮输出结果的两个半分组,在输入初始逆置换之前,还需要进行一次交换。如图 7-6 中所示,在最后的输入中,右边是 L_{16},左边是 R_{16},合并后左半分组在前,右半分组在后,即 (L_{16},R_{16}),需进行一次左右交换。

2. DES 的初始置换和初始逆置换

输入的 64 位的明文分组进行固定的"初始置换"(IP),即按固定的规则重新排列明文分组的 64 位二进制数据。

例如,给定十六进制的输入 0x0002 0000 0000 0001,求出初始置换的结果。

解:先写成二进制序列 0000 0000 0000 0010,0000 0000 0000 0000 0000 0000 0000 0000,0000 0000 0000 0001。

然后利用初始置换表 ip(见图 7-7),将序列中的第 15 个 1、第 64 个 1 分别置换到新的 64 位输出的第 63 个位置、第 25 个位置,并转换为十六进制后得到 0x0000 0080 0000 0002。

同理,利用初始逆置换表 ip_1(见图 7-8),可以将 0x0000 0080 0000 0002 置换回 0x0002 0000 0000 0001。

58	50	42	34	26	18	10	2	60	52	44	36	28	20	12	4
62	54	46	38	30	22	14	6	64	56	48	40	32	24	16	8
57	49	41	33	25	17	9	1	59	51	43	35	27	19	11	3
61	53	45	37	29	21	13	5	63	55	47	39	31	23	15	7

图 7-7　DES 的初始置换表 ip

40	8	48	16	56	24	64	32	39	7	47	15	55	23	63	31
38	6	46	14	54	22	62	30	37	5	45	13	53	21	61	29
36	4	44	12	52	20	60	28	35	3	43	11	51	19	59	27
34	2	42	10	50	18	58	26	33	1	41	9	49	17	57	25

图 7-8　DES 的初始逆置换表 ip_1

3. DES 的轮函数 f

DES 的轮函数包括 4 个步骤。

第一步:扩展 E 变换(expansion box,E 盒),即将输入的 32 位数据扩展为 48 位。其扩展 E 变换方法如图 7-9 所示,表中元素的意义与初始置换基本相同,按行顺序,从左至右共 48 位。比如,第 2 个、第 48 个元素均为 1,表示 E 变换输出结果的第 2 位、第 48 位数据为原输入 32 位数据中的第 1 位上的数据。

第二步:将 48 位输出结果与 48 位子密钥 Ki 按位异或。

第三步:将 48 位分成 8 组,每组 6 位。将每组的 6 位二进制数据分别输入 8 个不同的 S 盒,每个盒输出 4 位数据,然后再将 8 个 S 盒输出的 8 组 4 位数据依次连接,重新合并为 32 位数据。S 盒的作用是混淆(confusion),主要增加明文和密文之间的复杂度(包括非线性度等)。S 盒是 4 行 16 列的表(其中,S1 盒见图 7-10,其他 S 盒表可参考网络资源),表中的每个元素是一个 4 位二进制数,编程时通常用十进制数 0 至 15 表示。

32	1	2	3	4	5
4	5	6	7	8	9
8	9	10	11	12	13
12	13	14	15	16	17
16	17	18	19	20	21
20	21	22	23	24	25
24	25	26	27	28	29
28	29	30	31	32	1

图 7-9　E 盒扩展表

S1	0	1	2	3	4	5	6	7	8	9	10	11	12	13	14	15
0	14	4	13	1	2	15	11	8	3	10	6	12	5	9	0	7
1	0	15	7	4	14	2	13	1	10	6	12	11	9	5	3	8
2	4	1	14	8	13	6	2	11	15	12	9	7	3	10	5	0
3	15	12	8	2	4	9	1	7	5	11	3	14	10	0	6	13

图 7-10　S1 盒表

第四步：将 S 盒合并的 32 位数据，经 P 盒（permutation box）置换表（图 7-11），输出新的 32 位数据。

4. S 盒的替代规则

S 盒的替代规则如下：设输入 6 位二进制数据为 b1b2b3b4b5b6，则以 b1b6 组成的二进制数为行号，b2b3b4b5 组成的二进制数为列号，取出 S 盒中行列交点处的数，并转换成二进制输出。

例如，已知 S1 盒的 6 位输入为 011001，计算其输出。

解：按照替代规则，6 位输入转换为行号为 01B（即十进制 1）和列号为 1100B（即十进制 12），则经 S1 盒查表后，输出为 9，转换成二进制后为 1001。

16	7	20	21
29	12	28	17
1	15	23	26
5	18	31	10
2	8	24	14
32	27	3	9
19	13	30	6
22	11	4	25

图 7-11　P 盒置换表

5. DES 的密钥生成

DES 加密过程中需要 16 个 48 位的子密钥 K1，K2，…，K16。这些子密钥由用户提供的 64 位密钥（其中 56 位有效，8 位为校验位），经 16 轮迭代运算依次生成。DES 子密钥生成包括三个阶段。

第一步：64 位二进制数经密钥置换选择 PC1，去除 8 个奇偶校验位，并重新排列各位位置。由于密钥中的 8 的倍数位均被舍去，因而实际使用的初始密钥只有 56 位。例如，十六进制密钥 FE FE FE FE FE FE FE FEH，经过 PC1 置换后（见图 7-12（a）），变成了 56 个 "1"。所以称为弱密钥。

第二步：将 56 位密钥分成左右两个部分，前 28 位记为 C_i，后 28 位记为 D_i（i = 0 ~ 16）。分别将 28 位的 C_i、D_i 循环左移位 1 次或 2 次。移位规则如图 7-13 所示。

第三步：移位后得到的 C_{i+1}、D_{i+1} 合并为 56 位，再经过密钥置换选择 PC2（见图 7-12（b））后压缩为 48 位。这 48 位就是第 i 轮的密钥。

```
57  49  41  33  25  17   9        14  17  11  24   1   5   3  28
 1  58  50  42  34  26  18        15   6  21  10  23  19  12   4
10   2  59  51  43  35  27        26   8  16   7  27  20  13   2
19  11   3  60  52  44  36        41  52  31  37  47  55  30  40
63  55  47  39  31  23  15        51  45  33  48  44  49  39  56
 7  62  54  46  38  30  22        34  53  46  42  50  36  29  32
14   6  61  53  45  37  29
21  13   5  28  20  12   4
```

(a) 密钥置换选择1　　　　　　(b) 密钥置换选择2

图 7-12　密钥置换选择

迭代次数	1	2	3	4	5	6	7	8	9	10	11	12	13	14	15	16
移位次数	1	1	2	2	2	2	2	2	1	2	2	2	2	2	2	1

图 7-13　循环左移次数

6. DES 加密算法的编程实践

在 DES 加密算法中,置换都是通过查表实现的。因此,在构造 DES 加密算法时,需要使用到多个表格。在程序 7-2 中,需要使用的表格包括初始置换表 ip[],初始逆置换表 ip_1[],实现 32 位到 48 位转换的 E 盒扩展表 e[],实现 6 位到 4 位转换的 S 盒表 s[][],P 盒转换表 p[],密钥置换选择 1 表 pc1[] 和密钥置换选择 2 表 pc2[] 等。由于篇幅所限,这些表在程序中大部分已经省略,实际应用时需要补全上述表的数据。

程序 7-2   DES 算法的 Python 程序

```
# DES 加密算法
# DES 的初始置换表:
ip = [ 58, 50, 42, 34,26, 18,10, 2,60, 52, 44, 36, 28, 20, 12, 4, 62, 54, 46, 38, 30, 22, 14, 6,
64, 56, 48, 40, 32, 24, 16, 8, 57, 49, 41, 33,25, 17, 9, 1, 59, 51, 43, 35, 27, 19, 11, 3, 61, 53, 45,
37,29, 21,13, 5, 63, 55, 47, 39, 31, 23, 15, 7 ]
# DES 的初始逆置换表:
ip_1= [ 40, 8, 48,16,56,24,64,32,39,7, 47, 15, 55, 23, 63, 31, 38, 6, 46, 14, 54,22,62, 30, 37,
5, 45, 13, 53, 21, 61, 29, 36, 4, 44, 12, 52, 20, 60, 28, 35, 3, 43,11, 51, 19, 59, 27, 34, 2, 42, 10,
50, 18, 58,26,33, 1, 41, 9, 49, 17, 57, 25 ]
# 将 ASCII 字符值转换为十六进制,例如,输入 "ab",ASCII 值为 97、98,十六进制表示
是 61、62
def _AsciitoHex(string):
    return_string="
    for i in string:
        return_string += "%02x" % ord(i)
    return return_string
# 将十六进制转换为二进制字符串。因为 DES 的输入和密钥是 64 比特,这一步的结
果就是 64 比特
# 如果实际长度不足则在后面补零
def _HexToBin(code,lens):
    return_code = '
    lens = lens % 16
    for key in code:
        code_ord = int(key,16)
        return_code += _IntToBin(code_ord,4)
    if lens != 0:
        return_code += '0'*(16-lens)*4
    return return_code
```

```python
# 密钥置换选择 1 :pc1[](略)
# 密钥初始置换
def _KeyPC1Transition(key):
    changed_key="
    for i in range(56):
        changed_key += key[pc1[i]−1]
    return changed_key
# E 盒扩展表 e[](略)
# 32 位的 code 扩展为 48 位
def _ETransition(code):
    return_list="
    for i in range(48):
        return_list += code[e[i]-1]
    return return_list
# 密钥置换选择表 PC2(56 位→ 48 位)(略)
# 密钥置换选择 2 程序
def _KeyPC2Transition(key):
    return_list="
    for i in range(48):
        return_list += key[pc2[i]-1]
    return return_list
# 32/48 位数据异或
def _codeXor(code,key):
    code_len = len(key)
    #print("XOR", len(code), len(key))
    return_list="
    for i in range(code_len):
        if code[i] == key[i]:
            return_list += '0'
        else:
            return_list += '1'
    return return_list
# 8 个 S 盒(略)
# 整型转换为二级制字符串
def _IntToBin(dig, bits):
```

```
        dig1 = [0,0,0,0]
        for i in range(bits):
            dig1[bits-i-1] = str(dig % 2)
            dig = dig // 2
        #print(dig1, "".join(dig1))
        return("".join(dig1))
#S 盒代替选择置换(48 位→ 32 位)
def _SBox(key):
    return_list="
    for i in range(8):
        row = int( str(key[i * 6 + 0])+str(key[i * 6 + 5]),2) #按照一头一尾求行号
        col = int(str( key[i * 6 + 1])+str(key[i * 6 + 2]) + str(key[ i * 6 + 3]) + str(key[i * 6 + 4]),2)
#中间 4 位计算列号
        #结果是一个 4 位的二进制数
        return_list += _IntToBin(s[i][row][col],4)
    return return_list
#P 盒置换表(略)
#P 置换 (S 盒之后的 )
def _PTransition(code):
    return_list="
    for i in range(32):
        return_list += code[p[i]-1]
    return return_list
#初始置换
def _IPTransition(code):
    changed_code="
    for i in range(64):
        changed_code += code[ip[i]-1]
    return changed_code
#逆初始置换
def _InverseIPTransition(code):
    lens = len(code) // 4
    return_list="
    for i in range(lens):
        list="
        for j in range(4):
```

```
                list +=code[ip_1[i*4+j]-1]
            return_list += "%x" % int(list,2)
        return return_list
# 密钥循环左移次数
LS=[1, 1,2, 2, 2, 2, 2, 2, 1, 2, 2, 2, 2, 2, 2, 1]
def main():
        plainstring = "125$Hello word"
        asciicode = _AsciitoHex(plainstring)
        plain64 = _HexToBin(asciicode, 64)
        # 首先对明文密钥进行初始置换
        plain64 = _IPTransition(plain64)
        run_key = "FEDCBA9876543210"        # 密钥为 16 位 ASCII 字符
        #asciicode = _AsciitoHex(run_key)
        keybin = _HexToBin(run_key, 64)        # 转换为 64 位二进制数
        run_key = _KeyPC1Transition(keybin)    # 密钥 PC1 置换
        for j in range(16):                     # 16 次迭代
                # 取出明文左右 32 位
                code_l = plain64[0:32]; code_r = plain64[32:64]
                plain64 = code_r                # 32 位
                code_r = _ETransition(code_r)   # 32 位扩展为 48 位
                # 获取本轮子密钥。首先将 56 位密钥分成左右两部分
                key_l = run_key[0:28]; key_r = run_key[28:56]
                # 左右 28 位密钥分别循环左移
                key_l = key_l[LS[j]:28] + key_l[0:LS[j]]
                key_r = key_r[LS[j]:28] + key_r[0:LS[j]]
                run_key = key_l + key_r
                # 左右 28 位密钥组合成 56 位后进行 PC2 置换, 得到 48 位密钥
                key_y = _KeyPC2Transition(run_key)
                # 48 位密钥和右半部分 ( 扩展后为 48 位)进行异或
                code_r = _codeXor(code_r,key_y)
                # 进行 S 盒代替 / 选择(非线性变换)
                code_r= _SBox(code_r)
                # P 转换(48 位→ 32 位)
                code_r= _PTransition(code_r)
                # 左右 32 位数进行异或
                code_r= _codeXor(code_l, code_r)
```

```
        plain64 += code_r
    # 完成 16 轮迭代后,调换左右部分的顺序
    code_r = plain64[32:64]
    code_l = plain64[0:32]
    plain64 = code_r + code_l
    # 最后进行逆 IP 置换,完成 64 位明文加密,得到密文
    output = _InverseIPTransition(plain64)
    print("ciperText=", output)        # 输出密文(字符模式)
main()
```

7.3.4　非对称加密算法 RSA

传统的基于对称密钥的加密技术由于加密和解密密钥相同,密钥容易被恶意用户获取或攻击。因此,人们提出了将加密密钥和解密密钥相分离的公钥密码系统,即非对称加密系统。在这种系统中,加密密钥(即公钥)和解密密钥(即私钥)不同,公钥在网络上传递,私钥只有自己拥有,不在网络上传递,这样即使知道了公钥也无法解密。

公钥密码系统主要包括 RSA 算法,下面对该算法的原理进行简要介绍。

1. RSA 算法的原理

1976 年,两位美国计算机学家 Whitfield Diffie 和 Martin Hellman 提出了一种崭新构思,可以在不传递密钥的情况下,完成解密。这被称为 Diffie-Hellman 密钥交换算法。

假如甲要和乙通信,甲使用公钥 A 加密,将密文传递给乙,乙使用私钥 B 解密得到明文。其中公钥在网络上传递,私钥只有乙自己拥有,不在网络上传递,这样即使知道了公钥 A 也无法解密。反过来通信也一样。只要私钥不泄漏,通信就是安全的,这就是非对称加密算法。

1977 年,三位数学家 Rivest、Shamir 和 Adleman 利用**大素数分解难题**设计了一种算法,可以实现非对称加密。算法用他们三个人的名字首字母命名,称为 RSA 算法。直到现在,RSA 算法仍是最广泛使用的非对称加密算法。

毫不夸张地说,如果没有 RSA 算法,现在的网络世界可能毫无安全可言,也不可能有现在的网上交易。也就是说,只要有计算机网络的地方,就有 RSA 算法。

下面以一个简单的例子来描述 RSA 算法的工作原理。

(1) 生成密钥对,即公钥和私钥

第 1 步:随机找两个质数 P 和 Q,P 与 Q 越大,越安全。

比如,P = 67,Q = 71。计算它们的乘积 $n = P \times Q = 4\,757$,转化为二进制为 1001010010101,则该加密算法为 13 位。但在实际算法中,一般是 1 024 位或 2 048 位,位数越长,越难被破解。

第 2 步:计算 n 的欧拉函数 $\phi(n)$。

$\phi(n)$ 表示在小于或等于 n 的正整数中，与 n 构成互质关系的数的个数。例如，在 1 到 8 中，与 8 形成互质关系的是 1、3、5、7，所以 $\phi(n)=4$。

根据欧拉函数，如果 $n=P\times Q$，P 与 Q 均为质数，则 $\phi(n)=\phi(P\times Q)=\phi(P-1)\times\phi(Q-1)=(P-1)\times(Q-1)$。本例中，因为 P = 67、Q = 71，故 $\phi(n)=(67-1)\times(71-1)=4\,620$，这里记为 m，$m=\phi(n)=4\,620$。

第 3 步：随机选择一个整数 e，条件是 $1<e<m$，且 e 与 m 互质。

公约数只有 1 的两个整数，叫做互质的整数，这里随机选择 $e=101$。请注意不要选择 4 619，如果选这个数，则公钥和私钥将变得相同。

第 4 步：找到一个整数 d，可以使得 $e\times d$ 除以 m 的余数为 1。

即找一个整数 d，使得 $(e\times d)\%m=1$。等价于 $e\times d-1=y\times m$（y 为整数）。找到 d，实质就是对下面二元一次方程求解：$e\times x-m\times y=1$。

本例中 $e=101$，$m=4\,620$。即 $101x-4\,620y=1$，这个方程可以用"**扩展欧几里得算法**"求解，具体算法此处省略，请读者参考相关文献。

总之，可以算出一组整数解 $(x,y)=(1\,601,35)$，即 $d=1\,601$。

到此密钥对生成完毕。不同的 e 生成不同的 d，因此可以生成多个密钥对。

通过上述计算，本例中的公钥为 $(n,e)=(4\,757,101)$，私钥为 $(n,d)=(4\,757,1\,601)$，仅 $(n,e)=(4\,757,101)$ 是公开的，其余数字均不公开。可以想象，如果只有 n 和 e，如何推导出 d，目前只能靠暴力破解，位数越长，暴力破解的时间越长。

（2）加密生成密文

比如，甲向乙发送汉字"中"，就要使用乙的公钥加密汉字"中"，以 utf-8 方式编码为 [e4 b8 ad]，转为十进制为 [228,184,173]。要想使用公钥 $(n,e)=(4\,757,101)$ 加密，要求被加密的数字必须小于 n，被加密的数字必须是整数，字符串可以取 ASCII 值或 Unicode 值，因此，将"中"字转换为三个字节 [228,184,173]，分别对三个字节加密。

假设 a 为明文，b 为密文，则按下列公式计算出 b：$b=a^e\%n$。

计算 [228,184,173] 的密文：$228^{101}\%4\,757=4\,296$，$184^{101}\%4\,757=2\,458$，$173^{101}\%4\,757=3\,263$。

即 [228,184,173] 加密后得到密文 [4\,296,2\,458,3\,263]，如果没有私钥 d，显然很难从 [4\,296,2\,458,3\,263] 中恢复 [228,184,173]。

（3）解密生成明文

乙收到密文 [4\,296,2\,458,3\,263] 后，用自己的私钥 $(n,d)=(4\,757,1\,601)$ 解密。解密公式如下。

假设 a 为明文，b 为密文，则按下列公式计算出 a：$a=b^d\%n$。

密文 [4\,296,2\,458,3\,263] 的明文如下：$4\,296^{1\,601}\%4\,757=228$，$2\,458^{1\,601}\%4\,757=184$，$3\,263^{1\,601}\%4\,757=173$。

即密文 [4\,296,2\,458,3\,263] 解密后得到 [228,184,173]。

将 [228,184,173] 再按 utf-8 解码为汉字"中"，至此解密完毕。

2. RSA 算法的应用

通过 RSA 的原理介绍可知,选取的素数越大,RSA 算法就越安全。而当素数很大时,通过指数计算容易产生溢出。因此,自己编程实现 RSA 虽然不难,但如何防止溢出是一项困难工作。因此,在实际应用中,可以直接引用 Python 的第三方库 RSA,调用 RSA 库中函数来进行加解密。

在引用 RSA 库之前,首先需要使用如下指令进行库的安装:pip install rsa。安装完成后,就可以引用 RSA 库的函数进行编程。下面是生成公钥和私钥、对明文 "56" 进行加密的 Python 程序。

程序 7-3　调用 RSA 库进行数据加密的 Python 程序

```
public_key, private_key = rsa.newkeys(512)        # 512 位公钥和私钥
print(' 公钥为 {}    私钥为 {}。'.format(public_key, private_key))
emessage = '56'.encode('utf-8')
crypto = rsa.encrypt(emessage, public_key)
print(" 密文 =", crypto, len(crypto), crypto[0])
dmessage = rsa.decrypt(crypto, private_key)
print(" 解密 =", dmessage.decode('utf-8'))
```

程序输出结果如下:

公钥为

PublicKey(6753665118534287208172993535042426367614748721627907382113053572 2300748024149785094165719354069356489753234055519530106236788369912933318033523 92261446057,65537)

私钥为

PrivateKey(6753665118534287208172993535042426367614748721627907382113053572 2300748024149785094165719354069356489753234055519530106236788369912933318033523 92261446057,65537,5128857179142339050471792853488282349149122539564230135767073 19971757667761432004464884817722954329164892357094040282170627606115289998170 0399330093315273,39257341282276279393667198669336312817393738637091618101221514 9632635075205287823l,1720357237127365094784398491730578348719535828963222484 4482881401819332471)。

密文 =

b'O\x14XlC6N"\xe6x\x94\x1b\x94)\xedb\x18\x13i5<\x98\x85\xc6\x9d/P\xe5r\x15, \x9f\xa3\xf6\x8c\xa3\xd1\x17\x99\xc7\xf0\xe2\xe2\x92\x1a\xcf=\\8\xfa#\xbe\xfb\xf9C.\xdd\ xdb{Wm\xd2\x1b\xa7' 64 79

解密 = 56

7.4 区块链技术

随着物联网的快速发展和广泛应用,连接到物联网中的设备种类、数量日益增多,传统的依赖中心化的管理手段不能满足物联网的大规模应用需要。一方面,物联网的大量异构设备之间建立事先的信任关系更加复杂和困难;另一方面,在物联网服务过程中,可能存在恶意用户盗取或泄露敏感数据的隐私风险。区块链的引入,可有效解决物联网系统中的上述安全和隐私问题。本节介绍区块链的起源和发展历程,讲解区块链的结构、共识机制和智能合约,并讨论区块链在物联网中的应用案例。

7.4.1 区块链产生与发展

2008 年,中本聪发表了一篇名为《比特币:一种点对点电子现金系统》的论文,数字货币及其衍生应用由此开始迅猛发展。而自 2014 年以来,随着比特币价格的持续增长,其背后的支撑技术——区块链,才真正走进人们的视野,让业界开始认识到区块链技术本身的价值,并迅速成为互联网金融领域的新型技术热点。

区块链技术从出现到现在,已经超过 10 年了。从一开始的数字货币,发展到现在的未来互联网底层基石,经历了如下三个阶段。

(1)区块链 1.0 时代:也被称为区块链货币时代。以比特币为代表,主要是为了解决货币和支付手段的去中心化管理。

(2)区块链 2.0 时代:也被称为区块链合约时代。以智能合约为代表,更宏观地为整个互联网应用市场去中心化,而不仅仅是货币的流通。在这个阶段,区块链技术可以实现数字资产的转换并创造数字资产的价值。所有的金融交易、数字资产都可以经过改造后在区块链上使用,包括股票、私募股权、众筹、债券、对冲基金、期货、期权等金融产品,或者数字版权、证明、身份记录、专利等数字记录。

(3)区块链 3.0 时代:也被称为区块链治理时代。这个阶段区块链技术将和实体经济、实体产业相结合,将链式记账、智能合约和实体领域结合起来,实现去中心化的自治,发挥区块链的价值。

由此可见,区块链技术的价值并不仅仅是在数字货币上,它构建了一个去中心化的自治社区。金融领域将成为区块链技术的重要应用领域,区块链技术也将成为互联网金融的关键底层基础技术。区块链技术一开始也不完美,在 10 年多的发展过程中不断地迭代,已经为其商业化落地做好了初步准备。

7.4.2 区块链的分类

按照节点参与方式的不同,区块链体系可以分为以下四大类:公有链、私有链、联盟链和聚合链。

1. 公有链

公有链(public blockchain)又称公有区块链。公有区块链是全公开的,所有个人或组织都可以作为网络中的一个节点,而不需要任何人给予权限或授权,还可以参与到网络中的共识过程争夺记账权。公有链是完全意义上的去中心化区块链,它借助密码学中的加密算法保证链上交易的安全。在公有区块链中,通常使用证明类共识机制,将经济奖励与加密数字验证相结合,达到去中心化和全网共识的目的。公有区块链的主要特点如下。

(1) 拓展性好:节点可以自由进出网络,不会对网络产生本质的影响,可以抵抗 51% 的节点攻击,安全性得到保证。

(2) 完全去中心化:节点之间的地位是相等的,每个节点都有权在链上进行操作,利益可以得到保护。

(3) 开放性强:数据完全透明公开,每个节点都能看到所有账户的交易活动,但其匿名性可以很好地保护节点的隐私安全。

2. 私有链

私有链(private blockchain)即私有区块链,是指整个区块链上的所有权限完全掌握在单一的个人或组织手里。私有区块链其实不能算是真正的区块链,它从本质上违背了区块链的去中心化思想,可以看作是借助区块链概念的传统分布式系统。因此,私有区块链在共识算法的选择上也偏向传统的分布式一致性算法。私有区块链的主要特点如下。

(1) 交易延时短、速度快:由于交易验证由少量节点而非全部节点来完成,共识机制更加高效,交易确认延时更短,交易速度更快。

(2) 隐私安全强:由于网络中的节点权限受到限制,没有授权很难读取链上的数据,所以具有更好的隐私保护性,而且也更安全。

(3) 交易成本低:由于网络中节点的数量和状态可控,所以交易交由算力高且诚信度高的几个节点来完成验证,使得交易成本大幅降低。

3. 联盟链

联盟链(consortium blockchain)也称联盟区块链,其不是完全去中心化的区块链,而是一种多中心化或者说部分中心化的区块链。在区块链系统运行时,它的共识过程可能会受某些指定节点的控制。在联盟区块链中,只有授权的组织才可以加入到区块链网络中,账本上的数据只有联盟成员节点才可以对其进行访问,并且对于区块链的各项权限操作也需要由联盟成员节点共同决定。

相比公有链,联盟链更适应于商业上不同机构间的协作场景,需要考虑信任问题和更高的安全与性能要求,一般选用拜占庭容错算法来进行全网共识。

相比私有链,联盟链由多个中心控制,即在内部指定多名记账人共同决定每个块的生成。联盟区块链主要适用在多成员角色的应用场景。联盟链的应用有 Corda、Hyperledger、摩根大通的 Quorum 等。广义上,联盟链也是私有链,只是私有程度不同,联盟链由多个记账人共同维护系统的稳定和发展。

公有链、私有链、联盟链的特性如表 7-1 所示。公有链因其在区块链当中每一个节点都是公开的,每个人都可以参与区块链的计算,因此,拥有很好的价值流转共识,但这也导致其缺乏对成员准入的控制,隐私安全较难得到保障,且在性能等方面存在缺陷,尤其对企业级应用来说难以满足商业应用的需求。而联盟链虽然定位于企业级应用,拥有很好的隐私性,适合商业应用,但缺乏价值流转共识,目前仅实现了信息的安全共享,缺乏对价值流转的支撑,难以大规模应用。

表 7-1 三种不同区块链的特征比较

特征	公有链	私有链	联盟链
典型共识机制	PoW/PoS/DPoS	PBFT/Raft	PBFT/Raft
记账人	所有节点	自定义节点	协商决定
参与人	自由进出	个体或单位内	联盟节点
激励机制	需要	不需要	可选
中心化程度	去中心化	中心化	多中心化
突出特点	信任自建立	透明可追溯	折中效率和成本
应用场景	虚拟货币	审计、发行	支付、结算

4. 聚合链

简单来说,聚合链是一种"联盟链 + 跨链 + 公有链"三链合一的全新区块链底层基础技术架构。这种全新的技术架构既融合了公有链的分布式价值流转特性,也具备联盟链的商业属性,是一种更具备包容性的技术架构,可以实现联盟链与联盟链、联盟链与公有链之间的信息交互和价值流转。

未来区块链的发展,无疑会呈现公有链和联盟链等多头并进的趋势。可以预见未来会有若干个公有链从上千个公有链项目中脱颖而出。同时不同的产业集群中又会形成千千万万个不同的联盟链和私有链,但这也意味着将产生千千万万的信息孤岛。

所以,想将区块链在金融、社交、消费、教育、医疗等多领域进行商业应用落地,区块链底层基础设施就需要满足更多商业应用需求,而通过跨链技术整合联盟链与公有链等的聚合链技术架构无疑是一种最优的解决方案。聚合链技术架构可以打造一个稳定、高效、安全、可扩展的分布式智能价值网络。

7.4.3 区块链的定义与结构

区块链由一个个密码学关联的区块按照时间戳顺序排列组成,它是一种由若干区块有序链接起来形成的链式数据结构。其中,区块是指一段时间内系统中全部信息交流数据的集合,相关数据信息和记录都包含在其中,区块是形成区块链的基本单元。每个区块均带有时间戳作为独特的标记,以此保证区块链的可追溯性。

区块链的总体结构如图 7-14 所示。图 7-14 中给出了三个相互连接的区块。每个区块由区块头和区块体两部分组成,其中,第 N 个区块的区块头信息链接到前一区块(第 $N-1$

区块)从而形成链式结构,区块体中记录了网络中的交易信息。

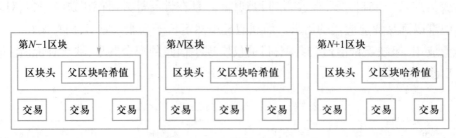

图 7-14　区块链示意图

　　在比特币系统中,当同一个时刻有两个节点竞争到记账权时,将会出现链的分叉现象。为了解决这个问题,比特币系统约定所有节点在当前工作量最大的那条链上继续成块,从而保证最长链上总是有更大的算力以更大的概率获得记账权,最终长链将大大超过支链,支链则被舍弃。

　　图 7-15 给出了区块链中的区块结构,它包括区块头和区块体两部分。在区块链中,区块头内的信息对整个区块链起决定作用,而区块体中记录的是该区块的交易数量以及交易数据信息。区块体的交易数据采用 Merkle 树进行记录。

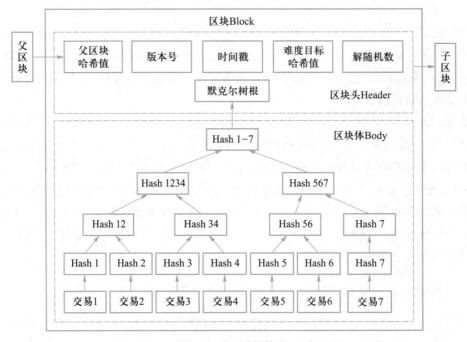

图 7-15　区块结构图

　　从图 7-15 中可以看出,区块头包含了上一个区块地址(父区块地址),它指向上一个区块,从而形成后一区块指向前一区块的链式结构,这样的结构提升了篡改难度,因为如果要篡改历史区块数据,则需要将后续所有区块信息一并修改,这难度很大,甚至几乎不可能。

区块头的大小为 80 个字节,其中包含区块的版本号(Version)、时间戳(Timestamp)、解随机数(Nonce)、难度目标哈希值(DifficultyTarget)、父区块哈希值(PreBlockHash)以及默克尔树根(MerkleRoot)6 个部分,区块头里各信息字段说明如表 7-2 所示。

表 7-2　区块头字段表

字段	大小	描述
版本号	4 字节	用于追踪更新最新版本
父区块哈希值	32 字节	上一个区块的 Hash 地址
默克尔树根	32 字节	该区块中交易的 Merkle 树根的哈希值
时间戳	4 字节	该区块的创建时间
难度目标哈希值	4 字节	指定工作量证明算法的难度目标
解随机数	4 字节	用于工作量证明算法的计数器

区块的主要功能是保存交易数据,不同的系统中,区块的结构也不同。在比特币区块链中,以数据区块来存储交易数据,一个完整的区块体包括魔法数、区块大小、区块头、交易数量、交易等信息,如表 7-3 所示。为了防止资源浪费和 DoS 攻击,区块的大小被限制在 1 MB 以内。

表 7-3　区块字段表

字段	大小	描述
魔法数(Magic number)	4 字节	固定值 0xD984BEF9
区块大小(Blocksize)	1 ~ 9 字节	到区块结束的字节长度
区块头(Blockheader)	80 字节	组成区块头的 6 个数据项
交易数量(Transaction Counter)	1 ~ 9 字节	Varint 编码(正整数),交易数量
交易(Transaction)	不确定	交易列表,具体的交易信息

区块链是一个去中心化的分布式账本数据库,由一串使用密码学相关联所产生的数据块组成。每个数据块记录了一段时间内发生的交易和状态结果,是对当前账本状态达成的一次共识。

新区块的生成由矿工挖矿产生:矿工在区块链网络上打包交易数据,然后计算找到满足条件的区块哈希值,最后将新区块通过 Pre hash 链接到上一个区块上。矿工挖矿成功后,一定量的数字货币就会被自动地发送到该矿工的钱包地址作为挖矿奖励,而数字货币转账的操作,需要钱包的私钥签名才能执行。为了调节新区块生成速率,系统会根据全网节点算力自动调整挖矿难度。

区块生成后需由全网节点验证,达成共识后,才能够记录到区块链上。因此,区块的创建、共识、记录上链等过程也是研究区块链关键技术以及基于区块链开发的重要研究路径。

7.4.4　区块链的工作原理

本质上,区块链是一个巨大的去中心化的分布式账本数据库。对比特币而言,区块是一种对交易进行记录的数据结构,该数据结构反映的是一笔交易的资金流向。

1. 区块建立

区块链技术的核心是:链上所有参与节点共同维护链上存储的交易信息,使得交易信息基于密码学原理而不是基于信任,使得任何能够达成一致要求的交易双方,能够相互之间进行交易,无须第三方参与。

随着交易的不断产生,所有参与节点不断地对交易信息进行验证并找到合适的区块对交易信息进行存储,并依照时间的顺序不断添加到原有的区块链上,这个链式结构会不断增长和延长。

系统中已经达成的交易区块链接到一起会形成一条主链,所有参与计算的节点都记录了主链或者主链的一部分。一个区块包含以下三个部分:交易信息、前一个区块的哈希散列值、随机数。

交易信息是区块中所保存的任务数据,交易信息中具体包含交易双方的交易数量、电子货币的数字签名等;前一个区块的哈希散列值的目的是将区块链接起来,使得按时间顺序的过往交易进行顺序排列;随机数是保证交易达成的核心部分,所有网络节点(如比特币中的矿工)争先计算随机数的答案,最先找到答案的网络节点拥有对新生成区块的记账权,将区块向网络中进行广播更新,如此一来完成了一笔交易。

在比特币区块链中,区块链上保存所有相关节点的比特币余额信息,这些信息被完整地记录在区块链中。新产生的区块将会获得奖励(即该区块的矿工电子货币),这种奖励机制和方法,让矿工有利可图,成为矿工挖矿的动力。

2. 区块验证

每一个参与认证的节点都拥有一份完整的区块链备份记录,而这些都是通过数据验证算法解密的区块链网络自动完成。

区块链产生之后,当一个用户想要验证历史交易信息时,可以通过基于密码学与数据结构的一系列运算追踪交易所属的区块,进而完成认证。除此之外,可以通过对随机数的调整来控制区块产生的速度。私钥的保密性能保证实现匿名交易。对于存储的历史交易数据可以通过剪枝进而实现硬盘空间回收,经过中本聪的预测计算,经过完全剪枝的区块链一年只生成 4.2 MB 的数据量。

由此可见,区块链是分布式数据存储、点对点传输、共识机制、加密算法等计算机技术的新型应用模式。可以说,区块链上存储的数据需由全网节点共同维护,在缺乏信任的节点之间传递价值,因而可以称其为“价值互联网”。

7.4.5　区块链共识机制

首先,需要了解什么是共识机制,在生活中人们也会遇到共识问题,比如,朋友聚餐,要通过什么方式决定谁来买单呢？

如果所有人约定最后一个到达的人买单，那么"由最后一个到达的人付款"，就是这群朋友的共识。这个共识解决了谁买单的问题，而区块链的共识是要解决谁有权力记账，权力多大的问题。

共识机制是区块链系统中实现不同节点的账本一致性的数学算法，主要解决没有中心权威节点（即信任中心）可依赖的情况下的分布式节点的可靠交易问题。

共识机制就是在信息传递有时间和空间障碍或者信息有干扰或者延迟的 P2P 网络中，网络参与者为了对某个单一信息达成共识而遵循的机制，主要解决区块链系统的数据如何记录和如何保存的问题。而为了实现这个共识机制，P2P 网络中支撑这个机制所采用的算法，称之为共识算法。

本节主要对区块链中常见的共识机制 PoW、PoS 和 DPoS 等进行介绍，然后分析各共识机制的特性以及适用的应用场景。

人们平时经常听到的工作量证明 PoW、PoS、DPoS 都是属于区块链共识机制，它们分别用不同的方式来解决区块链的记账问题。

PoW 是 proof of work 的缩写，中文翻译为工作量证明机制，意思就是谁为区块链贡献了更多的计算，干了更多的活，就更有机会获得记账权。目前，比特币、以太坊、莱特币等主流加密数字货币都是使用 PoW 共识机制。

PoS 是 proof of stake 的缩写，通常把它称为权益证明机制。那 PoS 又是如何达成由谁来记账的共识的呢？在 PoS 机制里，一个人所拥有的币越多，拥有的时间越长，那么他获得记账权的概率就越大。目前，较为成熟的数字货币 Peercoin（点点币）和 NXT（未来币）使用了 PoS 机制。

DPoS 是 delegated proof of stake 的缩写，意思是股份授权证明机制，用通俗的话来说就是大家投票选出代表，让代表来记账。每个持币者都可以参与投票，票数最高的前几名被选为代表。目前采用 DPoS 共识算法的代表是 EoS 和比特币。

介绍完这三者的概念之后，可以看出，区块链的共识机制可以分为以下两大类。

1. 证明类共识机制

在公有链中，任意个人或组织都可以自由地加入到区块链网络中并参与共识流程，所有人在网络中都是平等的，可以自由地竞争记账权。这类共识机制的一个核心特征就是完全的去中心化，通过选择证明来保证全网的一致性结果。主要算法包括 PoW 和 PoS。

（1）PoW 算法

PoW 算法，简单理解就是一份证明，用来确认一个人做过一定量的工作。监测工作的整个过程通常是极为低效的，而通过对工作的结果进行认证来证明完成了相应的工作量，则是一种非常高效的方式。比如，现实生活中的毕业证、驾驶证等，也是通过检验结果的方式（通过相关的考试）所取得的证明。

PoW 算法最早由"中本聪"提出，通过计算来猜测一个随机数值，得以解决规定的哈希计算问题来获得记账权。工作量证明系统的主要特征是客户端需要做一定难度的工作得出一个结果,验证方却很容易通过结果来检查出客户端是不是做了相应的工作。这种方案的一个核心特征是不对称性:工作对于请求方是适中的,对于验证方则是易于验证的。它与验证码不同,验证码的设计出发点是易于被人类解决而不易被计算机解决。

在比特币中,所有的节点都是平等的,即人人都有记账的权力,记账就是将节点交易池的交易按时间顺序打包成区块。由于每个拥有记账权的人都可以进行打包,而打包因为网络延迟等问题存在一定的时间误差,这时整个网络中就会存在各种大同小异的账本。

如何在保证每个节点记账权力的同时,让全网共用一个账本就成了 PoW 共识算法的设计关键。

尽管 PoW 保证了在一定的时限内只有少数节点可以取得记账权,但还是无法避免网络中有多个节点同时都通过 PoW 验证挖出了合法区块,从而导致链分叉。当存在分叉的链时,每个节点选择最长链为正确的链。这就是 PoW 算法遵循的第一原则:最长链原则。

在比特币中,任何一个节点如果想生成一个新的区块并写入区块链,必须解出比特币网络出的工作量证明的难题。这道难题的三个关键要素是工作量证明函数、区块及难度值。工作量证明函数是这道题的计算方法,区块决定了这道题的输入数据,难度值决定了这道题所需要的计算量。

中本聪想到的方法是给记账加入工作成本,即区块链由各个区块按照时间先后排序,每个区块设立难度值。难度值的设定是根据不断变化的随机数进行哈希计算获得,这就增加了进账的难度。例如,一个合法的 PoW 区块可以表述为 $\text{Hash}(B_{\text{prev}}, \text{Nonce}) \leqslant \text{Target}$。

上面的公式中,Hash 是哈希函数,B_{prev} 是上一个区块的哈希值,Nonce 是一个随机数,Target 是合格区块的目标值(即难度值),每个记账节点的 Target 可以设定相同。在记账节点利用哈希函数进行计算的过程中,需要不断调整随机数 Nonce 的大小,使得计算结果符合 Target 的设置要求。

PoW 算法遵循的第二原则为记账激励原则:成功挖出合法区块可以得到网络的奖励,以此对应,发起交易要收取一定比例的手续费。因为挖矿需要消耗实际的计算、存储及电力成本,只有以利益为驱动才能维持整个区块链生态的健康发展。

PoW 的优势在于它的安全性,并且已有成功的案例证明 PoW 在公链中是可行的。比特币网络在近 10 年的运行时间里,几乎未出现什么重大 Bug。同时,这种机制也让攻击者所付出的代价极高,因而使系统变得非常安全。当然 PoW 的缺点也很明显,比特币等公链为了保障高度安全性,导致了区块确认时间难以缩短,所以在效率方面有所欠缺。

(2) PoS 算法

权益证明机制(PoS 算法)是于 2011 年由一个名为 Quantum Mechanic 的数字货币爱好者在 Bitcointalk 论坛中提出的,经过论坛上的充分讨论和尤其是以太坊(Ethereum)为首的公链建设组织的不懈研究,证明其具有可行性。

PoS 算法于 2013 年在 Peercoin 系统中进行了实现,它类似于现实生活中的股东机制,拥有股份越多的人越容易获取记账权。

PoS 核心概念为币龄,即持有货币的时间。例如,张三拥有 10 个币、持有 90 天,则币龄为 900 币天。在 PoS 中,还有一种特殊的交易称为利息币,即持有人可以消耗币龄获得利息,以此获得为网络产生区块和进行 PoS 造币的优先权。

不同于 PoW 中记账权的获取主要通过算力进行竞争,即节点提供的算力越大,成功挖出区块获得收益的概率也就越大,而 PoS 记账权的获取依赖于节点的资产权重。一个合法的 PoS 区块可以表述为 $Hash(B_{prev}, X, Timestamp) \leqslant balance(X)*Targe$

上面的公式中,Hash 是哈希函数,B_{prev} 是上一个区块的哈希值,Timestamp 是时间戳,balance(X) 代表账户 X 的资产,Target 是一个预先定义的实数。每个区块合法的目标值由账户资产和 Target 参数共同决定,即账户资产越大,整体目标值(Target*balance)就越大,越容易获取记账权并完成出块。相比于 PoW 中随机数 Nonce 的值域是无限的,PoS 中的 Timestamp 是有限的。例如,可以设置尝试的时间戳不超过标准时间戳一小时,即一个节点可以尝试 7 200 次来找到一个符合条件的 Timestamp,如果找不到即可放弃。这样大大减少了 PoW 算法中由于争夺记账权导致的大量资源浪费的问题。

与此同时,PoS 还运用了经济学中的博弈论原理来限制恶意节点的不当行为。例如,如果恶意节点不当行为被发现,则没收恶意节点的部分甚至全部资产。另外,PoS 也借鉴了拜占庭容错算法,对于节点中还是可能存在的分叉,可以进行 PoS 投票,全网超过 2/3 的资产所有者认同的链就是正确的区块链。

相比 PoW 算法,PoS 算法的优势在于减少了运算资源的消耗,在一定程度上也可以缩短达成共识的时间。但是在 PoS 机制下,会导致区块链生态系统里穷者越穷,富者越富,少数人持有大部分的币,降低了数字货币的流通率,也增加了"中心化"的概率。因此,在公有链中,PoS 算法应用较少。

2. 投票类共识机制

投票类共识机制包括传统的分布式一致性算法和类拜占庭容错算法,前者主要在传统的分布式系统中用于保证进程或者节点间的一致性日志,多用于私有链中实现共识机制选择;后者主要用于联盟链中保证跨机构协作的去信任问题。同时,两者最大的不同在于前者仅仅考虑宕机容错问题,而后者还考虑了拜占庭容错问题。

下面介绍三种典型的投票类共识算法。

(1) DPoS 算法

DPoS(delegated proof of stake)是一种区块链的共识算法,于 2014 年由 Bitshares 的首席开发者 Dan Larimer 提出并应用。Dan 针对比特币共识算法 PoW 中算力过于集中、电力耗费过大等问题,提出了一种更加快速、安全且能源消耗比较小的算法,即 DPoS 算法。

在 DPoS 共识算法中,区块链的正常运转依赖于受托人(delegates),这些受托人是完全等价的。受托人的职责主要如下。

① 提供一台服务器节点,保证节点的正常运行。

② 节点服务器收集网络里的交易。

③ 节点验证交易,把交易打包到区块。

④ 节点广播区块,其他节点验证后把区块添加到自己的数据库。

受托人的节点服务器相当于比特币网络里的矿机,在完成本职工作的同时可以领取区块奖励和交易的手续费。

想象这样一家公司:公司员工总数有 1 000 人,每个人都持有数额不等的公司股份。每隔一段时间,员工可以把手里的票投向自己最认可的 10 个人来领导公司,其中每个员工的票权和他手里持有的股份数成正比。等所有人投完票以后,得票率最高的 10 个人成为公司的领导。如果有领导能力不胜任或做了不利于公司的事,那员工可以撤销对该领导的投票,让他的得票率无法进入前 10 名,从而退出管理层。这就是对 DPoS 共识机制的一个形象描述。

DPoS 的优点是出块时间短,提高了区块链的效率,但降低了去中心化的程度,让区块链系统的记账权掌握在少数人手中,区块链系统的安全性有所下降。

(2) Paxos 算法

Paxos 是 Leslie Lamport 于 1990 年提出的一种基于消息传递的一致性算法。Paxos 算法中包括三个角色。

① 提议者(Proposer):处理客户端的请求并将之作为提案(proposal)发送到集群中,以便确定哪个 Proposal 可以被批准(chosen)得以确认其中的提议(value)。

② 接收者(Acceptor):负责处理接收到的提案,它们的回复就是一次投票,在一次算法过程中它们仅能对一个提议进行一次批准,而只有当一个提案被超过半数的接受者批准才能得到确认。

③ 学习者(Learner):是最终决策的执行者,接收 Acceptor 告知的结果值。

一次 Paxos 的共识需要经历两个阶段四个过程。

第一阶段:准备(prepare)阶段。

① Proposer 选择一个编号为 n 的提案,并为之发送编号为 n 的 prepare 消息给全网超过半数的 Acceptor。

② Acceptor 收到 prepare 消息后,如果该提案的编号值大于它已经回复的所有 prepare 消息,则 Acceptor 将对这个消息做出正确响应并承诺不再回复编号值小于 n 的提案。

第二阶段:接收(accept)阶段。

① 如果 Proposer 收到来自大多数 Acceptor 的关于编号为 n 的准备请求的响应,则它向每个 Acceptor 发送一个 accept 请求,提出一个编号为 n 的提案,其值为 v,如果答复中没有任何异议,则为有价值的提案,v 的值被接受。

② 如果 Acceptor 接收到编号为 n 的提案的接受请求,在不违背它向其他 Proposer 的承诺的前提下,Acceptor 接受这个提案。

(3) Raft 算法。Paxos 虽然获得了数学证明,但由于其复杂过程导致算法难以理解,实现困难。有一种针对 Paxos 算法的改进算法,称为 Raft 算法。该算法包括三种角色。

① 领导者(Leader)处理与客户端之间的信息交互,并负责日志的同步管理。

② 追随者(Follower)作为普通选民响应 Leader 同步日志的请求,处于完全被动状态。

③ 候选者(Candidate)负责在领导选举中进行投票,自身可以被选举为新的领导人。

Raft 算法的两阶段协议相比 Paxos 算法更加简单易懂：Raft 算法首先选举出 Leader，然后 Leader 带领 Follower 进行日志管理等同步操作。

7.4.6 区块链智能合约

本章前几节主要对区块链整体架构、数据结构、共识机制进行了介绍，初步建立了对区块链的整体认识。下面引出智能合约的概念，主要介绍比特币和以太坊中智能合约的特性及合约模型。

1. 智能合约起源

合约是一种双方都需要遵守的合同约定。比如，梅梅和梅梅爸爸打乒乓球约定输的一方要买饮料，这是合约；卖西瓜的大爷对你说："买俩吧，不甜不要钱"，这是合约；你告诉自己打完这把游戏就学习，这是对自己的合约。

又如，人们在银行设置的储蓄卡代扣水电气费用业务，也是一种合约。当一定条件达成时，比如燃气公司将每月的燃气支付账单传送到银行时，银行就会按照约定将相应的费用从账户里转账至燃气公司。如果账户余额不足，就会通过短信等手段进行提醒。长期欠费，就会实行断气。不同的条件触发了不同的处理结果。

智能合约（smart contract）的诞生是在 1993 年左右，远远早于区块链技术。它是由计算机科学家、加密大师尼克·萨博于 1993 年提出，尼克·萨博于 1994 年发表了《智能合约》论文。

智能合约是一套以数字形式定义的承诺（promises），包括合约参与方可以在上面执行这些承诺的协议。智能合约将双方的执行条款和违约责任写入了软硬件之中，通过数字的方式控制合约的执行。

智能合约一直没有得到广泛的使用，是因为需要底层协议的支持，缺乏天生能支持可编程合约的数字系统和技术。

区块链的出现，不仅可以支持可编程合约，而且具有去中心化、不可篡改、过程透明、可追踪等优点，天然适合于智能合约。在区块链中，数据无法删除、修改，不用担心合约内容会被篡改；执行合约及时、有效，不用担心系统在满足条件时不执行合约；同时，全网备份拥有完整记录，可实现事后审计，追溯历史。

在区块链上，智能合约本质上是部署在其上的可执行代码，即一段可执行的计算机程序。智能合约可不依赖中心机构自动化地代表各签署方执行合约。因其具有强制执行性、防篡改性和可验证性等特点，可以应用到很多场景中。过去几年中，智能合约迟迟没有应用到实际业务系统中，一是因为智能合约如何控制实物资产来保证合约的有效执行的问题尚未解决；二是因为智能合约缺少安全可信的执行环境。

智能合约以代码的形式进行锁定和传递契约和规则，大幅扩展了区块链功能，使其有了更广阔的应用场景。具体方法是，按照时间顺序不停增长的有序数据块（及区块）组成的数据链（区块链账本），每一个数据区块内都存储了交易信息、时间戳和上一个区块的哈希，通过这样的数据结构特征和其密码学方式确保存储数据的可追溯和不可篡改。

目前,智能合约已经经历了 1.0 时代(如比特币的脚本)和 2.0 时代(如以太坊中的智能合约)。

以太坊是个创新性的区块链平台,它的创新之处就是在区块链中封装代码和数据,允许任何人在平台中建立和使用通过区块链技术运行的去中心化应用。它既采用了区块链的原理,又增加了在区块链上创建智能合约的功能,试图实现一个总体上完全不需要信任基础的智能合约平台。

2. 智能合约的定义

按照萨博的定义,智能合约就是执行合约条款的可计算交易协议,并具有如下性质:可见性、强制执行性、可验证性、隐私性。

1997 年,萨博将智能合约定义为一套以数字形式定义的承诺(promises),包括合约参与方可以在上面执行这些承诺的协议。承诺包括用于执行业务逻辑的合约条款和基于规则的操作,这些承诺定义了合约的本质和目的。数字形式意味着合约由代码组成,其输出可以预测并可以自动执行。协议是参与方必须遵守的一系列规则。

2008 年比特币出现之后,智能合约成为区块链的核心构成要素,它是由事件驱动的、具有状态的、运行在可复制的共享区块链数据账本上的计算机程序,能够实现主动或被动的数据处理功能,具有接受、存储和发送价值以及控制和管理各类链上智能资产等功能。

2016 年 10 月工信部发布的《中国区块链技术和应用发展白皮书》将智能合约视为一段部署在区块链上可自动运行的程序,涵盖范围包括编程语言、编译器、虚拟机、时间、状态机、容错机制等。

在金融区块链中,智能合约可以被认为是一种系统,一旦预先定义的规则得到满足,它就向所有或部分相关方发布数字资产。更广义地讲,智能合约是用编程语言编码的一组规则,一旦满足这些规则的事件发生,就会触发智能合约中事先预设好的一系列操作,而不需要可信第三方参与。这一性质使得智能合约有着广泛的应用。目前已有不同的区块链平台可以用来开发智能合约,如 GitHub.com 平台。与此同时,一些信息通信技术公司和国家政府已经开始关注区块链和智能合约,大部分国家政府对推动区块链技术的发展也持积极态度。

智能合约的定义可以分为两类:智能合约代码(smart contract code)和智能法律合约(smart legal contract)。

(1) 智能合约代码指在区块链中存储、验证和执行的代码。由于这些代码运行在区块链上,因此也具有区块链的一些特性,如不可篡改性和去中心化。该程序本身也可以控制区块链资产,即可以存储和传输数字货币。

(2) 智能法律合约更像是智能合约代码的一种特例,是使用区块链技术补充或替代现有法律合同的一种方式,也可以说是智能合约代码和传统的法律语言的结合。

3. 智能合约的工作原理

基于区块链的智能合约包括事件的保存和状态处理,它们都在区块链上完成。事件主要包含需要发送的数据,而时间则是对这些数据的描述信息。如图 7-16 所示,当事务或事件信息传入智能合约后,合约资源集合中的资源状态会被更新,进而触发智能合约进行状态机判断。如果事件动作满足预置触发条件,则由状态机根据参与者的预设信息,选择合约动作自动、正确地执行。

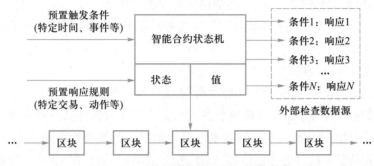

图 7-16 区块链系统上运行的智能合约

智能合约运行后自动产生智能合约账户,智能合约账户包括账户余额、存储等内容,存储在区块链中。区块链中各个节点在虚拟机或者 Docker 容器中执行合约代码(也可称作调用智能合约),就执行结果达成共识,并相应地更新区块链上智能合约的状态。智能合约可以基于其收到的交易进而读/写用户私人存储,将"费用"存入其账户余额;也可以发送/接收消息或来自用户/其他智能合约的数字资产,甚至创建新的智能合约。

在这个区块链上,程序员可以通过编写代码,创建新的数字资产;也可以通过编写智能合约的代码,来创造非数字资产的转移支付功能。这意味着区块链交易远不止买卖货币,将会有更广泛的应用指令嵌入到区块链中。所以,在以太坊平台上创立新的应用场景就变得十分简便了。

智能合约自动执行约定的规则,强制执行或履行约定的方案,因而解决了要赖问题、不履行问题和信任问题。智能合约的条件和触发事件是可变的,可在合约内预先设定,因而有较好的灵活性。

7.5 隐私保护技术

随着智能手机、RFID 等信息采集终端的广泛应用,个人数据隐私的暴露和非法利用的可能性大增。数据隐私保护已经引起了政府和个人的密切关注。特别是手机用户在使用位置服务过程中,位置服务器上留下了大量的用户轨迹,而且附着在这些轨迹上的上下文信息能够披露用户的生活习惯、兴趣爱好、日常活动、社会关系和身体状况等个人敏感信息。当这些信息不断增加且泄露给不可信第三方(如服务提供商)时,将会打开滥用个人隐私数据的大门。

1. 隐私保护的概念

什么是隐私?每个人都有自己的理解。狭义的隐私是指自然人为主体的个人秘密。有关隐私的概念在第1章已经进行了描述。隐私保护不仅是一个法律问题,更是一个技术问题。不同的隐私保护需求,具有不同的隐私保护方法。

例如,针对个人身份、数据、位置等不同特点,一般采用不同的隐私保护方法,如数据库隐私保护方法、位置隐私保护方法、外包数据隐私保护方法等。

显然,隐私保护技术是一种既能使用户享受各种服务和应用,又能保证其隐私不能泄露和滥用的综合技术。

2. 数据库隐私保护方法

一般来说,数据库中的隐私保护方法大致可以分为三类。

(1) 基于数据失真的方法。它是使敏感数据失真但同时保持某些数据或数据属性不变的方法。例如,采用添加噪声、交换等技术对原始数据进行扰动处理,但要求保证处理后的数据仍然可以保持某些统计方面的性质,以便进行数据挖掘等操作,如差分隐私法。

(2) 基于数据加密的方法。它是采用加密技术在数据挖掘过程中隐藏敏感数据的方法,多用于分布式应用环境,如安全多方计算法。

(3) 基于限制发布的方法。它是根据具体情况有条件地发布数据。例如,不发布数据的某些阈值、进行数据泛化等。

基于数据失真的方法,效率比较高,但是存在一定程度的信息丢失;基于加密的方法则刚好相反,它能保证最终数据的准确性和安全性,但计算开销比较大;而限制发布的方法的优点是能保证所发布的数据一定真实,但发布的数据会有一定的信息丢失。

3. 位置隐私保护方法

目前,位置隐私保护方法大致可分为三类。

(1) 基于策略的隐私保护方法。它是指通过制定一些常用的隐私管理规则和可信任的隐私协定来约束服务提供商能公平、安全地使用用户的个人位置信息。

(2) 基于匿名和混淆的方法。它是指利用匿名和混淆技术保护用户的身份标识和其所在的位置信息、降低用户位置信息的精确度以达到隐私保护的目的,如k-匿名方法。

(3) 基于空间加密的方法。它是通过对空间位置加密达到匿名的效果,如Hilbert曲线方法。

基于策略的隐私保护方法实现简单,服务质量高,但其隐私保护效果差;基于匿名和混淆的方法在服务质量和隐私保护度上取得了较好的平衡,是目前位置隐私保护的主流技术;基于空间加密的方法能够提供严格的隐私保护,但其需要额外的硬件和复杂的算法支持,计算开销和通信开销较大。

4. 外包数据隐私保护方法

对于传统的敏感数据的安全可以采用加密、散列函数、数字签名、数字证书、访问控制等技术来保证数据机密性、完整性和可用性。随着新型计算模式(如云计算、移动计算、社会计算等)的不断出现及应用,对数据隐私保护技术提出了更高的要求。因为传统网络中的隐私主要发生在信息传输和存储的过程中,外包计算模式下的隐私不仅要考虑数据传输和存储中的隐私问题,还要考虑数据计算过程中可能出现的隐私泄露。外包数据计算过程中的数据隐私保护方法,按照运算处理方式可分为两种。

(1) 支持计算的加密方法。支持计算的加密方法是一类能满足支持隐私保护的计算模式(如算数运算、字符运算等)的要求,通过加密手段保证数据的机密性,同时密文能支持某些计算功能的加密方案的统称,如同态加密方法。

(2) 支持检索的加密方法。支持检索的加密方法是指在数据加密状态下可以对数据进行精确检索和模糊检索,从而保护数据隐私的技术,如密文检索方法。

7.6 本 章 小 结

本章对物联网安全体系和物联网的信息安全基础知识进行了详细描述。首先从物联网感知、传输、应用三个角度介绍了物联网的安全体系,然后介绍了物联网接入安全、物联网数据安全(包括数据加密模型、置换加密算法、DES 加解密算法和 RSA 加密算法等);最后介绍了区块链技术的概念及其关键技术。通过上述技术介绍和相关案例实践,旨在为物联网系统节点接入、数据传输和智能处理方面提供安全支撑和解决思路。

习题

一、选择题

1. 下面属于生物特征识别的身份认证是(   )。

A. 图案   B. 指纹   C. 口令   D. 电子令牌

2. 如果信息只能由低安全级的客体流向高安全级的客体,高安全级的客体信息不允许流向低安全级的客体,则这个安全策略是(   )。

A. 向下读向上写   B. 向下读向下写   C. 向上读向上写   D. 向上读向下写

3. 当一个组织(公司)的系统中有大量数据时,需要采用(   )手段来保护系统数据安全。

A. RBAC   B. 强制访问控制   C. 自主访问控制   D. 以上都可以

4. 对称加密算法 DES 是(   )的英文缩写。

A. data encryption standard   B. data encode system

C. data encryption system   D. data encode standard

5. 如果恺撒置换密码的密钥 Key = 4,设明文为 YES,则密文是(   )。

A. BHV   B. CIW   C. DJX   D. AGU

6. RSA 的公开密钥(n,e)和秘密密钥(n,d)中的 e 和 d 必须满足(   )。

A. 互质   B. 都是质数   C. $e*d \cong 1 \bmod n$ D. $e*d \cong 1 \bmod n-1$

7. 区块链运用的技术不包含(   )。

A. P2P 网络   B. 密码学   C. 共识算法   D. 大数据

8. 以下不属于区块链目前的分类的是(   )。

A. 公有链　　　　　B. 私有链　　　　　C. 唯链　　　　　D. 联盟链

9. 以下不是区块链特性的是(　　)。

A. 不可篡改　　　　B. 去中心化　　　　C. 高升值　　　　D. 可追溯

10. 关于 Hash 描述准确的(　　)。

A. Hash 是一种表格,用来记账

B. Hash 是一种数字货币加密算法

C. 散列函数,将任意长度的数据映射到有限长度的域上

D. Hash 是一种区块链

11. 下面(　　)类型数据最不适合直接上链。

A. 空间矢量数据　　　　　　　　　B. 属性数据

C. 不动产登记证哈希值　　　　　　D. 视频文件

12. 防篡改技术不依赖于(　　)技术。

A. 非对称加密　　　B. 哈希函数　　　C. 数字签名　　　D. 数字水印

二、简答题

1. 解释身份认证的基本概念。

2. 单机状态下验证用户身份的三种因素是什么?

3. 有哪两种主要的存储口令的方式,各是如何实现口令验证的?

4. 使用口令进行身份认证的优缺点是什么?

5. 有哪些生物特征可以作为身份认证的依据,这种认证的过程是怎样的?

6. 简要说明数据安全三原则的含义。

7. 什么是明文? 什么是密文? 什么是加密? 什么是解密?

8. 什么是对称加密? 什么是非对称加密? 两者的主要不同是什么?

三、应用题

1. 设 26 个英文字母 a ~ z 的编号依次为 0 ~ 25。已知仿射变换为 $c = (7m + 5) \bmod 26$,其中 m 是明文的编号,c 是密文的编号。试对明文"computer"进行加密,得到相应的密文。

2. 在使用 RSA 的公钥体制中,已截获发给某用户的密文为 c = 10,该用户的公钥 pk = 5,n = 35,那么明文 m 等于多少?

3. 利用 RSA 算法运算,如果 p = 11,q = 13,公钥 pk = 103,对明文 3 进行加密。求私钥 sk 及明文 3 的密文。

参考文献

［1］桂小林.计算机网络技术［M］.上海:上海交通大学出版社,2012.

［2］桂小林.物联网信息安全［M］.北京:机械工业出版社,2014.

［3］桂小林,安健.物联网技术原理［M］.北京:高等教育出版社,2016.

［4］桂小林.物联网技术概论［M］.2 版.北京:清华大学出版社,2018.

［5］桂小林.大学计算机:计算思维与新一代信息技术［M］.北京:人民邮电出版社,2022.

［6］凯·霍斯特曼,兰斯·尼塞斯.Python 程序设计［M］.北京:机械工业出版社,2018.

［7］汉斯·佩特·兰坦根.科学计算基础编程——Python 版［M］.5 版.张春元,刘万伟,毛晓光,等,译.北京:清华大学出版社,2020.

［8］王移芝,桂小林,王万良,等.大学计算机［M］.7 版.北京:高等教育出版社,2022.

［9］周世杰,张文清,罗嘉庆.射频识别(RFID)隐私保护技术综述［J］.软件学报,2015,26(4):17.

郑重声明

高等教育出版社依法对本书享有专有出版权。任何未经许可的复制、销售行为均违反《中华人民共和国著作权法》,其行为人将承担相应的民事责任和行政责任;构成犯罪的,将被依法追究刑事责任。为了维护市场秩序,保护读者的合法权益,避免读者误用盗版书造成不良后果,我社将配合行政执法部门和司法机关对违法犯罪的单位和个人进行严厉打击。社会各界人士如发现上述侵权行为,希望及时举报,我社将奖励举报有功人员。

反盗版举报电话　(010) 58581999　58582371

反盗版举报邮箱　dd@hep.com.cn

通信地址　北京市西城区德外大街 4 号　高等教育出版社法律事务部

邮政编码　100120

读者意见反馈

为收集对教材的意见建议,进一步完善教材编写并做好服务工作,读者可将对本教材的意见建议通过如下渠道反馈至我社。

咨询电话　400-810-0598

反馈邮箱　gjdzfwb@pub.hep.cn

通信地址　北京市朝阳区惠新东街 4 号富盛大厦 1 座

　　　　　高等教育出版社总编辑办公室

邮政编码　100029

防伪查询说明

用户购书后刮开封底防伪涂层,使用手机微信等软件扫描二维码,会跳转至防伪查询网页,获得所购图书详细信息。

防伪客服电话

(010) 58582300